Hotel Restaurant
& Banquet Service Practice

호텔 레스토랑과 연회행사의 서비스에 대한 기본내용을 중심으로

호텔 레스토랑 & 연회 서비스 실무론

권봉헌 저

(주)백산출판사

머리말

본 교재는 호텔에서 호텔 레스토랑 및 연회서비스 관련 업무를 위한 전문 서적으로서, 호텔 식음료 서비스 부분에서 이루어지고 있는 다양한 서비스를 수행하는데 기본적 전문지식을 제공하고 자 하는데 그 목표를 두고 집필하였다.

따라서 본 교재는 호텔 레스토랑과 연회행사에서 이루어지는 서비스에 대한 기본적인 내용을 중심으로 호텔 레스토랑 및 연회에 관해 공부하고자 하는 학생들에게 실무적 이해도를 높이고자 노력하였다.

특히, 본 교재의 11장에서는 식당과 연회 관련 업무를 수행하는데 필요한 직무매뉴얼 사례들을 영문과 국문으로 작성하여 학생들이 호텔 현장에서 실무적인 내용을 이해하기 쉽도록 구성하였다.

본서는 총 11장으로 이루어져 있으며 그 내용은 다음과 같이 구성하였다.

1장은 호텔 식음료의 역사, 개념, 조직, 특성을 중심으로 기초적 개념으로 구성되었다.

2장은 호텔 연회의 개면, 분류, 효과, 종류를 중심으로 연회에 대한 개념으로 구성되었다.

3장은 호텔 식음료 종사원의 자세, 서비스의 기본 수칙을 중심으로 서비스에 대한 개념으로 구성되었다.

4장은 호텔 레스토랑의 분류, 식사 서비스의 종류를 중심으로 식당에 대한 이해를 중심으로 구성하였다.

5장은 호텔 식음료의 접객, 예약, 식음료 서비스를 중심으로 서비스 절차로 구성하였다.

6장은 각종 음료에 대한 이해를 중심으로 구성하였다.

7장은 메뉴에 관련된 기능, 종류, 계획으로 메뉴 관리를 중심으로 구성하였다.

8장은 호텔의 연회예약관리를 중심으로 구성하였다.

9장은 호텔에서 이루어지고 있는 연회 서비스를 중심으로 구성하였다.

10장은 호텔에서 이루어지고 있는 고객 의전을 중심으로 구성하였다.

11장은 호텔 직무 매뉴얼 사례를 중심으로 구성하였다.

2024년 2월

차례

CHAPTER

호텔 레스토랑의 이해

Chapter

1 호텔 레스토랑의 이해

제1절 호텔 레스토랑의 역사적 배경

1. 레스토랑의 역사적 유래

초기의 사람들은 생존을 위하여 유목생활로부터 일정지역에 거주하면서 음식을 만들었지만, 시간이 흐르면서 음식상품을 가지고 경제활동을 하게 된 후 분업이 추진되고 도시의 형태로 발전해 갔다.

이들의 도시에서는 일정한 대가를 받고 조리된 식품, 즉 요리를 판매하는 업종이 생겨났는데, 고대 그리스에서 발생한 Tabenta라는 음식시설은 그 전형적인 예라고 할 수 있을 것이다. 이와 같이 음식점에서 제공한 서비스는 단지 재료를 조리해서 제공하는 것뿐만 아니라 요리와 술을 즐기고 분위기를 즐기는 등 현대적 의미의 호텔 식당의 기능과 별로 다를 바가 없었다.

매슬로우(A.H. Maslow)의 욕구단계설이나 런드버그(D.E. Lundberg)의 인간욕구 구조에 따르면 인간은 첫째로 의 · 식 · 주의 문제를 생존의 개념에서 해결해야만 한다. 그렇듯 인류의 역사와 먹고 마시는 역사는 항상 같이 존재해 왔고, 앞으로도 그러한 것은 당연한 일일 것이다. 그러나 단순히 생존을 위해 먹고 마시는 차원을 넘어

음식을 매개로 한 상업행위의 역사는 그리 오래되지 않았다.

식당의 역사는 고대 BC 512년경 이집트에서 시작되었다. 그러나 Cereal, 들새고기, 양파 등의 극히 단조로운 음식만이 제공되었으며, 소년들은 부모를 동반해야 했고, 소녀들은 출입이 허용되지 않는 등의 제한이 있었다.

로마시대에는 Kala Kala라는 큰 대중목욕탕의 주위에 식당이 있었다고 한다. 그리고 같은 시대에 여행자를 위한 수도원, 사원 등에서도 식사와 숙소를 제공하였다고 한다.

영국에서는 12세기경 선술집(public house) 같은 곳이 있었으며, 1650년에 영국 최초의 커피하우스가 옥스퍼드에 개업되는 등 고정가격으로 점심과 저녁을 제공받을 수 있는 간이식당이 도처에 생기게 되었다.

1873년 화이틀리의 점포가 고객의 편의를 위해서 식당문을 열었는데, 이것이 널리 보급되어 식당의 발전계기가 되었다.

프랑스에서는 1765년 보우랑거(Mon. Boulanger)라는 사람이 'Restaurant'이란 수프(soup)를 판매하였는데, 그것이 대단히 유명하여 현대의 레스토랑이라는 용어가 생기게 되었다는 설도 있다.

일찍이 세계 문명발상지 중의 하나인 중국은 벌써 6세기경에 「식경」이라는 전문서적을 발간하여 식당의 발전에 효시를 주었고, 청조시대에는 '회관'이란 식당이 생겨 '장원'과 '진사'라는 간판을 내걸고 영업을 하였으며, 이에 앞서 당 · 송시대인 7세기에 이어 13세기에 걸쳐 중국의 요리가 발전하여 오늘에 이르고 있다.

중국의 요리가 이탈리아로 전파되고, 이탈리아 요리가 프랑스로 전파되어 현재에 이르고 있다하니, 그 유명한 프랑스 요리도 알고 보면 동양의 영향을 받은 것으로 추정된다.

2. 우리나라의 유래

「삼국사기」를 보면 490년에 신라의 서울 경주에 처음으로 시장이 개설되었고, 509년에는 동시, 695년에는 서시 · 남시 등의 상설시장이 개설되었다.

전성기의 경주는 15만 이상의 민가가 있었고, 가야금 소리와 노래소리가 끊이지 않는 도시였으며, 위 · 당의 상인들 뿐만이 아니라 서역상인들까지 들끓었다고 하니 당연히 숙식을 위한 장소가 있었음을 짐작케 한다.

고려시대 983년 개성에는 성례, 약빈, 연령, 희빈 등의 이름을 가진 식당을 개설하게 했다는 기록이 「고려사」에서 표현되고 있다.

1103년에는 지방의 각 고을에도 술과 음식을 팔고 숙박도 겸하게 하는 상설식당을 개설케 하였으니 이것이 훗날의 물상객주, 보행객주 등의 시초가 된 것이며, 이 밖에도 전주에서 생겨난 주막집, 목로집이니 하는 것은 오늘날의 식당에 숙박을 겸하는 형태가 된 것이다.

조선시대의 국립대학교라고 할 수 있는 성균관 안에는 공자를 모신 사당과 유생들의 강의를 듣던 명륜당이 있었고, 명륜당 앞 좌우에 동제와 서제가 있었다. 이 두 개의 제는 모두 28개의 방이 있어 200명 가까운 선비가 거처했고, 동제의 동쪽에는 선비들이 식사를 하는 식당이 있었다. 식당이란 말은 이렇게 하루 세 끼 200명 가까운 양반 · 선비들이 식사하는 곳이었으니, 실상 식당이란 말의 유래는 오래된 용어로써 매우 권위가 있는 표현이라고 할 수 있다.

3. 호텔 레스토랑의 성장 배경

산업혁명의 성공은 우리 외식산업의 역사에 한 획을 긋는 중요한 계기가 된다. 인구의 도시로의 이동, 직장 내 식사해결, 수입의 증가로 점심을 비롯한 식사를 식당에서 해결하려는 경향 등의 외식풍조가 생겨나기 시작했다.

제1차 세계대전을 거쳐 두 차례의 세계대전은 식당의 수요를 폭발적으로 증가시키는 계기가 되어 오늘날의 초석이 되었다. 식당의 발전과 주도적인 역할에 있어서 미국이라는 나라를 빼고는 이야기할 수 없을 것 같다.

Dine-out, Food Service Industry 등으로 불리우는 외식산업의 출발은 1827년 창업된 델모니코(Delmonico's)사부터라고 할 수 있다. 메뉴를 품목별로 수록한 표를 만들었고, 각종 피로연이나 파티 등을 유치하는 경영방식으로 운영하여 오늘날 레스토랑의 선구자가 되었다.

1910년대의 식당 체인을 선도한 후렛하베이사, 1920년대 기존 레스토랑과는 다른 형태의 운영방식을 도입한 J.R. 톰슨사가 등장하여 Full Service 방식에서 Self-service 방식을 시작하였고, 인건비의 절감과 가격의 저렴화를 위해 Central Kitchen방식을 도입하였다. 1920년대쯤의 미국인들은 생활의 안정에 따른 생활양식의 변화로 생존을 위한 식사에서 생활을 위한 식사로 변하였는데, Howard Johnson사가 고객의 정신적 만족을 충족시킬 수 있는 방향으로의 전환을 모색한 대표적 기업이다.

1955년 Mc-Donald's사와 레이 클락(Ray Kroc)사의 출현은 미국 외식산업의 일대 전환기를 촉발시켰고, KFC가 이에 합류하여 비약적인 발전을 주도한다. 특히 Mc-Donald's는 식음료산업에 과학적 관리기법의 시도, Quick Service와 Franchise 기법을 도입하여 Fast Food Service업 뿐만 아니라 전미국 외식서비스산업의 비약적 발전에 기여했다.

1970년대는 치열한 경쟁시대로 막강한 자금력이 움직이는 기업 간 M&A의 혼란기였고, 생존을 위한 마케팅의 시대라 표현할 수 있으며, 최대의 호황기였다.

1980년대 이후는 입지의 포화상태와 시장성장률의 둔화 등으로 치열한 시장쟁탈전이 벌어지고 있으며, 외식산업의 공업화와 자본집약화 및 신기술정보 시스템으로 세계시장으로의 활발한 진출을 도모하며 발전을 거듭하고 있다.

다른 어느나라 국민들보다도 여행을 좋아하는 미국민들의 습성과 지불능력만 있으면 누구나 이용이 가능하고, 저렴한 가격정책으로 인하여 미국의 호텔산업 또한 엄청난 발전을 하였으며, 이에 부수되어 호텔 내의 식음료산업도 아울러 발전하였음이 사실이다.

1794년 뉴욕의 The City Hotel을 효시로 보스톤·볼티모어 시티호텔의 Exchange Coffee House와 필라델피아의 The Mansion House는 그 당시의 유행인 집회장소로 유명하였다. 1829년에 세워진 Tremont House는 호텔경영에 혁신을 가져다 주었는데, 특히 처음으로 프랑스요리가 소개되었고, 종사원은 고객에게 정중히 접대하고 존경하는 태도를 보일 것을 훈련받았다.

1908년에는 버팔로에 The Statler Hotel이 세워져 Commercial Hotel의 시초가 되었고, 1927년 시카고에 Stevens Hotel(후에 Conrad Hilton Hotel로 명칭이 바뀜)이 3,000개

의 초대형 호텔로 세워져 그 위용을 자랑했다.

그 후 현대에 이르기까지 호텔들의 대형화와 체인화가 지속되어 전 세계 호텔산업의 주도적인 역할을 수행하고 있으니, 그에 수반된 호텔레스토랑의 영향 또한 미루어 짐작할 수 있으리라 본다.

4. 우리나라 호텔 레스토랑의 성장 배경

1900년 5월 인천역 본 역사가 건립되고, 1900년에 프랑스 사람인 손탁(Sontag)이 정동에 최초로 호텔을 건립하여 8년간 운영을 하였는데 서양가구, 장식품, 악기, 의류, 서양요리 등을 최초로 도입하였다 한다. 특히 커피를 최초로 제공하였다는 점도 주목할 만한 사항인 것 같다.

1910년 부산역 본 역사, 1911년 신의주 본 역사 등으로 이어오던 호텔은 드디어 1914년 3월에 북구의 근대식과 한국식을 겸한 4층짜리 65개의 객실을 갖춘 조선호텔이 건립되어 근대 한국 최고의 호텔로 군림해 오다가, 1967년 한국관광공사에 의해 현재의 조선호텔로 다시 태어나게 된다.

1939년 반도호텔, 1957년 온양호텔, 그리고 그 시대를 전후하여 동래호텔, 불국사관광호텔, 설악산관광호텔 등이 건립되어 우리나라의 호텔산업을 주도한다.

본격적인 우리나라 현대호텔의 모습을 갖추게 되는 것은 1960년대에 이르러 관광사업진흥법이 공포 · 발효되면서부터 시작되었고, Metro Hotel과 Savoy Hotel 및 Astoria Hotel 등이 각각 영업을 시작하면서 부터 Hotel Ambassador가 뒤를 이어 오픈하였다.

1963년 254객실과 오락시설을 갖춘 리조트호텔로서 Walker Hill이 출범함으로써 바야흐로 현대식 대형 관광호텔의 시작을 예고한다.

1966년에 세종호텔, 1967년에 조선호텔과 코리아나호텔이 개관하여 1970년대를 호텔건립의 성장기로 만들었고, 1976년 이후에는 Seoul Plaza Hotel과 Hyatt, Lotte, Shilla 등의 특급호텔들이 건립되어 한국관광호텔의 중흥기를 맞으며 많은 레스토랑을 호텔 내에 운영함으로써 한국의 식음료산업을 선도하게 된다.

그 당시만 해도 프랑스요리는 Hyatt, 중식당은 Plaza, 한식당은 세종호텔 등 각각의 호텔마다 특색있는 유명한 전문식당들이 자리매김하게 되었다.

1980년대에는 '86아시안게임과 '88올림픽, 2002년 월드컵 등을 유치하여 관광호텔의 부족한 객실을 보충하기 위한 Hotel Intercontinental Seoul, Ramada Renaissance Hotel(현재의 서울 르네상스 호텔), Hotel Lotte 잠실, JW메리어트, 리츠칼튼, 인터컨티넨탈, 메이필드, W서울-워커힐, 임패리얼팰리스호텔 등이 연달아 개관함으로써 본격적인 경쟁과 더불어 객실을 비롯한 식음료 판매촉진을 위한 마케팅의 시대를 맞게 된다.

제2절 호텔 레스토랑의 개념 및 정의

1. 식당의 개념 및 정의

식당(Restaurant)이란, 영리 또는 비영리를 목적으로 일정한 장소와 시설을 구비하여 인적 서비스와 물적 서비스를 동반하여 식음료를 판매, 제공하고 휴식을 취하게 하는 영업형태의 장소로서 일종의 환대산업이라 할 수 있다.

식당의 어원적 의미를 각 국가별 사전에서 설명하는 내용들을 간단히 요약해 보면 다음과 같다.

- 프랑스 백과사전(Larouse duxxe siecle) : 사람들에게 음식을 제공하는 공중의 시설, 정가판매점, 일품요리점
- 미국 웹스터(Webster)사전 : 대중에게 가벼운 음식물이나 음료를 제공하는 시설, 즉 대중들이 식사하는 집
- 영국 옥스퍼드(Oxford)사전 : 음식을 판매하여 심신을 회복시켜 주는 기력회복의 장소
- 국어사전 : 식사하기에 편리하도록 설비된 방 또는 식사나 요리 등 식사를 주로 만들어 손님에게 파는 집

이와 같이 식당의 어원적 의미가 설명하듯이 식당이란 식사와 음료 및 휴식공간을 일반 대중에게 제공하여 원기를 회복시키는 장소로서 환대산업의 의미를 갖고 있다.

앵커(Michael Anker)라는 학자는 그의 저서 「Basic Restaurant Theory and Practice」에서 17세기에 영국에서는 Taverns과 Ale-houses라는 것이 생겨났으며, 그 곳에서는 빵과 치즈 및 고기류를 고객에게 제공했다고 한다.

또한 18세기 초에는 Ordinary라는 것이 출현하였는데, 이곳은 매일 빵과 고기 그리고 에일이라는 맥주를 먹을 수 있는 장소였으며, 대중적이고 값도 싼 곳이었다고 쓰고 있다.

레스토랑이라는 단어가 백과사전에 등장하기 시작한 것은 1975년 프랑스에서부터였다고 한다. 프랑스의 백과사전 「Larouse Duxxe Siecle」에 의하면 "de restaurer"란 말로 시작되었다.

프랑스 대백과사전에서는 Restaurant을 "Etablishement public ou 1'onpeut mar-ger; Restaurant a prix fixe; Restaurant a la carte"라고 설명하고 있다. 즉 사람들에게 식사를 제공하는 공중의 시설, 정가판매점, 일품요리점으로서 음식물과 휴식장소를 제공하고 원기를 회복시키는 장소라는 의미를 갖고 있다. 또한 미국의 「Webster」 사전에서도 "An establishment where refreshments or meals may be procured by the public; a public eating house"라 하여 "대중에게 공개하여 식음료를 제공하는 시설물, 즉 대중들이 식사하는 집"으로 설명하고 있다.

위의 사항들을 기초로 한 '현대호텔식당'의 정의는 "영리를 목적으로 하는 호텔의 한 부대시설로서 일정한 장소에 일정한 시설을 갖추어 놓고 음식물에 서비스를 부가하여 지불능력이 있는 고객에게 제공하고 그 대가를 받는 공공의 시설"이다.

2. 현대 호텔 식당의 개념

생존을 위한 수단으로써의 식사제공을 위한 고대의 식당, 작위를 받은 귀족의 저택에서 몇몇 지인들을 초청한다든지 또는 제한된 신분의 고객만을 대상으로 했던 중세의 식당, 그 후 세계열강들의 영토확장 경쟁을 거쳐 선진문물의 타국으로의 전파는 세계인의 생활에 많은 변화를 가져다주었다. 산업의 급속한 발전과 전파, 교통의 발전은 인류의 생활에 커다란 변화를 가져 왔으며, 특히 20세기 들어서의 두 차례에 걸친 세계대전은 전 세계의 정치 · 경제 · 사회 · 문화 등 전 분야에 걸쳐 엄청난 발전을 가져다주는 계기가 되었다.

교통과 산업의 발달, 그리고 여가시간의 증가는 가계의 가처분이익을 높여 주었고, 새로운 경험을 찾는 고객들의 의식변화는 우리나라도 예외는 아니다. 이제 호텔은 부유층이나 어떤 특정계층의 전유물이 아닌 그야말로 대중적이고 불특정 다수를 위한 공공의 장소가 되었다. 여러 가지 통계를 보더라도 호텔의 식음료시설을 이용하는 패턴이 다양화되고 고급화되는 것을 쉽게 알 수 있다.

객실부문에 비해 상대적으로 호텔산업에 있어서의 공헌이익은 열세이지만 금전을 떠난 고용기회의 확대, 국민생활의 질적 향상, 비즈니스를 위한 훌륭한 시설과 서비스제공 등 여러 가지 측면을 감안한다면 호텔식음료 산업의 중요성은 아무리 강조해도 지나침이 없을 것이다. 근래에 와서는 외식산업이 발달한 선진국에서는 식당을 「EATS」 상품을 판매하는 장소라 설명하기도 한다.

EATS상품

- Entertainment : 서비스-인적 서비스, 환대, 오락
- Atmosphere : 환경-분위기
- Taste : 음식의 질-맛, 풍미, 미각
- Sanitation : 위생-청결, 위생시설, 개인위생

즉 먹는다는 단순한 의미의 장소인 식당이 아니라 서비스+분위기+음식의 질+위생 등이 하나로 조합된 세트(set)적 가치(상품), 즉 토탈(total)상품을 판매하는 장소로 인식되는 복합산업이라 할 수 있다.

제3절 호텔 레스토랑 조직 및 직무분석

1. 호텔 레스토랑 조직의 이해

호텔의 식당조직은 호텔마다 다르게 나타나며, 그 호텔이 추구하고자 하는 목표 및 경영이념에 따라서 호텔별로 조직을 원활하게 운용하기 위한 방안으로 편성되고 있다. 또한 조직은 호텔의 규모에 따라서 다르게 조직되고 있는데, 규모가 큰 호텔의 경우는 각 조직별로 세분화 되어서 조직을 운영하고 있는 반면, 규모가 작은 호텔들은 최소한의 조직으로 호텔의 목표를 달성하기 위한 방안으로 조직을 운영하고 있다.

■ 호텔 식음료 조직 및 업장의 조직도

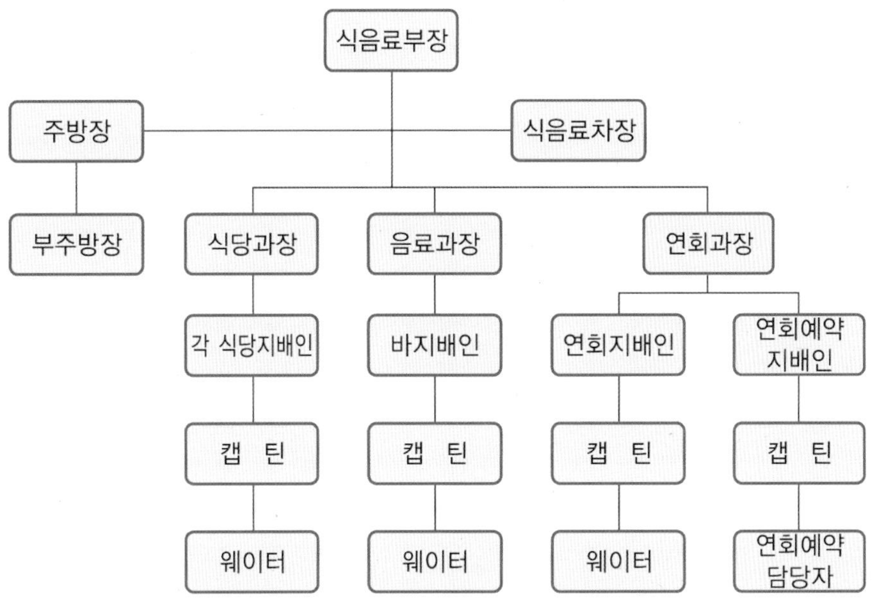

| 그림 1-1 | 대규모 호텔의 식음료업장 조직도의 사례 A

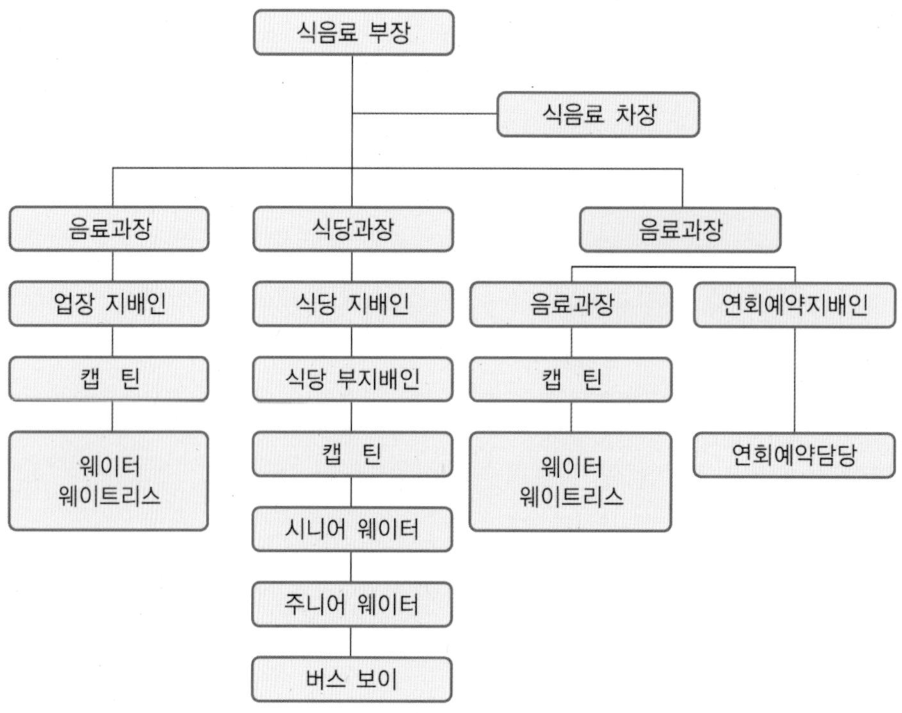

| 그림 1-2 | 대규모 호텔의 식음료업장 조직도의 사례 B

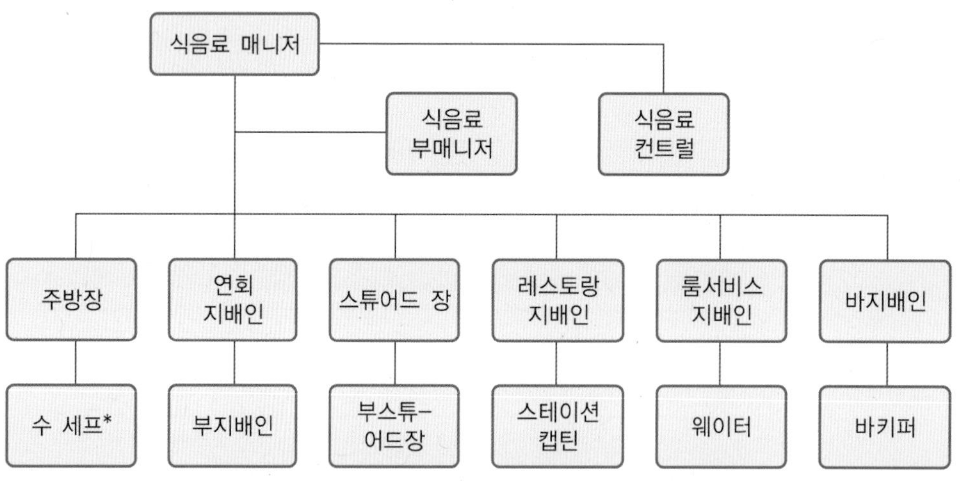

| 그림 1-3 | 중규모 호텔의 식음료업장 조직도 사례 A

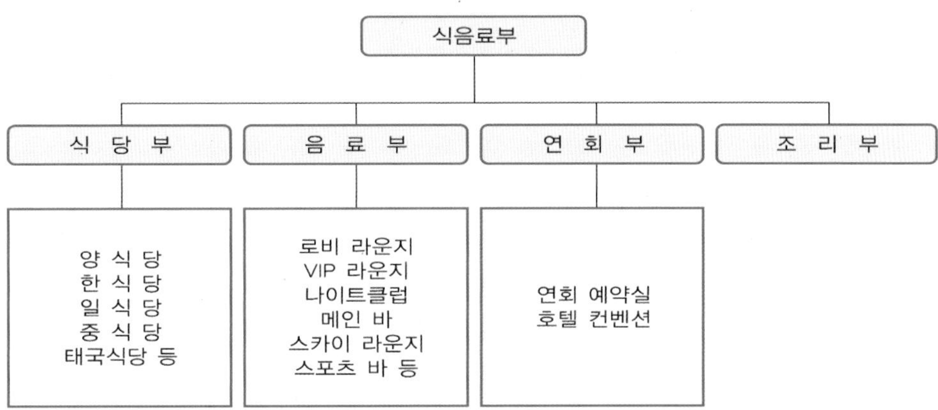

┃그림 1-4┃ 중규모 호텔의 식음료업장 조직도 사례 B

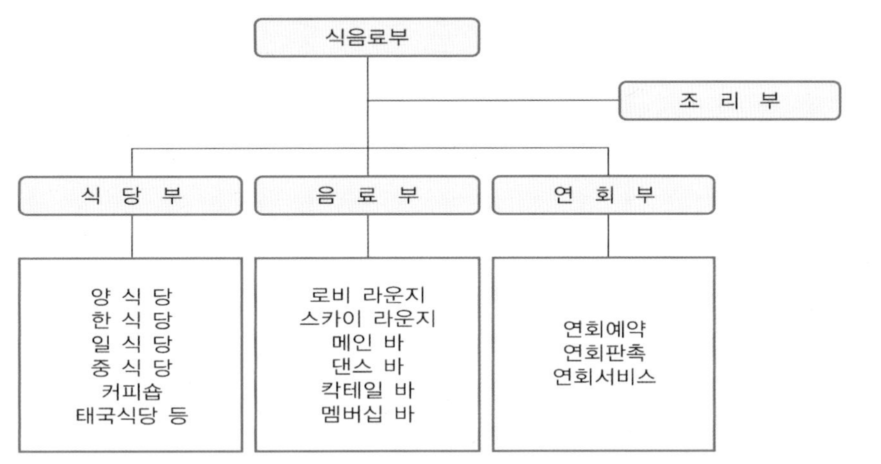

┃그림 1-5┃ 중규모 호텔의 식음료업장 조직도의 사례 C

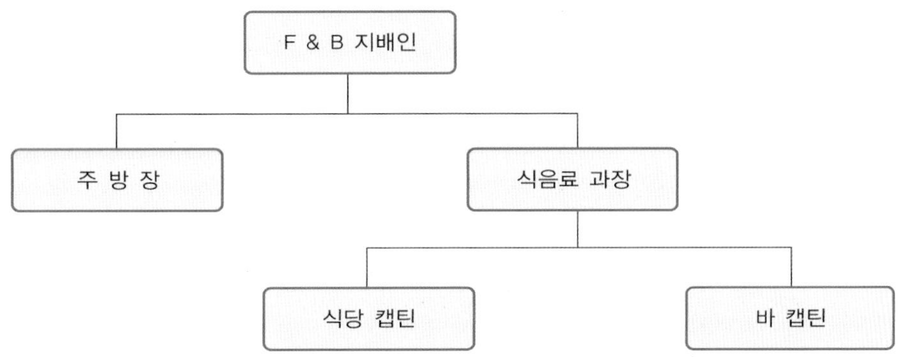

┃그림 1-6┃ 소규모 호텔의 식음료업장 조직도의 사례

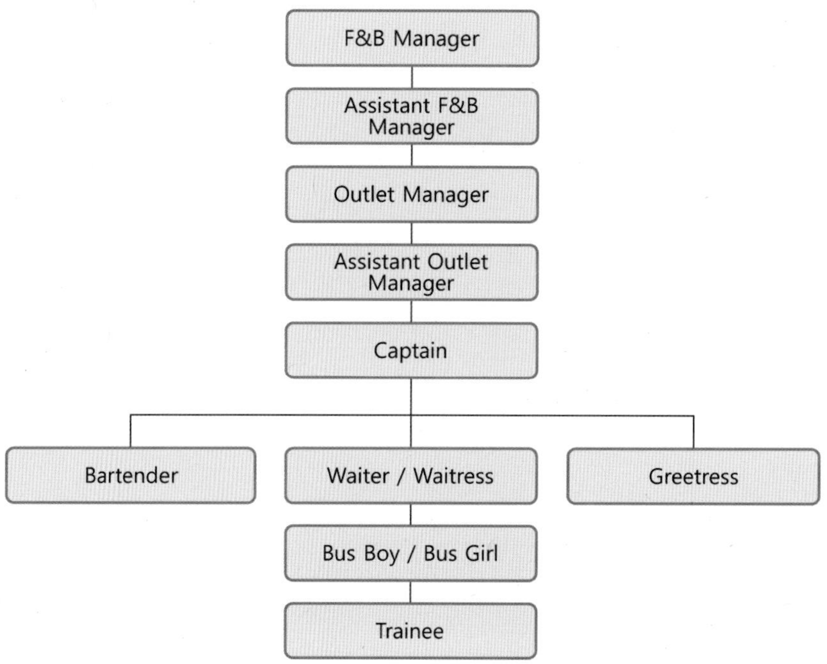

| 그림 1-7 | 직급별 식음료업장의 조직도 사례

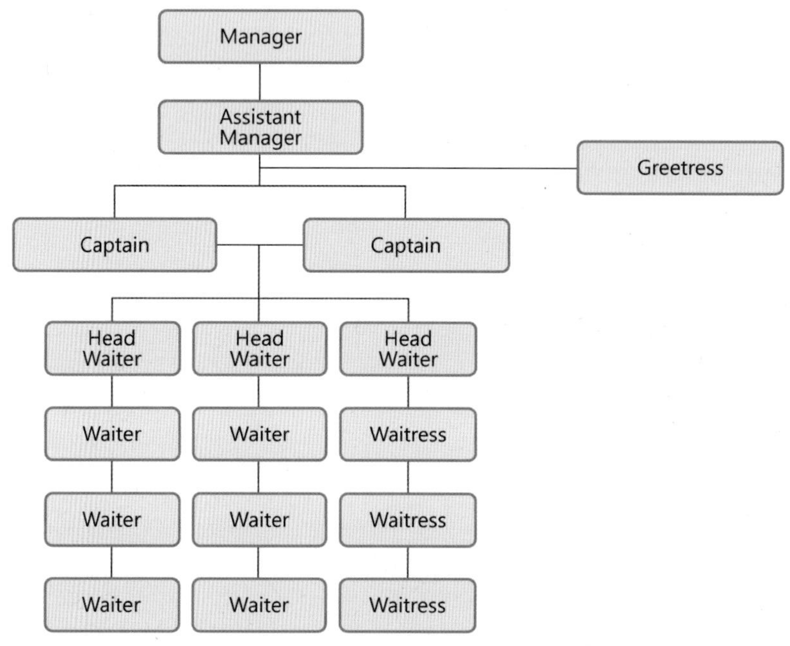

| 그림 1-8 | 직급별 커피숍의 조직도 사례

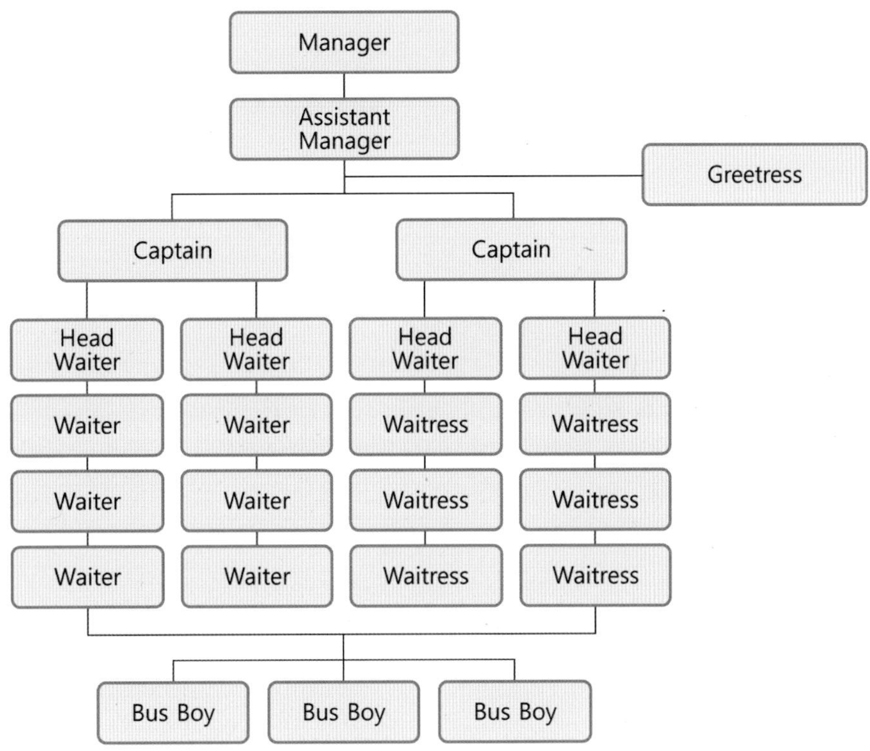

| 그림 1-9 | 직급별 양식당의 조직도 사례

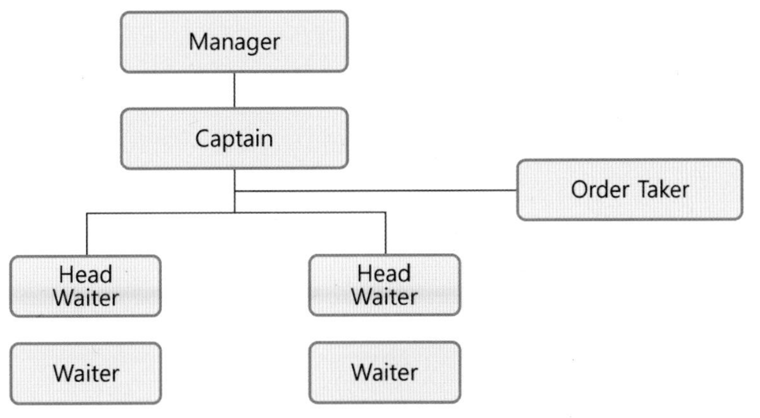

| 그림 1-10 | 직급별 룸서비스의 조직도 사례

2. 호텔 레스토랑 직무분석

1) 식당 총괄팀장(F&B Director)

식음료 부서의 최고 책임자로서 계획 및 정책의 수립, 영업장의 관리 · 감독, 종사원의 인사관리 등 식음료부의 전반적인 운영에 대해 책임을 지고 있다.

2) 식당 팀장(Assistant F & B Director)

레스토랑 영업장의 운영상태 및 문제점을 파악하고, 운영에 관하여 Director를 보필하고, 고객에게 제공되는 음식물의 양, 질에 대한 점검을 해야 한다. 또한 종사원의 교육훈련과 서비스 강화 훈련에 책임을 갖고 종사원의 고충, 불평 처리에 있어서의 조정 역할을 담당한다.

주요업무

- 영업장 운영에 필요한 비품 및 소모품 청구 등의 Paper Work을 한다.
- 종업원 또는 고객의 의견이나 제안을 경청하고 기록, 분석하여 업무에 참고한다.

3) 각 영업장 지배인(Outlet Manager)

식음료 부서의 영업방침에 따라 현장 영업장을 운영한다. 영업장의 매출실적관리, V.I.P영접, 고객만족도 점검, 식음재료 원가관리, 품질관리, 직원고과관리 등을 행하며 유관부서와 긴밀한 관계를 유지하여 영업장이 원활하게 운영되도록 노력한다.

4) 영업장 부지배인(Assistant Outlet Manager)

Outlet Manager를 보좌하여 Staff Meeting을 주관하여 직원의 근태관리, 종업원의 Order Taking Billing 등을 감독한다.

5) 수장(Captain)

Captain은 직접 손님을 접대하여 주문을 받고 주방에 전달한다. 식음료에 대한 정확한 지식을 가지고 서비스에 임하는 책임자로 종사원의 복장, 용모를 점검하는 책임을 갖는다.

주요업무

- 영업장의 청결 유지를 위해 종사원에게 청소담당 구역을 분할한다.
- 업장 내에 기물, 서비스물품 등이 제위치에 있는가를 항상 점검한다.
- Greetress가 없을 경우에는 손님을 영접하여 테이블로 안내하고, 메뉴를 제안하는 형식을 통해 주문을 받는다.
- 신입 종사원을 교육시키고 종사원 간 업무교대에도 효율화를 기해야 한다.
- 응급처리 능력에 대한 절차 및 방법을 숙지하고 있어야 한다.

6) 웨이터/웨이트리스(Waiter/Waitress)

주요업무

- 매일의 메뉴를 Captain에게 받아 숙지하고 특별 식사와 후식에 대해서도 관심을 기울인다.
- 예약석을 확인해 두고 식탁 위의 설치기물, 장식물, 린넨 등이 청결하게 제 위치에 있는가를 수시로 확인 점검한다.
- 고객의 행동에 항상 주의를 기울여 식사의 순서에 시간이 지체되거나 너무 빠른 실수를 하지 않도록 한다.
- 또한 각 음식에 알맞은 주류 종류를 숙지하고 음식 소비시간을 정확히 파악하여 수많은 음식이 서비스되는 과정 속에서도 고객이 쾌적함을 느끼게 하여야 한다.

7) 버스보이(Bus Boy/Bus Girl)

주요업무

- 각종 기물(은제품, 유리제품, 도자기 식탁 장식물)과 얼음, 비알코올성 음료를 준비하는 책임이 있다.
- 주문 후에 필요한 기물의 세팅을 한다.

- 업장 내의 모든 시설, 기물의 청소를 맡는다.
- 식기 세척원, 음식물 저장소 근무원, 주방장 보조 접객원 등과 긴밀한 유대관계가 있다. 또한 안내원이나 수납원과 상호협조 관계가 있어야 한다.

8) 리셉션(Greetress)

주요업무

- 레스토랑에 드나드는 고객을 영접/환송하며 그들을 안내한다.
- 고객의 좌석 예약을 받아 귀빈에게는 경험있는 접객원들이 서비스를 돕는다.
- 안내원은 깨끗한 용모와 숙련된 화술을 구사할 줄 알아야 하며, 항상 미소띤 얼굴로 고객을 맞아야 한다.

9) 영업장 회계원(Restaurant Cashier)

레스토랑 고객이나 접객원으로부터 고객의 식음료비 계산서를 받아 요금을 수납하고 회계기(POS)를 다루며 그날의 영업실적을 지배인에게 보고한다.

주요업무

- General Cashier로부터 영업개시 준비금을 수령하고 별도로 보관한다.
- 고객의 요금을 현금이나 수표로 받을 때 수납원은 회계기(POS) 금전등록기의 PAID 키를 작동시켜 기록하고 고객에게 영수증을 발행한다.
- 웨이터가 고객으로부터 받은 주문에 대해 주문서(Order Pad)를 작성한다.
- 주문서는 수납원용, 조리용, 자기 보관용으로 이루어진다. Cashier는 이를 근거로 Bill(2매 1조 : 수납원용, 고객영수증용)을 작성한다.
- 근무 마감시에는 회계기(POS)에 지불된 금액을 확인하고 입금된 현금과 수표를 비교하여 이 명세를 기록하고 봉투에 넣어 봉합하여 확인을 통해 프론트 회계 금고에 보관한다.
- Cashier는 고객영접의 최종적 단계에 있어서 결정적 역할을 하므로 깨끗한 용모와 밝은 미소로 업무에 임하여야 한다.

- 수납과정 중의 고객의 불평은 레스토랑 내에서 발생할 수 있는 가장 큰 문제로, 흔히 부가요금의 부당성은 전업장의 이미지에도 나쁜 영향을 미친다.
- 수납과정에서 부당성이 발생되었을 경우에는 고객의 입장에서 불평처리가 이루어져야 하며, 회사를 대표하는 정중한 사과와 즉각적인 시정을 통해 신속히 업무처리에 임하여야 한다.

10) 연회장 지배인(Banquet Manager)

연회 지배인은 각종 사회단체의 성격, 단체의 종류, 사회적 모임의 경향 등에 관심을 갖고 현대적 추세에 적합한 연회업장 준비에 만전을 기해야 한다.

주요업무

- 연회 예약대장의 관리
- 연회음식, 요금과 서비스 사항의 계획정립, 주방장 · 음료부서장과의 정기적인 회의를 통해 각종 식음료의 질과 가격 결정
- 각 연회에 맞는 새로운 메뉴 개발에 있어 주방장과 협조업무
- 예정된 연회에는 직접 업장의 진두지휘를 담당하여 서비스 제공에 만전을 기한다.
- 연회 주최자 및 고객과 긴밀한 유대관계를 유지하고 연회 서비스에 대한 광범위한 지식을 가져야 한다.

11) 연회장 회계원(Banquet Cashier)

연회 수납원의 업무는 레스토랑 수납원에 비해 단순하지만 예약사항이 수시로 변경되고 주문이 다양하기 때문에 업무처리에 주의를 필요로 한다.

각 연회담당 직원이 연회 종류, 인원, 식음료의 종류, 단가, 기타장식 등을 기입한 Banquet Invoice에 손님의 확인을 받아 Front Office에서 Billing한다. 작성한 계산서는 예약 당시의 거래조건이 현금인가 외상인가에 따라 처리하되, 외상인 경우에는 Bill을 연회 지배인이나 담당 직원에게 돌려 고객의 서명을 받게 한 뒤 고객원장 대체처리를 한다.

12) 바-지배인(Bar Manager)

Bartender를 감독, 훈련, 지원하며, Bar를 청결하고 쾌적한 환경을 유지하도록 하며 술의 재고가 적절한지를 감독한다.

13) 바텐더(Bartender)

고객이 주문한 양주류 병의 상표를 확인하게 하고 고객이 보는 앞에서 따라주는 것이 바람직하다.

다양한 술의 종류에 대해 광범위한 지식을 소유하고 있어 고객의 주문에 신속한 대처를 하며 주문을 유도하는 것이 바람직하다.

제4절 호텔식음료 상품의 특성 및 서비스의 특성

1. 생산관리 측면에서의 특성

1) 생산과 판매가 동시에 발생한다

고객의 직접 방문과 주문에 의해 생산되고, 이에 서비스가 부가되어야 비로소 완전한 상품으로서의 가치를 지니게 된다.

2) 주문생산을 원칙으로 한다

테이블서비스 스타일을 택하고 있는 식당에서는 고객의 직접주문에 의해서만 생산이 이루어진다.

3) 수요예측이 곤란(연회는 가능)하다

고객의 수요예측은 어느 정도는 영업분석과 경험에 의해서 가능하다고는 하나 근본적으로는 매우 어려운 문제이다. 그러므로 식당의 관리자는 항상 고객의 동향을 파악하고 고객의 욕구와 사회 전반에 걸친 변화에 능동적으로 대처할 수 있는 능력을 배양하여야 한다.

- 연회의 경우에는 사전에 예약제로만 행사가 이루어지기 때문에 수요예측이 가능하다.
- 일반식당의 경우도 특급호텔의 고객들은 사전 예약하는 문화가 되어 있어서 어느 정도는 수요예측이 가능한 부분도 있다.

4) 상품의 단일화 및 표준화가 곤란하다

인간이 기계가 아닌 이상 감정과 행동이 언제나 일정할 수가 없으며, 또 고객마다 개성과 성향이 달라 맛, 기호, 분위기 등의 식음료상품을 표준화하기가 어렵다. 또 고객의 감정에 따라 평가가 달라지며, 음식이나 음료도 고객의 취향에 따라 다양하게 만들어지므로 상품의 단일화나 표준화가 곤란하다.

2. 판매관리 측면에서의 특성

1) 장소적 제약을 받는다

원칙적으로 식당은 고객이 스스로 식당까지 찾아와 상품을 구매하는 행위를 하지 않으면 안된다. 따라서 식당은 한정된 장소, 테이블수를 이용하여 상품을 판매하므로 장소적인 한계를 가지고 있다. 최근 이러한 장소적 제약을 극복하기 위하여 호텔 식음료 상품을 호텔 내가 아닌 다른 장소로 이동하여 외식사업이라는 명칭으로 장소적인 제약을 극복하고 있다.

2) 시간적 제약을 받는다

식음료상품은 제한된 식사시간(일반적으로 조 · 중 · 석식시간)을 정하여 상품의 판매가 이루어진다. 따라서 제한된 시간에 효과적으로 고객에게 최상의 서비스를 제공함으로써 최대의 이익과 성과를 창출해야만 한다.

3) 상품의 부패성을 가진다

식재료는 오랜 기간동안 보관을 할 수 없는 단점을 가지고 있으므로 단시간 내에 판매되어야 하며, 수요예측에 의해서 적정한 식재료를 구매하여 상품생산을 하여야 한다.

4) 인적서비스 의존도가 높다

양질의 식음료상품만으로는 불완전하다는 특징을 가지고 있다. 따라서 양질의 식음료상품에 인적서비스가 수반될 때에 비로소 완벽한 상품으로서의 기능을 다할 수 있게 되므로 인적서비스의 의존도가 높다는 특성을 지니고 있다.

5) 메뉴에 의한 판매가 이루어진다

식음료상품은 차림표에 의하여 식음료를 판매하기 때문에 메뉴의 작성과 그 관리는 일반 제조업체에서는 볼 수 없는 특징이 있다.

6) 식료는 저장판매가 불가능하다

식료의 경우는 부패성이란 특성 때문에 저장을 할 수 없으므로 저장판매가 불가능하다. 음료의 경우는 종류에 따라 다르지만 저장이 가능하다.

3. 호텔식음료서비스의 특성

호텔서비스는 아무리 컴퓨터가 도입되고 기계화 및 자동화가 실행된다고 할지라도 종사원과 고객 간의 접촉과정이 가장 큰 비중을 차지한다. 따라서 호텔은 무형의 인적서비스를 주요 상품으로 판매하기 때문에 일반제조업과는 매우 상이한 다음과 같은 특징을 가지게 된다.

1) 무형성

서비스는 근본적으로 무형적(Intangibility)인 것이기 때문에 고객을 위해 견본을 제시하는 것은 불가능하다. 다시 말해서, 서비스는 규격화되어 있는 생산제품이 아니기 때문에 사전에 품질을 평가할 수 없고 구매하기 이전에 만져볼 수도 없는 것으로 서비스에 대한 인식을 하기 어렵다. 따라서 서비스는 형체가 없어 소유할 수 있는 것이 아니므로 심리적으로 느껴야 하는 무형의 가치재이다.

2) 다양성

서비스는 누가, 언제, 어디서, 어떻게 제공하는가에 따라 상품의 가치가 다양화된다. 따라서 서비스상품의 품질은 생산자와 소비자 두 사람의 주관에 따라 좌우되므로 상품의 표준화가 어려울 뿐만 아니라 동질의 상품을 연속적으로 생산하고 경험하기가 어려운 상품이다. 이러한 다양성을 극복하기 위해서 서비스 제공자는 고객에게 서비스 품질의 일관성과 우수성을 유지할 수 있도록 유능한 종사원의 확보와 교육훈련을 통하여 고객만족에 대한 품질관리를 지속적으로 추구하여야 한다. 또 서비스 평가는 고객의 특성에 따라 달리 나타날 수 있으므로 고객중심적 관점에서 체계적이고 과학적인 접근이 필요하다.

3) 소멸성

서비스는 재고로 저장이 불가능하기 때문에 긴급수용에 대비하여 미리 생산, 저장하여 수요발생시 이를 제공할 수가 없다. 일반 제조업에 있어서는 상품을 생산하여 상당기간의 유통기간을 거쳐야만 비로소 상품이 고객에게 제공될 수 있다. 따라서 고객은 상품을 만드는 과정을 볼 수 없으며, 다만 진열된 상품을 보고 그 질의 정도를 알 수 있다.

그러나 식음료영업장에서 칵테일 등 식음료의 판매는 바텐더나 웨이터의 생산 및 서비스 활동을 고객이 현장에서 직접 경험하게 되므로 일단 제공된 서비스는 선반에 진열해 놓는 상품처럼 질이 나쁘다는 이유로 교환하여 줄 수 없다. 이렇게 호텔의 식음료상품은 생산과 소비의 동시발생으로 저장이 불가능한 소멸성이 그 특성으로 나타난다.

4) 비분리성

물재의 경우에는 공급자의 제공과 수요자의 사용을 시점으로 하여 분리되나, 서비스재는 제공과 사용이 같은 장소에서 동시에 존재한다. 이는 고객의 참여 속에서 생산되고 소비되어진다는 것이다. 즉 서비스는 변환과정 중에 생산자와 고객 사이의 고도의 상호작용이 이루어져야 한다. 종사원의 경우 고객에게 어떠한 서비스를 제공하는가, 그리고 어떻게 하는가 등에 따라 거래의 지속적인 구매의사결정에 영향을 미칠 수 있기 때문이다. 그러므로 서비스의 질은 서비스 제공자의 질과 분리될 수 없는 것이다.

5) 매체성

오늘날 고객의 욕구는 매우 다양하여 사람이 하는 인적서비스는 규격화되고 자동화된 기계설비에 의해서는 제공될 수가 없다. 따라서 호텔식음료 부문에 있어서 서비스는 기계화나 자동화는 경영합리화 측면에서 볼 때 제약을 받게 되며, 인적자원에 의존하는 경향이 다른 분야보다 비교적 크다고 볼 수 있다.

이러한 인적서비스는 단독상품으로 고객에게 판매될 수 없어 객체인 식음료상품을 주체인 고객에게 전달하기 위한 매체역할을 한다.

CHAPTER

호텔연회의 이해

Chapter

2 호텔연회의 이해

제1절 연회의 개념

1. 연회(Banquet, Function)의 정의

연회는 무(無)에서 유(有)를 창조하는 곳으로서 호텔의 연회장은 F&B부문 중 단일 영업장으로는 가장 넓은 평수와 다양한 대·중·소 연회 룸을 가지고 있는 호텔의 중요한 수입원이다. 또한 방켓은 다른 일반레스토랑과는 다르게 식탁과 의자가 준비되어 있는 것이 아니라 일정한 장소에서 고객의 요구, 행사의 내용, 성격, 인원, 방법에 따라 각양각색의 행사를 수행하는 무에서 유를 창조하는 식음료부서 중의 하나이다. 이와 같은 특성이 있는 연회의 정의를 학자

▲ 하얏트호텔의 테마 연회

들의 주장에 따라 살펴보면 다음과 같다.

1) 국어사전의 정의

(1) 한글학회 [우리말 큰 사전]의 정의

연회(宴會)를 잔치, 연찬, 피로연과 같은 의미로 설명하면서, “잔치”를 일컬어 “기쁜 일이 있을 때에 음식을 차리고 손님을 청하여 즐기는 일”이라고 설명하고 있다.

(2) 이희승 [국어대사전]의 정의

연회란 “축하, 위로, 석별 등의 뜻을 표시하기 위하여 여러 사람이 모여 주식(酒食)을 베풀고 가창무도(歌唱舞蹈) 등을 하는 일”이라고 정의 내리고 있다.

2) 웹스터 사전(Webster Dictionary)의 정의

(1) Banquet-an elaborate and often ceremonious meal attened by numerous people and often honoring a person of making some incident(as an anniversary or reunion) Banquet의 어원은 프랑스 고어인 “banchetto”이다. banchetto는 당시에 “판사의 자리” 혹은 “연회”를 의미했었는데 이 단어가 영어화 되면서 지금의 banquet이 되었다.

현대적인 개념에 대해 “많은 사람들, 혹은 어떤 한 사람에게 경의를 표시하거나 행사(연례적인 행사나 친목회)를 기념하기 위해 정성을 들이고 격식을 갖춘 식사가 제공되면서 행해지는 행사”라 하고 있다.

(2) a) an impressive and elaborate religious ceremony, b) an often formal public or social ceremony or gathering(as a dinner or reception) 즉 “a) 감명 깊고 정성들인 종교적 의식, b) 자주 열리는 공식적이고 공적인 또는 사회적인 회식, 만찬이나 리셉션(환영회)으로서의 모임”을 뜻한다.

3) 관광용어사전의 정의

(1) 안종윤 교수 [관광용어사전]의 정의

안종윤 교수의 관광용어사전에서는 연회(Banquet)와 연회장(Banquet Room, Hall)에 대하여 "방켓(Banquet)은 정식의 연회를 말하며, 연회장(Banquet Room, Hall)은 공개되어 있지 않은 개별실로 파티를 위해 고객들에게 제공되는 방을 말한다."고 설명하고 있다.

4) 한국관광공사의 정의

한국관광공사에서 발간한 관광용어사전에서는 연회장을 지칭하는 Banquet Room과 Function Room을 다음과 같이 정의하고 있다.

(1) 방켓 룸(Banquet Room) : Often part of a hotel, providing a paying group with a private area, the necessary service personnel and prearranged amounts and varieties of food and beverage service(연회장이란 별도의 공간에서, 필요한 서비스 인원과 예정된 양의 다양한 식음료 서비스를, 대금을 지불하는 그룹에게 제공하는 호텔서비스의 한 분야이다.)

(2) 펑션 룸(Function Room) - A room suitable for group use for meetings, exhibits, entertaining, etc, No sleeping facilities(연회장이란 취침시설은 없지만 모임, 전시, 오락 등으로 사용하는 그룹에 적합한 방이다). "Function"은 본래 기능, 구조 등의 의미를 갖는 용어이지만 행사, 잔치 모임, 축제, 축연 등 다양한 행사를 뜻하는 의미도 가지고 있다. 따라서 최근에는 연회행사가 다양화되어 가는 추세에 따라 연회를 지칭하는 용어로 "Function"을 사용하는 호텔이 증가하고 있다.

5) 관광호텔 연회 메뉴얼의 정의

연회란 호텔 또는 식음료를 판매하는 시설을 갖춘 구별된 장소에서 2인 이상의 단체고객에게 식음료와 기타 부수적인 사항을 첨가하여 모임 본연의 목적을 달성할 수 있도록 하여 주고 그 응분의 대가를 수수하는 일련의 행위를 말한다. 이때 2인 이상의 단체고객이란 동일한 목적을 위하여 참석하는 일행을 지칭하며, 구별된 장소란 별도로 준비된(타인과 장소적으로 구별된 곳) 위치를 말하며, 부수적 사항이란 고객이 식사 이외의 목적을 달성시키기 위한 행위 및 시설을 말한다.(자료 : 롯데 · 신라호텔 식음료 및 연회메뉴얼).

2. 연회서비스의 일반적 개념

연회서비스란 연회장 및 기타 집회 장소에서 이루어지는 각종 연회를 운영함에 따르는 모든 서비스를 말한다. 본래 연회는 70~80년 전까지만 해도 가정에서 개최해 왔던 것이 근래에 와서 호텔이나 레스토랑 혹은 야외를 이용하여 연회를 개최하는 것이 일반화되고 있다.

연회서비스는 제공될 메뉴가 미리 정해지고 인원수와 음식량이 거의 확정되기 때문에 식음료부서 전체 매출에 대한 원가가 절감될 뿐 아니라 제공되어 질 인적서비스의 표준화가 가능하여 높은 수준의 서비스 제공도 원활하게 할 수 있다.

또한 상품임대에 있어서도 음식이나 음료, 임대(Rental) 등 단일상품에 의한 판매도 있지만 이것들을 일괄해서 판매하는 경우가 대부분이므로 수입성도 높은 특성을 지니고 있다.

이에 따라 현대의 모든 호텔에서는 대형 연회장을 구비하여 다양한 성격에 적합한 연회 행사를 유치하고 있다. 특히 호텔의 기능이 점차 대중화 되면서 지역의 집회장소 또는 가족단위의 모임, 국가적 행사, 국제적 행사를 치를 수 있는 장소로 인식되고 있다.

▲ 신라호텔의 웨딩홀

3. 연회부분의 영역

연회는 호텔 내 연회장 중심의 상품과 호텔외부의 출장연회 그리고 연회기획 및 연출을 담당하는 이벤트를 그 영역으로 하고 있다.

연회장 중심의 상품은 회의, 연회, 전시회, 가족모임 등이 있으며, 출장연회는 출장연회 및 간이식당 등이 있으며, 기타 사항으로는 각종 연회물이나 결혼 대행업 등의 기획과 연출 등과 이벤트가 상품화되어 연회 부분의 영역이 확대될 것으로 예상되고 있다.

4. 연회의 흐름

호텔의 연회는 예약에 의해서 접수되고 제안견적서에 의해 계약이 성립되며 행사지시서에 의해 준비 → 진행 → 마감되는 절차를 따르고 있다. 최근 인터넷의 발달과 활용으로 호텔의 인터넷 홈페이지 웹마스터(Web master)에게 행사를 문의하여 관련 부서에서 상담하는 경우가 늘고 있고, 일부 호텔에서는 호텔의 공식 홈페이지에서 연회 관련 정보를 1차적으로 파악할 수 있도록 설계되어 이용하고자 하는 홀의 정보뿐만 아니라 심지어는 견적서까지 뽑아 볼 수 있는 서비스를 제공하고 있다.

또한 정보기술의 발달은 호텔내의 인트라넷 구축을 이루었고, 이제는 과거에 예약실에 다루었던 룸 컨트롤 차트(Room Control Chart) 대신에, 모든 예약의 절차는 전산시스템에 의존하고 있다. 전화로 일일이 룸 컨트롤 차트(Room Control Chart)를 넘기면서 판매가 가능한 룸들을 확인하며 상담하는 시대는 지나갔고, 대다수의 특급호텔은 컴퓨터 모니터 하나로 시간과 공간을 벗어난 상담체계를 이루어 있다.

판촉 사원이 외부에서 인터넷에 접속하여 판매 가능한 룸을 조회할 수도 있어, 거래처를 방문한 곳에서 즉시 예약을 할 수도 있다.

또한 판촉지배인의 근무시간외에도 판매가 가능한 홀(룸)을 확인할 수 있는 시스템을구축한 호텔도 있어 정보기술의 발달이 호텔산업 전반에 걸쳐 일어나고 있음을 알 수있다. 조만간 모바일 기술과 인터넷의 접속으로 인한 휴대폰으로 실시간 홀 사용여부와 예약이 가능한 시스템이 도입되어 상용화될 것으로 보인다.

연회예약은 고객이 주최하고자 하는 일자와 행사의 내용과 성격에 따라 1차적으로는홀과 룸의 크기 · 수량이 결정되며, 2차적으로는 행사의 내용과 성격에 따른 세부사항(메뉴가격 · 음료여부 · 홀 사용료 여부 · 기타 장비사용료 여부 등등)이 결정된다.

예약접수
↓
Control chart 확인
↓
Control chart booking
↓
견적서 및 Menu 작성
↓
Event order 작성
↓
Event order의 검토 및 관계부서 배포(조리, 현장, Bar, 수납, 음향)
↓
외부업무발주(현수막, 현판, 밴드, 장치, 조명, 차량, 무대제작, 사회, 연회 등)
↓
사내업무협조발주(꽃, 조명, 음향, Ice Carving Sign board, 사진, 주차 등)
↓
연회예약과 준비사항(안내판, 메뉴, 명찰, 좌석배치도, 방명록 등)
↓
행사전일 작성 및 확인 사항(관계부서 확인 및 외부업무 발주 확인, Event order 재확인, 고객확인, 연회일람표, VIP리포트 작성 등)
↓
연회준비 및 행사준비
- 현장 : 현장준비
- 조리 : 음식준비
- 음향실 : 조명, 음향 관계 준비
- Bar : 음료준비
- 장식 : 꽃장식, 얼음장식, 무대장식
- 고객영접 : 연회서비스와 행사진행

↓
계산서 작성
- B.Q Cashier가 작성
- 행사주최 측 계산서 확인/서명/결제
- 음향실 : 조명, 음향 관계 준비

↓
고객관리
- Guest History Card 작성
- 감사편지 작성 및 설문지 발송
- 답방인사
- Event order 보존
- 매출확인
- 외부발주물의 계산서 정리

▲ 연회의 흐름

대부분의 호텔이 아래와 같은 절차를 거치고 있지만 호텔의 사정에 따라 외주 발주의 범위가 차이가 있고, 고객관리의 노하우에 차이가 있다. 예를 들면 과거에 호텔에서 보유하고 있던 동시통역 부스 물과 프로젝트, 특수음향과 같은 것들은 새로운 기술의 발달로 편리성이 날로 발전하는 것만큼 전문 업체에 용역을 맡기는 경우가 늘고 있기 때문이다. 도한 고객관리의 테크닉에서도 CRM의 기술도입 또는 고객관리 프로그램에 의해 우량고객을 나누어 관리를 하고 맞춤형 서비스를 제공하기도 한다.

제2절 연회의 분류 및 조직

1. 연회의 분류

1) 판매상품별 분류

연회상품은 크게 식음료상품과 장소를 판매하는 연회장 임대상품으로 분류할 수 있다. 식음료상품과 임대상품의 판매만을 목적으로 한 연회도 있지만 두 가지 상품을 결합하여 판매하는 연회상품도 많다.

(1) 식음료상품 판매를 위한 연회

연회장에서는 수없이 다양한 행사가 개최되기 때문에 연회장의 식음료 메뉴가격은 사전에 종류별로 결정해 두고 고객에게 통일되게 적용해야 한다. 주요한 식음료 상품은 아래와 같이 구분되며 이것은 다시 메뉴의 품질

▲ 포시즌스 이탈리아 레스토랑

에 따라 다양한 가격의 상품으로 나누어진다.

- Breakfast Menu
- Luncheon & Dinner Menu
- Cocktail Reception Menu
- Buffet(Sitting & Standing) Menu
- Tea Party Menu

(2) 임대상품 판매를 위한 연회

연회에는 각종 단체가 이용할 수 있는 다양한 규모의 연회장이 구비되어야 한다. 일부 연회는 식사가 필요 없는 경우도 있는데, 이 경우 연회장 사용료만 지불하고 연회장을 이용할 수 있다. 각 연회장에 대한 임대료도 시간별, 요일별, 장소별로 미리 정해 두어야 한다. 연회장을 임대하여 진행되는 주요한 행사로는 다음과 같은 것이 있다.

- Meeting, Seminar, Symposium, Convention
- Exhibition
- Concert
- Fashion Show

▲ 임피리얼 팰리스 콘서트

▲ 롯데호텔 콘서트

2) 장소별 분류

연회는 어디에서 개최되는가에 따라 호텔 내 연회(In House Party)와 출장연회(Outside Catering Party)로 구분된다. 대부분의 연회는 호텔에 있는 연회장에서 이루어지지만 건물 기공식 및 준공식, 선박 진수식, 각종 전시장 개관기념식과 같이 호텔 외부에서 진행하는 연회도 대단히 많다. 일반적으로 출장연회는 호텔 외부의 행사장에서 호텔 안에서와 같은 형태의 서비스를 제공하는 연회이지만 단순히 호텔 외부의 행사장에서 도시락을 주문하는 경우도 출장연회에 포함시킨다.

- In House Party(Garden Party 포함)
- Outside Catering

▲ 야외 연회

3) 거래선 별 분류

연회는 매우 다양한 주최자에 의해 개최된다. 연회는 한번 개최하고 끝나기도 하지만 정기적으로 개최하는 연회도 많다. 또 여러 단체에서 비슷한 내용의 연회를게

속 개최하기도 한다. 이러한 연회 주최자들을 일정한 특성에 따라 분류한 것을 연회의 거래선(Source, Account)이라고 하는데 거래선 별로 전담사원을 배치하면 효과적인 판촉활동을 할 수 있다. 실무적으로도 연회의 거래선 별 분류는 판촉담당 사원의 업무분장뿐만 아니라 연회 종료 후 행사실적의 분석과 판매계획을 세우는 데 중요한 자료로 활용되고 있다. 연회 거래선을 몇 종류로 구분할 것인가는 그 호텔의 규모와 밀접한 관계가 있으며, 규모 이외에도 어떤 연회를 중점적으로 수주할 것인가 하는 전략적 고려도 중요한 요소가 된다.

(1) 소형 호텔의 거래선 별 연회 분류

① **가족모임**(Family Party) : 결혼식, 약혼식, 생일파티, 돌잔치, 회갑연, 고희연, 금혼식 등

② **회사행사**(Business Functions) : 개업식, 창립기념식, 조인식, 신제품 발표회, 고객초청행사 등

③ **단체 및 협회행사**(Group and Community) : 각종 단체, 협회, 공공기관의 행사

(2) 대형 호텔의 거래선 별 연회 분류

① **가족모임**(Family Party) : 결혼식, 약혼식, 생일파티, 돌잔치, 회갑연, 고희연, 금혼식 등

② **회사행사**(Business Functions) : 개업식, 창립기념식, 조인식 ,신제품 발표회, 고객초청행사 등

③ **학교행사**(School Functions) : 입학기념 행사, 사은회, 동창회, 동문회 등

④ **정부행사**(Government Functions) : 정상회담 만찬(State Dinner), 국빈행사, 국가경축연 등

⑤ **협회**(Community Function) : 월례회, 정기총회, 연차대회, 이사회, 세미나, 국제대회 등

⑥ **단체**(Group Function) : 신년하례식, 송년회, 정기모임, 간담회, 이벤트, 기자회견 등

▲ 반얀트리 돌잔치

4) 규모별 분류

연회는 그 규모에 따라 대형연회, 중형연회, 소형연회로 구분된다. 규모를 나누는 기준은 고객수가 기본이 되며 행사매출액도 고려된다. 특급호텔 풀코스 디너의 경우 일반적으로 대형연회는 300명 이상, 중형연회는 100명에서 300명, 소형연회는 100명 이하로 구분하는데, 각 호텔의 사정에 따라 그 기준인원에 차이가 있다. 또 같은 연회장이라도 행사의 성격에 따라 수용인원수가 다르기 때문에 단순히 인원수로만 연회규모를 나누는 것도 무리가 있다. 따라서 실무적으로 각 호텔마다 대연회장, 중연회장, 소연회장을 구분하여 두고 중연회장에서 개최된 모든 연회는 중형연회로, 소연회장에서 개최된 모든 연회는 소형연회로 분류하고 있다.

- **대형연회** : 풀코스 식사 300명 이상(스탠딩 400명 이상)
- **중형연회** : 풀코스 식사 100~300명(스탠딩 150~400명)
- **소형연회** : 풀코스 식사 100명 이하(스탠딩 150명 이하)

▲ 하얏트 그랜드 플로어

▲ JW메리어트 그랜드볼룸

5) 요리별 분류

연회는 제공하는 요리에 따라 아래와 같이 다양하게 분류된다.

- 양식파티 : 프랑스식, 이탈리아식, 스페인식, 독일식 등
- 중식파티 : 북경식, 상해식, 광동식, 사천식 등
- 한식파티 : 궁중요리정식, 한정식, 불고기정식, 갈비정식 등
- 일식파티 : 회석요리, 조정식, 초밥정식 등
- 뷔페파티 : 종합뷔페, 샐러드뷔페, 조식뷔페 등
- 칵테일 리셉션(Cocktail Reception) : 각종 칵테일과 와인, 음료, 카나페 등
- 티파티(Tea Party) : 다과회, 각종 차와 과일 등

6) 서비스 방법별 분류

식음료를 서비스하는 방법은 크게 테이블서비스, 셀프서비스, 카운터 서비스 이다. 테이블서비스는 다시 프랑스식 서비스, 미국식 서비스, 러시아식 서비스, 영국식 서비스의 4가지 방법으로 분류된다. 연회서비스는 이중 테이블서비스와 셀프서비스가 이용되며, 특히 아메리칸 서비스는 격식 있는 정찬연회에, 셀프서비스인 뷔페식 연회는 친목도모를 위해 사용되는 대표적 연회서비스 방법이다.

(1) 테이블서비스 연회

테이블서비스는 일정한 장소에 식탁과 의자를 갖추어 놓고 고객의 주문에 의해 웨이터가 음식을 제공하는 것으로 일반적으로 '식당'이라고 하면 이 테이블서비스식당을 말한다. 연회에서도 격식 있는 오찬(Luncheon)과 만찬(Dinner)시에는 거의 테이블서비스가 기본이 된다. 일반적으로 정찬이라는 표현을 사용하는데 아름다운 분위기, 최고급 식자재를 사용한 고급요리 및 이에 어울리는 와인, 숙련된 웨이터의 격식 있는 서비스로 인해 연회에서 가장 많이 이용되는 방법이다.

① 프랑스식 서비스 연회(French Service Banquet)

프랑스식 서비스는 시간의 여유가 많은 유럽의 귀족들이 훌륭한 음식을 즐기던 고급서비스로 우아하고 화려하면서도 정중한 서비스이다. 또 고객의 주문사항을 비

교적 많이 반영하여 서비스할 수 있어 고급 양식당에서 많이 제공하고 있는 서비스이다.

프랑스식 서비스는 보통 2-3명의 숙련된 웨이터가 한 조를 이루어 서비스하며, 불어로는 Chef de Rang System이라고 한다. 셰프 드랭은 주로 요리를 담당하며, Commis de Rang(Senior Waiter)은 주방과 홀을 오가며 요리의 재료를 조달하거나 빈 기물들을 치우는 역할을 한다. 주방에서 일부분만 조리된 요리를 Commis de Suite가 은기(Silver Platter)에 담아 고객의 테이블 앞에 놓인 게리동(Gueridon) 위에 놓으면 숙련된 셰프 드 랭(Chef de Rang)은 이 실버플래터를 고객에게 보이며 분위기를 고조시킨다. 이후 셰프 드 랭은 요리에 따라 다양한 방법으로 서브하게 된다.

▲ 게리동 서비스

프렌치서비스의 특징은 주방에서 완성되지 않은 요리를 웨이터가 접시에 담아 완성하여 제공하는 것으로 이때 요리에 따라 다양한 방법이 사용된다. 즉 먹기 편하도록 생선의 뼈를 제거해 주거나, 덩어리 고기를 1인분씩 잘라주거나, 얇게 썰어 제공하거나, 플람베(Flambe) 카트에서 불꽃을 일으키며 요리를 완성해 제공하기도 한다. 이렇게 제공하고 남은 요리는 알코올 또는 가스램프로 식지 않게 하면서 필요한 고객에게 계속 제공한다. 프랑스식 서비스로 제공되는 대표적 요리는 Appetizer로 Smoked Salmon, Law Ham with Melon, Soup는 Gin Tomato Soup, Salad는 Caesar Salad, Fish는 Dover Sole, Steak로 Pepper Steak, Tartare Steak, Entrecote, Lack of Lamb, 그리고 Dessert로 Crepe Suzette, Cherry Jubilee 등이 있으며 커피는 Coffee Conquest가 유명하다. 현재 프랑스식 서비스는 많은 조리사들을 필요로 하기 때문에 높은 인건비로 인하여 우리나라의 양식당에서 부분적으로 이용되고 있다. 따라서 대규모 단체를 기본으로 하는 연회장에서는 거의 사용되지 않는다.

프랑스식 서비스의 특징

- 일품요리를 제공하는 전문식당에 적합한 서비스이다.
- 식탁과 식탁 사이에 게리동이 움직일 수 있는 충분한 공간이 필요하다.
- Chef가 즉석에서 고객에게 각종 식재료를 보여주고, 다양하고 화려한 방법으로 요리를 함으로써 테이블의 분위기를 크게 고조시켜 지루함을 덜어줄 수 있다.
- 호텔에서 제공되는 서비스 중에 가장 정중하고 예의바른 서비스이다.
- 고객은 기호에 따라 주문할 수 있으며, 남은 음식은 보관되어 추가로 서비스할 수 있다.
- 다른 서비스에 비해 시간이 많이 걸리는 단점이 있다.
- 숙련된 웨이터가 조를 이루어 서비스하므로 인건비의 지출이 높다.
- 연회장 서비스 방법으로는 적합하지 않다.

② 미국식 서비스 연회(American Service Banquet)

일명 Plate 서비스라고 불리우는 미국식 서비스는 조리사가 주방에서 접시에 담아 놓은 음식을 웨이터가 손님에게 서비스하는 방법이다. 미국식 서비스는 손으로 접시를 들고 직접 서비스하는 플레이트 서비스(Plate Service)와 접시를 쟁반(Tray)에 담아 보조테이블까지 운반한 후 손님에게 서비스하는 트레이 서비스(Tray Service)로 구분된다. 이 서비스는 많은 고객에게 신속하고 능률적인 서비스할 수 있으므로 연회장에서 가장 많이 사용되는 서비스방법이다.

미국식 서비스(American Service)의 특징

- 주방에서 요리를 접시에 담아 놓으면 웨이터가 고객에게 제공한다.
- 고급 식당보다는 고객 회전이 빠른 식당에 적합하다.
- 격식에 제한 받지 않으며 신속한 서비스를 할 수 있다.
- 적은 인원으로 많은 고객에게 서브할 수 있다.
- 음식이 비교적 빨리 식는다.
- 고객의 미각을 돋우지 못한다.

③ 러시아식 서비스 연회(Russian Service Banquet)

이 방법은 Platter Service, Silver Service라고도 한다. 1810년경 러시아 황제의 대사에 의해 시작되었으며, 1850년대 중반에 러시아에서 프랑스로 전파되어 급속히 확산된 서비스 방법이다. 스테이크, 생선, 가금류 등을 통째로 요리하여 커다란 접시(Platter)나 은쟁반(Silver Tray)에 담아 아름답게 장식한 후 웨이터가 고객에게 보여주면서(Showing) 시계방향으로 테이블을 돌아가며 각 고객에게 요리를 나누어 제공하는 매우 고급스럽고 우아한 서비스이다. 이 방법은 연회의 분위기를 고조시키는데 매우 유용하므로 현재도 연회장에서 많이 사용하고 있으며, 특히 중국요리를 제공할 때 많이 사용한다.

러시아식 서비스(Russian Service)의 특징

- 전형적인 연회 서비스이다.
- 많은 웨이터가 장식된 요리를 들고 연회장에 동시에 입장하므로 극적인 분위기를 연출할 수 있다.
- 웨이터가 담당 테이블의 고객에게 혼자서 서비스하므로 프랑스식 서비스에 비해 인력이 절감되고 특별한 장비나 기물이 필요 없다.
- 요리는 고객의 왼쪽에서 오른손으로 제공된다.
- 프랑스식 서비스에 비해 시간이 절약된다.
- 음식이 비교적 따뜻하게 제공 된다.
- 고객인원수에 맞추어 음식을 적절하게 배분하는 능력이 요구된다.
- 마지막 고객은 남아 있는 요리를 제공받게 되어 선택권이 없다.

④ 영국식 서비스 연회(English Service Banquet)

영국식 서비스는 British Service, Host Service, Holiday Service라고도 하며 격식에 크게 구애받지 않거나 친밀감을 강조할 때 사용되는 방법이다. 호텔 연회장에서는 가족모임이나 친목파티에서 일부 사용되기도 하나 호텔보다는 가정파티에서 많이 사용되는 서비스 방법이다.

이 방법은 주방에서 만들어진 주 요리(주로 스테이크)를 큰 접시(Platter)에 담아 주인(Host)의 테이블 앞에 놓으면 주인(Host)이나 보조원(또는 웨이터)이 음식을 덜어 각 손님들에게 제공하는 방법이다. 이때 빈 접시를 주인(Host)에게 전달하고 음식이 담긴 접시를 손님들에게 제공하는 것은 보조원(웨이터)이 담당한다. 아주 친밀한 사이일 경우에는 보조원 없이 주인(Host)이 각 손님의 접시에 스테이크만 올려주면 손님들이 식탁 가운데 놓인 야채와 소스 등을 덜어 먹기도 한다.

또 주인(Host)이나 보조원이 손님이 왼쪽에서 은쟁반(Silver Platter)에 담긴 음식을 내밀면 고객이 자기 접시에 덜어 먹는 방법도 있다.

이 방법은 매우 친밀한 느낌을 주는 장점이 있으니 연회의 주인(Host)이 음식서브를 담당하므로 손님들이 부담감을 가질 수도 있으며, 때로는 각 손님들이 테이블의 인원수를 고려하여 자기 음식을 덜어야 하므로 연회 경험이 많아야 하며, 시간이 많이 걸리기 때문에 고객수가 많은 연회장에서는 거의 사용하지 않는다. 현재는 레스토랑에서 디저트를 제공할 경우에만 제한적으로 사용되고 있다.

(2) 셀프서비스 연회

셀프서비스 연회는 주문한 식음료를 테이블에 진열해 놓고 고객이 자기 기호에 맞는 식음료를 선택하는 연회방법으로 카페테리아나 뷔페에서 널리 사용된다. 연회장에서는 뷔페와 칵테일 리셉션에 셀프서비스를 이용하는데, 고객들이 자유로운 분위기에서 서로 사교할 수 있는 기회가 많고 개인별 취향에 맞는 식음료를 선택할 수 있는 장점이 있어 많이 이용되고 있다. 뷔페형태는 착석뷔페와 입식뷔페의 두 종류가 있다. 착석뷔페는 진열된 음식을 덜어 좌석이 마련된 테이블에 앉아 식사하는 방법이다. 입식뷔페는 진열된 음식을 덜어 서서 음식을 먹는 뷔페로 앉아서 식사할 수 있는 테이블과 좌석이 없다. 입식뷔페는 테이블과 좌석이 없기 때문에 착석뷔페에 비해 더 많은 인원을 수용할 수 있다. 또 참가자들은 행사시간 동안 서로 많은 참가자들과 교제할 수 있기 때문에 참가자들의 친목이 중요시되는 대형연회에서 많이 사용하는 방법이다. 입식뷔페는 서서 음식을 먹는 관계로 한 입에 음식을 먹을 수 있도록 작게 만들어지는 것이 특징이다. 상설 뷔페식당은 영업시간 동안 음식이 모자라지 않게 계속 보충하는 오픈뷔페임에 비해 연회장의 뷔페는 예약에 의해 주문된 양만 제공되는 클로즈드뷔페이다. 따라서 연회뷔페 시 모자라는 음식은 추가로 주문해야 하나 음식을 만드는데 시간이 걸리므로 모든 음식을 추가로 제공받을 수가 없다. 칵테일 리셉션은 식사 전 리셉션과 풀 리셉션으로 구분된다. Pre-Opening Reception은 풀코스메뉴와 같이 테이블서비스를 받는 연회에 미리 도착한 고객들의 지루함을 덜거나, 한 번 착석하면 다른 참석자들과 대화나 사교가 어려운 경우 식사전에 약 30분 정도 진행된다. 이때는 바(Bar)를 준비하여 간단한 칵테일, 와인, 음료를 제공하며 약간의 카나페와 스낵류는 입식뷔페와 그 형태가 매우 유사하다. 다만 입식 뷔페는 식사용 요리가 주로 제공되는 반면, Full Reception은 칵테일을 마시며 교제하는 연회이기 때문에 여러 가지 칵테일과 이 칵테일에 어울리는 각종 안주류 위주로 음식이 제공되는 점이 다르다.

셀프서비스의 특징

- 고객이 자기의 기호에 맞는 음식을 선택할 수 있다.
- 식사를 기다리는 시간이 없으므로 빠른 식사를 할 수 있다.
- 서비스 인력을 줄일 수 있어 인건비가 절약된다.
- 일반적으로 가격이 저렴하다.
- 일부 메뉴는 조리사가, 와인이나 칵테일 등은 웨이터가 직접 서비스하기도 한다.
- 테이블서비스에 비해 분위기가 자유롭기 때문에 친목이나 사교모임에 적합하다.

(3) 카운터서비스 연회

카운터서비스는 고객이 조리하는 과정을 직접 볼 수 있도록 주방 앞에 카운터를 만들어 놓고 카운터를 식사 테이블로 이용하는 서비스방법이다. 주로 일식당의 스시를 판매하는 스시카운터가 대표적인 형태라 할 수 있다. 식사를 빨리 제공할 수 있고 고객도 지루하지 않으며 팁의 부담도 없어 주로 버스 터미널이나 공항, 기차역 등 시간이 급한 고객들을 대상으로 간단한 음식을 제공하는 식당에서 사용되는 방법이다.

연회장에서는 순수한 의미의 카운터서비스는 없고 대형연회나 지역별, 나라별 음식 축제 또는 다양한 요리발표회의 경우 여러 곳에 음식 코너를 만들어 부분적으로 카운터 서비스를 하고 있다. 특히 대형의 뷔페나 칵테일 리셉션의 경우 단순히 테이블에 음식을 진열하는 것보다 여러 가지 요리코너를 마련하여 조리사가 직접 음식을 만들어 제공하면 아주 좋은 분위기를 연출할 수 있어 많이 활용된다. 다만 카운터식당이 카운터에 앉아 식사를 하는 반면 연회장에서는 카운터를 요리의 전시대로만 사용한다.

▲ 스시카운터의 모습

카운터 서비스의 특징

- 식사를 빠르게 제공할 수 있다.
- 고객이 조리과정을 볼 수 있으므로 기다리는 지루함을 덜 수 있다.
- 주로 간편한 메뉴를 제공하므로 불평이 적다.
- 조리사의 연출에 의해 분위기와 식욕을 돋울 수 있다.
- 오픈키친이다 보니 주방이 고객에게 오픈되어 위생 및 청결성이 요구된다.
- 고객이 조리사에게 바로 주문하고 음식을 전달받기 때문에 미스커뮤니케이션이 줄어든다.

7) 기간별 분류

연회는 주최자가 요구하는 연회기간에 따라 1회 연회, 1일 연회, 2일 이상의 장기 연회로 구분할 수 있다. 일회성 연회는 행사의 시작과 종료가 1회로 마무리되는 연회로 개최 건수가 가장 많다. 1일 연회는 하루 종일 연회가 개최되거나, 아침과 오전, 점심과 오후, 오후와 저녁 등 행사가 이어져서 진행되는 연회이다. 1일 연회는 전시회를 열거나 세미나 후에 식사를 하는 경우 등 식사만으로는 연회의 목적달성이 충분하지 않을 경우 사용하는 방법이다. 1일 연회를 할 경우 서비스인원이 항상 대기하고 있어야 하 기 때문에 판촉직원 또는 전담 서비스직원을 배치하여 서비스에 차질이 발생되지 않도록 하는 것이 중요하다. 1일 이상의 연회는 대형 전시회나 학회, 국제대회 등과 같이 2일 이상수일, 또는 1주일 이상 일정기간동안 실시하는 연회이다. 이러한 연회는 매일 내용이 같은 경우도 있지만 대부분 시작부터 마칠 때 까지 다양한 프로그램이 개최되는 것이 특징이다. 따라서 주최자가 임시 본부나 사무소를 연회장이나 호텔 안에 설치하여 행사 전반에 대해 총괄적인 운영과 진행을 하는 경우가 많다. 이러한 장기연회는 연회주최자와 일행 및 참가자들에 의한 객실, 식음료 영업장, 사우나 등 부대영업장의 매출증진에 큰 도움을 주기 때문에 대형 호텔일수록 대형연회의 수주에 총력을 다 하고 있다.

- **1회 연회** : 1회로 끝나는 연회. 빈도수가 가장 많은 연회임
- **1일 연회** : 1일간 개최되는 연회. 주로 식사와 행사가 결합된 연회임
- **장기연회** : 2일 이상의 연회. 호텔 내 숙박 등 타부서 영업에 가장 큰 기여를 함

8) 식사시간별 분류

연회를 실시하는 시간에 따른 분류 방법으로 일반 레스토랑의 시간대별 구분과 같다. 다만 연회의 특성상 각 시간대별로 제공되는 메뉴가 일반 레스토랑과 다소 차이가 있다.

(1) 조찬 연회(Breakfast)

아침식사를 겸한 연회로 대규모 단체가 투숙한 경우 아침식사는 주로 연회장에서 제공된다. 미국식 조정식(American Breakfast)과 유럽식 조정식(Continental Breakfast)

및 조식뷔페(Breakfast Buffet)가 주로 제공된다. 일본 단체객일 경우에는 일본식 조정식, 한국 단체객일 경우에는 해장국정식, 갈비탕정식 등이 제공되기도 한다.

▲ 미식조식

▲ 대륙식 조식

(2) 브런치(Brunch)

늦게 일어나는 고객을 위해 아침과 점심시간 사이에 먹는 식사를 브런치(Brunch)라고 한다. 메뉴는 아침메뉴와 동일한 메뉴가 제공이 된다. 연회장에서는 브런치는 거의 없으며 다만 전시회나 세미나 등 오전에 진행되는 연회의 중간에 빵, 쿠키, 우유, 커피, 차, 주스 등 간단한 식음료가 제공되기도 한다.

(3) 오찬(Luncheon 또는 Lunch)

보통의 점심식사는 런치(Lunch)라고 하나 격식 있는 점심은 런천(Luncheon)이라는 용어를 사용한다. 오찬과 만찬에는 여러 나라의 다양한 메뉴가 제공된다. 다만 오찬은 만찬에 비해 식사시간이 짧고 음식의 양이 적게 제공되는 경우가 많다.

(4) 오후 다과회(Afternoon Tea Party)

애프터 눈 티 파티도 아침의 커피 브레이크와 동일한 성격으로 주로 오후 3시경 행사 도중 휴식시간에 갖는 다과회 또는 간식을 말한다. 제공되는 메뉴는 오전의 커피 브레이크보다 과일과 샌드위치 등이 더해져 좀 더 다양하며 식사대용의 메뉴도 제공된다.

▲ 애프터 눈 티

(5) 만찬(Dinner Banquet)

주최자의 입장에서 비중 있는 고객을 초청하는 행사는 대부분 저녁식사이다. 따라서 메뉴의 종류 및 품질, 종사원의 서비스 수준, 적정한 온도와 습도, 공조, 와인을 비롯한 음료, 테이블배치, 개별 메뉴판, 테이블 장식, 조명, 음향, 연주인 등 연회의 분위기조성과 서비스품질이 매우 중요하다. 만찬은 그 호텔 연회장이 보유하고 있는 인적, 물적, 시스템적 서비스가 총원 되어 진행되는 종합예술이므로 그 호텔의 서비스 품질수준을 평가하는 척도가 된다. 훌륭한 연회는 참석고객들에게 만족과 감동을 주어 이들에 의한 구전효과나 행사수주 등 긍정적 효과를 나타낸다. 이러한 만찬 중 최고의 격식 있는 만찬은 스테이트 디너이다. 스테이트 디너는 미국의 의전용어로 미국의 대통령이 백악관에서 외국의 왕과 왕비, 대통령, 수상 등 상대국가의 수반을 초청하여 미국 국무성 의전국의 의전절차에 따라 진행되는 공식 만찬행사이다. 현재 스테이트 디너는 각국의 대통령이나 수상 등 국가수반이 주최하는 공식 만찬의 의미로도 사용된다. 만찬과 별도로 밤 10시경 시작되는 밤참(야식)을 서퍼(Supper)라고 하는데 연회에서 서퍼연회는 찾아보기 어렵다. 다만 시간이 오래 걸리는 저녁축제나 야간 이벤트 도중에 서퍼를 제공하기도 한다.

2. 호텔 식음료 부 및 연회조직의 구성

호텔의 식음료부서는 크게 식당부문과 음료부문 그리고 연회부문으로 구분되고 있다. 그 중 연회부서는 일반적으로 연회예약실, 연회서비스, 연회판촉 그리고 생산부서인 연회주방을 두고 있는 것이 일반적이나 호텔의 규모나 특징에 따라 대동소이하다.

호텔 연회부의 조직은 연회시작의 규모 즉 연회장의 크기와 수 혹은 연회매출에 따라 큰 차이가 있다. 입지조건이 좋은 호텔은 고객이 호텔을 방문하는 경우가 만기 때문에 판촉지배인이 경쟁호텔에 비하여 적을 수 있고, 입지 및 기타 조건이 취약한 경우에는 판촉지배인의 영업력에 의존하는 경우가 많기 때문에 인원이 경쟁호텔에 비하여 다소 많을 수 있다. 하지만 이와 같은 것은 일반적인 환경일 뿐 호텔마다 연회부 책임자의 판단에 따라 다르게 조직구성원이 다르게 나타난다.

1) 연회부의 조직

일반적인 호텔 연회부의 조직은 연회행사와 관련하여 상담하고 예약하며 연회와 관련된 문서를 관리하는 행적적인 업무를 담당하는 연회예약실과 연회행사를 수주하고 계약하는 연회판촉과, 계약된 연회행사를 준비하고 진행하는 연회서비스과로 나뉜다. 연회예약과 연회판촉과는 연회행사를 담당하는 형태는 갖지만 일반적으로 연회예약과 에서는 일반적인 가족모임과 결혼식을 주로 상담하고 예약을 하며, 연회판촉과 에서는 주로 연회예약과 에서 상담을 하지 않는 일반적인 행사를 상담하고 수주하는 일을 담당하고 있다. 이 때문에 연회예약과는 호텔 내 연회예약실에서 고객을 상담하고 수주하는 형태를 취하고 연회판촉과는 연회예약과 보다는 좀 더 공격적인 영업형태를 갖추고 호텔 내를 벗어나 연회의 가망성 있는 고객을 찾아다니면서 영업하는 형태를 취하고 있다.

호텔연회부의 조직구조는 호텔의 영업환경에 따라 매년 바뀔 수 있다는 것이 특징이다. 어느 해에는 연회서비스팀이 식음료 팀에 소속되기도 하고 어느 때에는 연회부에 소속되기도 한다. 또한 객실판매도 총괄적인 판매부에 소속되기도 하고 별도의 영업부서로 활동하기도 하며, 혹은 호텔의 마케팅부서에 소속되어 연회 팀과 함께 판매영업을 하기 도 한다. 최근의 동향이 적은 인력으로 최대의 효율을 올리고자 객실영업이 호텔의 마케팅부에 소속되어 연회판촉과 같이 이루어지고 있다는 것이 하나의 특징이다. 이와 같은 조직구조는 상당기간 지속될 것으로 보인다.

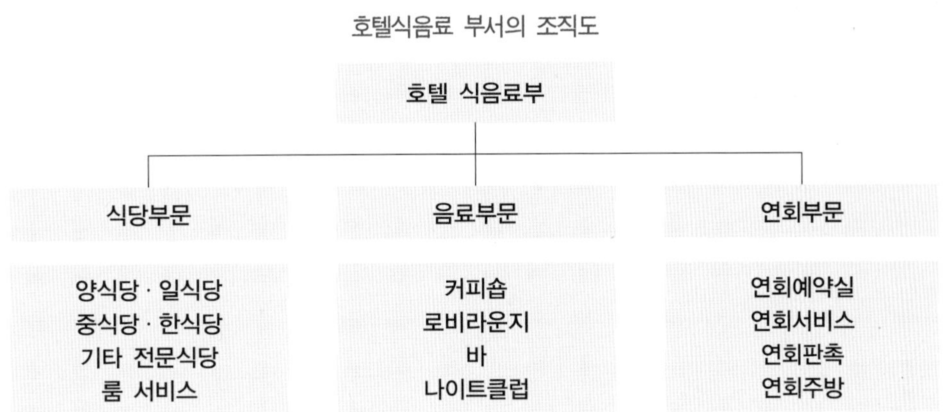

2) 연회예약실

호텔에서의 모든 연회행사는 연회예약실을 통해 예약이 접수되며 관계부서의 발주로 연회가 이루어진다. 이와 같이 호텔연회부내 예약실은 크게 고객에게 예약을 수주하는 리셉션(Reception)업무와 관계부서에 발주하는 발주업무를 담당하는 인체의 심장과 같은 중추적인 역할을 한다. 이러한 연회예약실은 연회부의 한 조직으로 주로 워킹 고객이나 전화문의 고객의 행사를 상담 · 예약하고 행사장을 안내하는 일을 담당한다. 최근에는 결혼식매출 비중이 높아져 별도로 결혼식만 상담하는 상담실과 전담직원에 의해 운영되는 경우가 늘고 있다.

호텔내의 연회예약은 크게 예약실과 판촉부서(팀)에서 이루어지는데, 호텔의 영업방식에 따라 결혼식을 포함한 가족모임과 같은 행사와 워킹고객을 위한 행사는 예약실에서 맡고 판촉부(팀/실)는 행사고객의 분야에 따라 판촉지배인 별로 거래 선을 구분하여 행사예약을 맡고 있다. 호텔마다 다소 차이가 있지만 대체로 예약실의 경우는 예약실장(과장)을 중심으로 결혼식 담당자(1~3명), 가족모임 담당자(1~3명), 워킹고객 상담자(1~2명)로 이루어져 있고 각각의 근무스케줄에 따라 운영되고 있다. 대형호텔의 경우 호텔 자체 내의 행사(디너쇼, 콘서트, 기타 파티)와 같은 이벤트를 담당하는 담당자 혹은 코디네이터를 예약실에 소속시켜 운영하기도 한다.

(1) 예약실의 주요담당(Reception Clerk)의 업무

① 연회상담 및 예약접수

② 전화 상담과 예약접수

③ 연회장 안내(룸쇼잉)

④ Control Chart 관리(룸판매관리)

⑤ 예약 취소, 변경 시 관계부서 통보

⑥ 예약금 취급 및 관리

⑦ 연회관련 정보 접수 시 판촉사원에게 정보 제공

⑧ Function Sheet(Event Order)작성

⑨ Menu, 견적서, 도면 작성

⑩ 판촉지배인 부재 시 대리 상담

⑪ 전 사원 캠페인 교육 및 실적 집계

⑫ 조리부에 메뉴제출의뢰서 발송

⑬ 가족모임 실적 집계

⑭ 고객관리카트 작성 유지

⑮ 호텔연회상품 홍보물(DM) 발송 등등

(2) 관계부서 발주업무

① 연회일람표 작성 및 통보

② Menu, Name Card, 좌석배치도 제작

③ Function Sheet의 관계부서 배로

④ 외주업무의 발주(Flower, Photo, Banner, Placard, Musician Menu 등등)

⑤ Sign-Board, Seating Arrangement 제작 및 설치 의뢰

⑥ 고객관리카드 작성 및 보관

⑦ 감사편지 발송

⑧ Function Sheet의 보관

⑨ 각종 연회 Sales Kit 보관
⑩ 행사에 필요한 각종 인쇄물의 고안 및 발주
⑪ Ice Carving Logo 의뢰 및 담당자에게 송달
⑫ 셔틀버스 의뢰
⑬ 기타

(3) 예약업무에 관련 각종 서식

① Control Chart (연회예약현황 표)
② Quotation(견적서)
③ Reservation or Reservation Sheet (연회예약전표)
④ Function Sheet or Event Order (연회행사 지시서)
⑤ Daily Event Order (금일 연회행사 통보서)
⑥ WeeklyEvent Order (주간행사 통보서)
⑦ Monthly Event Order (월간행사 통보서)
⑧ VIP Report (금일 VIP 방문 통보서)
⑨ Price Menu (가격메뉴 표)
⑩ Price Information(가격안내표)
⑪ Floor Lay-out (각층 연회장 도면)
⑫ Function Room Lay-out (연회장 도면)
⑬ Program (각종모임 안내표와 식순 표)

3) 연회판촉과(팀)

연회예약실이 호텔을 방문하는 내방고객과 전화방문 고객을 위한 중추적인 곳 이라면 연회판촉팀은 연회예약실에서 관리하기 어려운 일반기업 고객이나 단체 법인의 고객을 상대로 공격적인 마케팅을 하는 곳이다. 주요 역할로는 일반거래처 고객 상담과 일반행사 유치, 고객관리업무가 있다. 이렇게 연회판촉팀 내에서 영업을 담당하는 지배인을 판촉지배인이라고 부르며 모든 호텔은 전문정인 영업을 담당하는

지배인들을 두고 있다. 판촉비재인이 거래하는 거래고객은 제6장 연회고객 유형별 분류에서 자세히 다루었다. 판촉지배인은 거래처 고객의 행사정보를 사전에 파악하여 판촉계획을 세우고 고객과 좋은 유대관계를 갖는 중요한 역할을 한다.

제3절 연회의 특성 및 파급효과

1. 연회의 특성

연회장 운영의 특징은 일반 식당 및 주장과는 달리 또 다른 독특한 특성을 포함하고 있다. 즉 연회장을 이용하는 고객들이 숙박과 기타 호텔서비스를 이용할 수도 있지만, 연회장 상품측면에서는 호텔의 식음료 영업장과 엄연히 구분되고 있다. 연회고객은 클럽, 단체 및 기타 조직으로 구성된 그룹이며 이렇게 구성된 그룹이 행사를 하고자 할 때 행사날짜에앞서 몇 주 또는 며칠 전에 일자, 시간, 참석인원, 메뉴 그리고 각 행사에 요구되는 사항을 예약하게 되고 이러한 활동은 개별 연회장에서 진행된다. 또 레스토랑이나 바에서 서비스를 제공하는 종사원과는 조금 색다르게 종사원 전천후 서비스가 제공되고 있다.

이와 같은 연회의 특수성을 살펴보면 다음과 같다.

1) 호텔의 대중화와 호텔의 홍보효과

호텔에서 개최되는 연회는 불특정다수 고객을 표적시장으로 하고 있기 때문에 일부 한정된 사람들에 의해서만 이용이 가능한 다른 부문의 영업과는 달리 호텔의 대중화에 기여를 하게 된다. 또한 호텔에서 기획하여 개최되는 여러 종류의 문화행사는 호텔의 이미지를 개선하는데 상당한 효과가 있다. 연회행사는 홍보 효과 면에 있어서도 개최되는 호텔이나 레스토랑을 선전하는 좋은 기회가 되므로 참석자 전원에게 인상에 남는 서비스를 제공하여야 한다.

2) 매출액의 탄력성

호텔영업은 객실, 식음료, 부대시설의 3요소가 주종을 이루고 있지만 객실의 경우는 공간(객실수)이 한정되어 있고 고정자본의 투자비율이 식음료 부문보다 훨씬 높다. 반면에 식음료부문 중에서도 연회부문은 시장의 확장성이 매우 높으며 이들에 대한 적극적인 개발로 호텔이 추구하고자 매출증진의 효과를 가져 올 수 있는 분야이다. 공간 면에서 한정을 받기도 하지만 객실부문보다는 융통성이 크고 그 규모에 대한 연회장 공간 조절에는 테이블 배치 등의 조절이 가능하며 호텔 내에서의 연회행사 외에 출장연회행사를 유치하여 장소 제한 없이 무한정으로 매출증진을 가져올 수 있다.

3) 식음료 원가의 절감

확정된 메뉴를 대량으로 생산하여 판매하고, 창고에 저장되어 있는 재고 식자재를 처분할 수 있기 때문에 원가가 절감되는 효과가 있다. 실제로 서울권 주요 호텔의 식음료부문 식재료 원가분석 현황에 의하면 일반 레스토랑의 식재료 원가율보다 연회부문의 식재료 원가율이 약 5%정도 낮게 나타나고 있다. 즉, 원가가 적게 든다는 것은 그만큼의 매출이익률을 높인다는 것이고 결국은 호텔 식음료의 생산성을 극대화 시키는데 중요한 역할을 하는 것이 된다. 한편 확정된 메뉴를 대량으로 동시에 생산하고 서브하여 판매하기 때문에 노동생산성도 극대화하는 계기가 된다.

4) 호텔 외부판매

출장연회를 통하여 호텔내의 연회장이 아닌 다른 공간을 이용하여 연회매출을 올릴 수 있는 특징이 있다. 즉, 호텔영업은 모든 부문이 시간과 공간의 제약을 받는 호텔내부 판매만이 가능하나 출장 연회는 호텔내의 연회장이라는 공간적 제약은 받지 않고 판매될 수 있는 특징이 있다. 출장연회에 대한 사항은 다음 장에서 자세히 다루기로 한다. 다만 출장연회는 연회매출의 무한성을 가능하게 하는 중요한 요인이라는 점을 강조하며 출장연회만을 전문적으로 취급하는 외식산업체가 급증하고 있다는 것은 이 부분의 매력성을 입증하는 것이라고 볼 수 있을 것이다.

5) 비수기 타개책

호텔상품은 계절성 상품이라는 특성을 지니고 있다. 계절성 상품이란 성수기와 비수기가 형성되고 성수기와 비수기 간의 영업매출 격차가 큰 상품이라는 뜻이다. 따라서 모든 관광상품이 그렇듯이 호텔도 비수기 타계가 주요 과제로 되어 있다. 호텔의 연회장은 비수기에 특별 이벤트(Special Event)를 기획하고 패키지 상품을 개발하여 고객을 유인함으로써 호텔 비수기 타계에 상당한 기여를 하게 된다.

6) 동일한 서비스가 동시에 제공

연회부문의 영업은 각기 다른 요리, 음료를 서비스하는 레스토랑 부문의 영업과는 그 형태가 다르다. 연회장에서는 일시에 대량으로 똑같은 메뉴의 식음료가 서비스되므로 동일한 서비스 방식이 취해진다.

7) 타 영업부서의 큰 파급효과

연회행사의 유치는 연회매출 증진에만 기여하는 것이 아니다. 행사에 참석하는 고객들이 객실에 투숙하기도 하고, 호텔의 식음료 영업장을 이용하기도 하며, 각종 부대시설(사우나, 레져시설)을 이용하기도 하며 또한 호텔 내의 쇼핑센터에서 필요한 물건을 구매하기도 한다. 이처럼 연회행사의 개최는 호텔 내의 많은 영업장의 매출증진에 기여하는 바가 크다.

뿐만 아니라 컨벤션 서비스, 운송, 관광문화 등 호텔 외적요인에 대한 파급효과도 상당히 크다고 할 수가 있다.

8) 사전예약 및 계약 필요

각종 컨벤션이나 연회는 예약에 의해 접수되고 견적서에 의해 계약이 성립되며 행사지시서(event order)에 의해서만 준비- 진행- 마감되는 시간과 공간적인 계약을 받는다.

한편 연회는 예약에 의해 개최되고 그에 따라 준비가 이루어지기 때문에 주최자가 의도하는 대로 사전에 준비할 수 있다는 이점도 있다.

9) 연회의 목적에 따른 특성화

연회상품이 갖는 최대의 장점이 바로 이 점이다. 연회장을 행사의 목적과 종류에 적합하게 분위기를 연출할 수 있기 때문에 이 점은 어떤 레스토랑에서도 흉내낼 수 없는 연회상품의 특성이다. 연회장의 분위기를 살리기 위해 연회장에 여러 가지 장치와 조명을 설치하게 되며 연회장의 세트도 연회의 성격과 기능에 따라 구별되어야 하고 이에 따른 테이블의 배치도 그때 그때 다르게 장식할 수 있다.

10) 관련부서 간 긴밀한 협조관계가 필요

연회행사는 행사의 규모 대소를 불문하고 특정 개인이나 부서 단독으로 수행할 수는 없다. 행사를 유치하는 세일즈맨, 연회장의 예약담당자, 현장의 서비스담당자, 조리부서 및 음향 .조명 등의 기술 담당부서, 기타 장식과 관련되는 꽃, 아이스 카빙(얼음 조각) 담당자 등과 주차장, 시설 부(전기 및 에어컨)에 이르기까지 모든 부서가 관련된다.

따라서 연회행사는 관련부서들 간의 공조를 통해서만이 가능하다. 여기서 중요한 것은 연회와 직·간접으로 관련되는 제 부서간의 체계적인 협조체제를 구축하는 것이다.

11) 다양한 가격대

연회행사도 일반 레스토랑처럼 메뉴에 의거한 규정된 가격에 의해 연회상품이 판매되지만 연회예약 접수 시 고객의 예산과 행사의 특성 및 중요도에 따라 특별한 메뉴를 요구할 경우 그에 따른 특별요금(별도의 요금)이 적용될 수 도 있는 특성이 있다.

2. 연회의 파급효과

연회장은 호텔내의 하나의 영업장이지만 국제회의와 각종 대소연회를 개최하여 호텔내의 객실판매와 각 영업장 매출증진으로 이어지는 파급효과가 매우 크다. 여기서는 호텔내의 파급효과에 국한하지 않고 호텔 외부로의 파급효과까지 보다 광범위하게 설명하고자 한다.

1) 경제적인 측면

연회장은 국제회의 및 대규모 연회개최로 호텔산업의 중추적인 역할을 함으로써 숙박 및 음식에 대해 영향력이 크다. 이외에도 회의장의 임대료와 부수되는 장치료, 전신전화비, 일반관광객이 하지 않는 연회 즉 환영, 환송파티 등의 부가수입이 있다.

호텔 외에도 외부 관광환경과도 연결되어 관광 및 쇼핑 등이 있으며 지역의 문화수준향상과 고용의 효과, 세수입 확대도 기대 될 수 있다. 특히 국제회의의 경우나 국제적인 인센티브그룹 유치는 계절적 변수가 적은 것으로 관광비수기 때 유치함으로써 관광객의 계절적 수요편재를 해결할 수 있어 호텔뿐만 아니라 국가경제 및 지역개발을 통한 부와 자긍심을 불어넣어 줄 수 있다. 국제회의에 참석하는 관광객의 관광소비도 국가의 경제권에 유입되어 직업과 소득의 많은 부문이 직접적으로 창출되며 간접적인 경제적 유발효과도 가져온다. 즉 국제회의가 많아지면 경제의 다른 부문에서 수요가 발생되며 관광사업에 관련된 연관 산업 파급효과를 일으킨다.

2) 사회적인 측면

호텔에서 국제회의 및 연회를 개최함으로써 관련분야의 국제화 내지는 질적 향상을 가져와 일반국민의 자부심 및 의식수준의 향상을 꾀하고 아울러 각종 시설물의 정비, 교통망 확충, 환경 및 조경개선, 고용증대, 관광쇼핑의 개발 등 광범위한 효과가 발생된다. 또 주최국으로서 의사결정 참여 등의 개최국의 권위신장 및 이익옹호가 가능하다.

3) 관광 문화적인 측면

연회장에서 이벤트를 통한 연회를 개최함으로써 관광객 유치와 더불어 한국의 문화. 풍습, 음악, 무용 등을 소개할 수 있는 관광 문화변수로 등장하게 되었다. 특히 국제회의에 참석하는 참가자들에게 자국의 문화소개는 필수적으로 되어 있으며, 이

것이 호텔연회장에서 문화행사로 치러지고 있다.

또 자국인들에게 연회장을 개방함으로써 국민들에게 문화 공간 활용의 장으로 이용되고 있으며, 지역주민들을 위해 꽃꽂이 강습회, 테이블 매너교실, 요리교실, 차밍스쿨, 어린이행사 등 다양한 행사를 함으로써 관광 문화적인 역할을 수행하고 있다.

4) 호텔 경영 및 매출액 측면

호텔기업의 수입원은 객실, 식당, 연회, 주장 그리고 임대수입이다. 연회장에서 국제행사를 유치하거나 인센티브 연회, 세미나 및 학술대회를 유치할 경우는 객실에 투숙하게 되고 각 식당 및 주장을 포함한 부대영업장을 이용하게 됨으로써 연회장의 매출부문 이외의 호텔기업 수입에 미치는 영향이 지대하다. 그래서 호텔기업에서는 객실판매 다음으로 연회판매의 중요성을 인식하고 있다.

따라서 호텔이 연회매출액을 최대한 확보하기 위해서 연회부가가치상품을 개발하고 호텔경영방침을 연회부문으로 확대하는 경우가 점차적으로 많아지고 있다.

제4절 연회행사의 종류

연회행사는 크게 식음료연회와 임대연회로 구분할 수 있다. 식음료 연회도 식탁에 앉아서 식음료의 제공순서에 의해 서비스를 받는 테이블서비스 연회와 셀프서비스형태의 연회로 나눌 수 있다. 일반적으로 이루어지고 있는 연회의 종류와 행사 진행방법에 대해 알아본다.

1. 테이블서비스 파티(디너파티)

연회행사 중 가장 격식을 갖춘 의식적인 연회로서 그 비용도 높을 뿐만 아니라 사교 상 어떤 중요한 목적이 있을 때 개최한다. 초대장을 보낼 때 연회의 취지와 주빈의 성명을 기재한다. 초대장에 복장에 대해 명시를 해야 하며, 명시가 없으면 정장을 하는 것이며 유럽 쪽에서의 디너파티는 예복을 입고 참석한다.

▲ 연회장 테이블 서비스

연회가 결정되면 식순이 정해지고 참석자가 많을 경우는 연회장 입구에 테이블 플랜을 놓아 참석자의 혼란을 피하도록 한다.

디너파티는 초청자와 주빈이 입구 쪽에 일렬로 서서 손님을 마중하는 소위 리시빙 라인을 이루어 손님을 맞이한다. 식사 전 리셉션칵테일 시간을 가지며 식당에의 입장은 호스트가 주빈 부인을 에스코트하여 선도하고 다음으로 주빈이 호스테스를, 그 이하는 남성이 여성에게 오른팔을 내어 잡도록 하여 좌석 순에 따라 착석 한다.

요리의 코스가 예정대로 진행되어 디저트 코스가 들어오면 주빈은 일어서서 간략하게 인사말을 한다. 식탁의 배열은 식당이나 연회장의 넓이와 참석자 수, 그리고 연회의 목적에 따라 여러 가지 스타일로 연출한다. 식순에 있어서는 파티의 성격, 사회적 지위나 연령층에 따라 상하가 구별되며 여기에 따라 주최자와 충분한 협의 후에 결정한다. 외국인의 경우 부인을 위주로 하며 대체로 그 방의 입구에서 가장 먼 내측이 상석이 된다.

2. 칵테일파티

칵테일파티는 여러 가지 주류와 음료를 주제로 하고 오드볼(Horse d'oeu-vre)을 곁들이면서 스탠딩(Standing)형식으로 행해지는 연회를 말한다. 식사 중간 특히 오후 저녁식사 전에 베풀어지는 경우가 많다. 축하일이나 특정인의 영접 때에는 그 규모와 메뉴 등이 다양하고 서비스방법도 공식적으로 차원 높게 베풀어지지 않으면 안되나, 일반적으로 결혼, 생일, 귀국기념일 등에는 실용적인 입장에서 칵테일파티가 이루어진다. 칵테일파티를 준비함에 있어서는 예산과 정확한 초대인원, 메뉴의 구성, 파티의 성격 등을 파악하여 놓지 않으면 안 된다. 특히 소요되는 주류를 얼마나 준비하여야 하는가 하는 문제는 매우 중요하다. 보통 한 사람 당 3잔 정도 마시는 것으로 추정하는 것이 합리적이다.

칵테일파티는 테이블서비스 파티나 디너파티에 비하여 비용이 적게 들고 지위고하를 막론하고 자유로이 이동하면서 자연스럽게 담소할 수 있고 또한 참석자의 복장이나 시간도 별로 제약받지 않기 때문에 현대인에게 더욱 편리한 사교모임 파티이다.

고객들이 파티장입구에서 주최자와 인사를 나눈 다음 입장을 하고 연회장내에 차려져 있는 바에서 좋아하는 칵테일이나 음료를 주문하여 받은 다음 격의 없이 손님들과 어울리게 된다.

서비스맨들이 특히 주의해야할 점은 준비되어 있는 음식과 음료가 소비되어야 하므로 셀프서비스형식이더라도 고객 사이를 자주 다니면서 재 주문을 받도록 해야 한다. 특히 여성고객들은 오드볼 테이블에 자주 가지 않는 경향이 많으므로 오드볼 츄레이(Tray)를 들고 고객 사이를 다니면서 서비스하는 것을 잊지 말아야 한다.

3. 뷔페 파티

뷔페는 파티 때마다 아주 다양한 형태로 달리 준비될 수 있기 때문에 적절한 용어 해석이 없다.

단지 샌드위치류와 한입거리(Finger food) 음식을 뜻할 수도 있고 정성들여 만든 여러 코스의 실속 있는 식사를 뜻하기도 한다. 찬 음식과 더운 음식을 같이 낼 수 있으며 음식을 연회직원이 서비스할 수도 있고 고객이 자기 양껏 기호대로 가져다 먹을 수도 있다. 그리고 뷔페도 디너식사 만큼 형식을 갖출 필요가 있다.

참석인원수에 맞게 뷔페 테이블에 각종 요리를 큰 쟁반이나 은반에 담아 놓고 서비스 스푼과 포크 또는 Tong을 준비하여 고객들이 적당량을 덜어서 식사할 수 있도록 하는 파티를 말하며 좌석 순위나 격식이 크게 필요 없는 것이 특징이다. 연회직원은 음료서비스에 신경을 써야 하며 사용된 접시는 즉시 회수해 주어야 한다.

▲ JW메리어트 뷔페레스토랑

1) 스탠딩 뷔페파티

칵테일 파티에 식사 요소가 가미된 요리중심의 식단이 작성되며 여기에 스탠딩 뷔페는 양식요리가 추가되고 중식, 일식, 한식요리 등이 함께 곁들여지는 것이 특징이다. 고객들의 취향에 맞은 요리와 음료를 마음껏 즐길 수 있도록 때로는 연회장 벽 쪽으로 의자를 배열하여 고객의 편의를 제공하기도 한다. 이 뷔페는 "한 손에 접시를 들고 다른 한 손은 포크를 들고 서서하는 식사"라고 정의할 수 있는데, 이러한 식사형태는 공간이 비좁아서 테이블과 의자를 배치할 수 없는 경우에 적합하다.

Standing Buffet는 Sitting Buffet에 비해 비교적 형식에 구애를 덜 받지만 적게 먹는 경향이 있다. 이유는 식탁 없이 먹기가 쉽지 않기 때문이다.

2) 착석 뷔페파티

Sitting Buffet Party는 음식이 식당에 차려지기 때문에 저녁식사나 점심식사와는 또 다른 주 요리 식사이다.

이 음식을 차리려면 먼저 고객이 전부 앉을 만한 테이블과 의자를 갖추어야 하고 접시와 잔, 포크, 나이프, 냅킨 등을 구비하여 테이블에 정돈하여 놓아야 한다. 그리고 요리장이 갖은 솜씨로 장식하고 구색을 갖추어 꾸며낸 요리를 뷔페테이블에 가지런히 진열해 놓는다. 이때 고객의 접시에 음식을 효과적으로 서브할 수 있는 주방요원을 확보해 두는 것이 좋다. 이유는 고객이 직접 Carving을 요하는 음식을 썰어 담기가 힘들기 때문이다. 그리고 뷔페가 시작되면 음식 전부를 내다 차리기보다는 일정량만을 내놓고 음식을 자주 바꾸어 주는 것이 효과적이다.

3) 조식 뷔페파티

많은 호텔들이 고객을 위하여 여러 가지 다양한 음식으로써 조식뷔페를 준비하고 있다. 대개 버터와 치즈류, 잼, 마멀레이드와 함께 빵과 롤 빵류를 내고 또 찬 육류와 어류를 석쇠에 구워 뜨겁게 접시에 담아내기도 하며, 과일주스, 신선한 과일과 스튜한 과일 그리고 곡류음식을 낸다.

호텔의 조식 뷔페는 대개 셀프서비스방식을 채택하는 경우가 많은데 이것은 고객들이 식도락을 즐기도록 하기 위함보다는 서비스의 신속성과 종업원의 인원절감, 즉 경제적 이유 때문이다. 이러한 조식 뷔페는 사실 진정한 의미의 뷔페는 아니다.

4) Finger Buffet Party

뷔페의 유형 중에서 가장 형식에 구애받지 않는 파티로서 Standing Buffet Party처럼 고객들이 서로간의 교제기회를 주최 측에게 제공하고자 할 때 아 주 적합하다. 이 파티는 고객들이 실속 있는 음식을 기대하지 않는 낮 시간에 주로 하는 간이식사로서 포크나 나이프 없이도 먹을 수 있는 음식으로 차려야 하므로 한입거리크기로 준비한다.

물론 서서히 진행되는 스타일이지만 연로한 손님을 위해서 테이블과 의자를 몇 군데 배치하는 것이 바람직하다.

5) Table Buffet Party

뷔페파티는 연회행사에 참석하는 고객들의 입맛을 모두 고려할 수 있다는 장점으로 가장 인기 있는 메뉴로 등장했다. 그러나 행사인원이 많아질 경우 연회 참석 객들에게 뷔페라인을 형성시켜 여러모로 불편을 초래하게 된다.

이와 같은 단점을 극복하기 위해 새롭게 등장한 것이 테이블 뷔페파티이다.

테이블 뷔페파티는 뷔페음식 테이블을 별도로 두지 않고 메뉴에 따른 적정량의 음식을 작은 용기를 사용하여 종류별로 고객용 라운드 테이블에 직접 마련한 것이다. 때문에 일반 뷔페행사와는 달리 고객들은 일어서서 음식을 가지러 갈 필요 없이 앉은 자리에서 식사할 수 있다. 결국 일반뷔페행사보다 더 품위 있고 조용하게 많은 인원의 손님들에게 뷔페를 제공할 수 있는 방식이라고 볼 수 있다. 테이블 뷔페는 서울의 H호텔에서 시행하고 있다. 이것은 마치 한정식을 차린 것과 비슷하나 한정식과는 메뉴구성에서 차이가 난다.

6) Buffet in the House

개인집에서의 뷔페는 음식을 가정에서 만들든지 바깥에서 주문해 오든지 간에 관계없다. 가정집에는 식탁테이블을 꾸미고 뷔페를 차릴 만한 크기의 방이 거의 드물다. 따라서 제일 큰 방에 한 개의 긴 식탁을 차리든가 아니면 작은 식탁 여러 개를 맞붙여서 배치하고 뷔페음식을 진열하여 손님이 직접, 기호에 맞게 양껏 집어 들고 테이블과 의자가 배치된 인접한 방에 가서 식사할 수 있도록 한다.

4. 리셉션 파티

리셉션은 중식과 석식으로 들어가기 전의 식사의 한 과정으로 베푸는 리셉션과 그자체가 한 행사인 리셉션으로 나눠진다.

1) 식사 전 리셉션(Pre Meal Reception)

식사에 앞서 리셉션을 가지는 목적은 일정시간에 이르기까지 손님들이 서로 모여서 교제할 수 있도록 배려하는 데 있고 이것은 다과와 같이 한입에 먹을 수 있는 크기의 음식을 제공하는 것이 통례이다. 이때 제공되는 음식은 구미를 돋구는 것이 적당하다.

여기에 따르는 음료들은 위스키와 소다, 진과 토닉, 그리고 과일주스, 소프트 드링크 등이 통상적으로 사용된다. 리셉션 장소는 고객들이 서로 부대낌 없이 움직일 수 있는 충분한 공간을 요하는데 이상적으로 250명의 리셉션에는 약 15.5m×15.5m 크기의 공간이 필요하다. 그러나 불규칙한 모양의 홀이라면 좀 더 넓어야 할 것이다.

식사 전 리셉션은 보통 30분 동안 베풀어지므로 초대장에 "오후 6시 30분부터 7시 사이(60:30 for 7 p.m)"라는 문구를 삽입토록 한다. 때에 따라서 고객이 너무 일찍 오거나 귀빈이 너무 늦게 오는 경우 리셉션 시간이 더 늘어날 수도 있지만, 일반적으로 대부분의 사람들은 30분쯤 기다렸다가 함께 식사하러 들어가는 것이 좋다.

식사 전 리셉션에 내는 음식은 내용을 풍부하고 실속 있는 것들로 차려서는 안되고, 다만 고객의 식욕을 돋구는 작은 한입거리음식과 음료로 꾸며야 한다. 땅콩류와 포테이토 칩, 올리브류, 칵테일 오니온, 조그만 크기의 칵테일 비스킷 등이 일반적으로 제공되는 품목이며, 때때로 카타페와 세이보리류가 제공되기도 한다. 이 때 주의해야 할 점은 이들 리셉션 음식으로 인해 오히려 식욕이 둔감 되지 않도록 신경서야 하므로 음식들을 작은 크기로 구미를 돋구는 것들이어야 한다. 스위트품목은 식사 전에 결코 제공되어서는 안 된다.

2) 풀 리셉션(Full Reception)

풀 리셉션은 문구 그대로 리셉션만 베풀어지는 행사이다. 한 번 제공된 음식들로만 채워지고 더 따라오거나 이어지는 음식이나 주류는 없으며 보통 2시간 정도 진행된다. 제공되어지는 음식은 대체적으로 카나페, 샌드위치, 커틀렛, 치즈, 디프류, 작은 패티 등의 한입기리 음식으로 준비하며 식사 전 리셉션의 음식보다는 내용이 더 실속이 있어야 하고 더운 음식과 차가운 음식으로 다양하게 구성하여야 한다.

주류로는 식사 전 리셉션에서는 독한 술이 어울렸지만 풀리셉션에서는 디너와 뷔페와 같이 고객에게 와인류를 제공해도 된다.

적포도주나 달콤한 백포도주, 드라이 백포도주와 로제포도주류 등을 고객이 선택할 수 있도록 준비하고 포도주의 질은 가격과 모임의 특성에 따라 결정하도록 한다.

5. 티 파티(Tea Party)

일반적으로 브레이크타임에 간단하게 개최되는 파티를 말한다. 칵테일 파티와 마찬가지로 입식으로 커피와 티를 겸한 음료와 과일, 샌드위치, 디저트류, 케이크류, 쿠키류 등을 곁들인다. 보통 회의 시, 좌담회, 간담회, 발표회 등에서 많이 하는 파티의 일종이다.

또한 자녀중심의 입학 · 졸업 축하, 여성의 동창회, 생일파티 등의 간단한 파티에 적용되며 음식은 1일분씩 다과를 세트로 차려놓고 자유스럽게 먹는다.

6. 특정목적의 파티

1) 모금 파티(Party for Fund Raising)

미국에서는 각종 선거가 가까워 오면 특정후보를 위하여 자금을 모금하기 위한 파티가 성행하는데 모임은 정당주최, 개인주최 등 다양하다. 회비는 1인당 100달러에서 1,000달러까지 있다.

민간단체에서도 화이트 엘리펀트 세일(White Elephant Sale)이라고 부르는 파티가 있다. 화이트 엘리펀트는 흰 코끼리라는 뜻으로, 이를 유지하는 데는 비용이 많이 드는, 무용의 거물이라는 뜻이다. 예를 들면 불용품 교환회가 이러한 모임의 일종이다. 술을 못 먹는 사람에게 위스키는 불용품이나, 다른 사람에게는 가치 있는 사장품인 것이다. 헌 원피스, 커피, 악세사리 등 이러한 것들을 지참케 하여 일정한 장소에 모아 경매에 붙여서 그 판매대금을 모금하게 된다.

우리나라도 정치인들의 모금운동이 법적으로 보장되면서 특정후보를 지원하기 위한 이런류(類)의 각종 모금행사가 선거시기와 관계없이 개최되고 있다.

2) 포트럭 디너(Potluck Dinner)

미국인들이 고안해 낸 파티이다. 각자 일품식사를 지참하여 한 자리에 모여 다 같이 즐기는 파티로서 이를 코퍼레이팅 파티(Cooperating Party)라고도 한다. 주최자가 음식목록을 작성하여 주 요리, 샐러드, 디저트로 분류하고 참석자들에게 그 중 한 가지의 음식을 지참케 하는 것이다. 이러한 파티는 주로 개인적 성격의 파티로서 서로의 친분이 두터운 것을 전제로 한다.

3) 샤워 파티(Shower Party)

친한 친구끼리 모여 축하를 받을 사람을 중심으로 하여 그에 대한 환담으로 화제를 유도하며 참석자 전원이 선물을 하는 파티이다. 즉 우정이 비와 같이 쏟아진다는 "샤워(Shower)"의 의미를 붙인 것이다. 이는 극히 개인적인 파티이며 주로 여성들이 중심이 되어 개최하는 파티이다. 신혼부부에게 필요한 선물을 하는 결혼축하연, 출산을 축하하는 출산축하연 등이 있다.

4) 무도회와 댄스파티(Ball and Dance)

우리나라에서는 무도회와 댄스파티를 분명히 구별하지 않는 경향이 있으나 영어로는 이 양자를 구별한다. 즉 댄스파티는 보통 일정한 연령에 달한 사람을 초대하지만 무도회는 연령에 관계없이 호스테스와 친한 관계의 인사는 누구나 초대될 수 있다는 차이이다. 다시 말하면 무도회는 댄스파티 보다 많은 사람이 출석하는 큰 규모의 댄스파티를 의미한다. 남성은 소개받은 여성에게 한 번은 댄스를 프로포즈하는 것이 에티켓이다.

7. 출장연회(Out side Catering)

사실상 근래에 들어 연회사업 중 가장 각광을 받고 크게 번창하는 분야가 바로 출장연회이다. 연회주최자 자신의 건물에서 연회를 베풀고자 하는 의도는 여러 가지가 있을 수 있다. 그리고 연회의 형태, 스타일, 규모도 다양하다. 소규모로서 가장 간단한 출장연회의 한 형태는 개인 가정집의 조촐한 오찬 및 만찬파티이고, 가장 많이 베풀어지는 형태는 결혼피로연, 생신 연, 기타 가족모임이다. 기업체에서는 귀빈의 방문이라든가 무역박람회 혹은 특별행사에 참석하는 손님들의 접대를 위해 출장연회팀을 부르기도 한다. 특히 근래에 들어 사무실 이전이라든가 사옥기공 및 준공에는 출장연회가 필수적인 요소처럼 되었다. 따라서 이러한 파티를 요청 받으면 연회담당자가 제일 먼저 해야 할 일은 주방요원과 함께 파티현장에 가보는 일이다. 주방의 규모와 활용 가능한 설비에 따라 어떤 음식을 제공해야 할 것인지를 결정해야하기 때문에 주최자와 메뉴를 상의하기 이전에 방문하여 둘러보아야 한다.

▲ 야외 케이터링 서비스

8. 옥외파티(Entertaining in the Open Air)

날로 증가하는 현대생활에 대한 압박감과 전원생활에 대한 향수로 인해 사람들은 파티를 옥외에서 즐기는 방법을 찾게 되었다. 옥외 식사에는 기본재료를 사용해서 만든 간단하고 맛있는 음식이 적합하다.

옥외 파티는 크게 다음과 같이 3종류로 나누어진다.

▲ 워커힐의 아스톤 하우스 가든파티 전경

1) 바베큐 파티(Barbecues Party)

바베큐란 낱말은 옥외용 숯불구이 석쇠를 뜻하지만 옥외파티란 의미로 사용될 때는 조리방법을 꼭 석쇠구이에 한정시키지 않고 정원에 영구적으로 설치해 놓는 영구석쇠틀, 휴대용 그릴, 캠프파이어 등을 의미하기도 한다. 바베큐에 쓰이는 불은 건조시킨 단단한 나무(떡갈나무, 벚나무 등)나 잘라낸 포도나무 혹은 숯을 이용하며, 어떤 연료를 사용하든지 조리는 타오르는 불길 위에서가 아니고 뜨거운 잔화 위에서 해야 한다.

바베큐의 메뉴로는 보통 찹류(Chops), 스테이크류, 소시지, 치킨 그리고 송어 등 단단한 살을 가진 생선 등이 이상적인 품목이다.

마리네이드 종류는 그릴링하기 전에 숯불에 마리네이드액이 떨어지지 않도록 물기를 털어 주고 조심스럽게 굽도록 할 것이며, 굽는 동안 마리네이드와 함께 버터를 발라 준다. 음식은 석쇠에 굽기 전에 미리 간을 하고 기름을 발라 준다. 송어나 단단한 살을 가진 생선은 알루미늄호일에 싸서 바비큐 조리를 한다. 가니쉬와 야채 등은 메인 품목과 함께 싸면 한 번에 전 코스를 그릴링 할 수 있다. 감자도 낱개로 알루미늄박지로 포장해서 숯불 가까이 두든지, 숯불 안에 넣든지 해서 구워 낼 수 있다.

소, 돼지나 어린 양의 전체 몸통구이는 영국에서 자선사업기금을 조성하는 데 가장 널리 쓰이는 방법이다. 그리고 때때로 개인파티에서도 이루어 질 수 있는 데 불 주위에 둘러 모여 서서, 숯불구이를 들면서 나무로 만든 큰 컵에 거품이 있는 맥주를 들이키는 기쁨을 서로 즐길 수 있기 때문이다.

2) 피크닉 파티(Picnic Party)

피크닉 파티는 말 그대로 야외에 가서 하는 가족단위, 회사동료, 동기 동창모임 등 다양하게 이루어지는 파티를 말한다.

피크닉에서의 음식은 바비큐의 조리방법으로 서브될 수 있는 것이 많다. 통나무나 담요를 깔고, 앉아 있는 손님들에게 바구니의 찬 음식을 서브한다.

그리고 더운 날씨에는 음식을 좀 선선하게 해서 제공해야 한다.

조류나 육류의 찬 로스트 류, 파이 류, 무스 류, 젤리와 가토우, 그리고 과일류, 차가운 수프, 과일샐러드, 빵 류 소금과 후추, 드레싱 류 등이 대상품목이다.

아이스박스에 음식을 넣으면 몇 시간 정도는 차게 유지할 수 있다. 그리고 차가운 과일 샐러드는 물에 한 번 씻어서 플라스틱 등에 담아 운반할 수 있다. 혼합샐러드의 경우 그릇에 담아 갈 수도 있지만, 토마토나 오이와 같이 물기가 있는 식품은 통째로 가져가서 목적지에 가서 첨가해 주는 것이 좋다. 포도주, 맥주, 생수 등은 아이스박스에 담아서 가지고 와서 계곡의 차가운 물이나 웅덩이 물에 담가두면 시원한 상태를 유지할 수 있다.

3) 가든파티(Garden Party)

쾌적하고 좋은 날씨를 택하여 정원이나 경치 좋은 야외에서 하는 파티를 말한다.

날씨가 변덕스럽기로 소문나 있는 영국이지만 가든파티는 거의 관습처럼 베풀어지는데 영국 황실의 버킹검 궁전 뜰에서 베풀어지는 로얄 가든파티는 세계적으로 유명하다. 그러나 부드럽게 깔린 넓고 푸른 잔디밭과 아름다운 정원을 갖추고 있는 장소라면 어떤 곳이든 가든파티를 행할 수 있다.

가든파티는 다른 형식의 옥외파티와는 달리 평상복이 아니라 정장차림으로 참석해야 하는 모임이다. 음식은 한입크기로 준비하고 맛좋은 품목으로 훌륭한 접시 위에 예쁘게 담아내도록 한다. 가든파티는 보통 오후에 열리므로 관습적으로는 차(Tea)와 함께 싱싱한 레몬이나 오렌지스쿼시를 음료로 준비한다. 그러나 음료류에는 알콜이 함유되어 있지 않는 다른 차가운 음료도 포함시켜서 서브할 수 있다.

식탁이나 의자를 준비하지 않으므로, 파티는 스탠딩 뷔페에 해당되고 식단은 뷔페에 준하여 낸다. 그러나 가든파티에서는 싱싱한 과일샐러드와 아이스크림류도 낼 수 있으며, 딸기나 크림이 제철일 때는 거의 필수적으로 낸다. 그리고 테이블이나 의자를 준비하지 않으므로 파티는 Finger Buffet에 해당되고 메뉴는 뷔페에 준한다.

9. 임대연회(Rental)

식사 위주의 행사가 아니라 호텔 측에서 볼 때 연회장 및 기타 설비의 임대에 의미를 두는 연회를 말한다.

1) 전시회

무역, 산업, 교육 분야 혹은 상품 및 서비스판매업자들의 대규모 상품진열을 의미하는 것으로서 회의를 수반하는 경우도 있다.

전시회, Trade Show라고도 하며 유럽에서는 주로 Trade Fare라는 용어를 사용한다.

2) 국제회의(Convention)

회의분야에서 가장 일반적으로 쓰이는 용어로서 정보전달을 주목적으로 하는 정기집회에 많이 사용된다.

과거에는 각 기구나 단체에서 개최되는 연차총회의 의미로 쓰였으나 요즘은 총회, 휴회기간 중 개최되는 각종 소규모회의, 위원회 등을 포괄적으로 의미하는 용어로 사용된다.

3) 기타

문화, 예술, 공연, 체육행사, 패션쇼 등

CHAPTER

호텔 종사자의 자세

Chapter

3 호텔 종사자의 자세

제1절 종사원의 기본요건

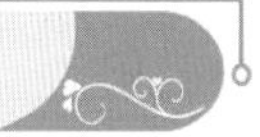

1. 호텔식음료 종사원의 기본자격

호텔종사원으로서 개개인의 부서에 따라 자격증이 필요할 수 있고, 외국어 능력이 필수적이라고 할 수 있겠지만, 식음료부서에 근무하는 호텔종사원의 자격으로 항상 '서비스 마인드'라는 인성이 중요시되고 있다. 기본적으로 다른 사람들과 함께 하고자 하는 서비스 마인드가 부족한 사람들은 호텔종사원으로서 근무하기 힘들어진다. 왜냐하면, 호텔산업은 대표적인 서비스산업으로서 호텔산업에 종사하는 사람들은 고객과의 접촉이 많으며, 여러 국가에서 온 다양한 사람들을 만나게 되어 있다. 또한 살아 온 문화와 환경의 차이로 인해 어떤 경우에는 고객에게 서비스를 제공하는 데 있어 생각하지 못하던 실수나 원치 않은 경험을 할 수도 있다. 이때에는 자신의 감정을 조절하여 상황을 적절하게 해결할 수 있는 능력이 필요하다. 이러한 능력은 교육이나 경험을 통하여 얻을 수 있겠지만, 근본적으로 호텔산업에 대한 이해가 부족하고 낯선 사람들과의 대면접촉을 꺼려하는 등의 서비스 마인드가 없는 사람들에게는 극복하기 힘든 어려운 일이 될 수 있다.

2. 호텔식음료 종사원의 일반적 요건

호텔식음료 종사원은 자신의 직업관 확립과 올바른 정신자세를 갖도록 노력해야 하며, 이를 바탕으로 하여 접객업무를 성실히 수행하여 최대의 고객만족을 이끌어 낼 수 있도록 노력해야 한다. 호텔식음료 종사원으로서 갖추어야 할 일반적인 요건은 다음과 같다.

1) 봉사성(Service)

봉사성이란 고객에게 제공되는 물적서비스와 진정한 마음에서 표출되는 최상의 친절로 고객서비스에 임하는 인간미가 수반된 인적서비스를 말한다.

2) 청결성(Cleanliness)

청결성은 공공위생(public sanitation)과 개인위생(private sanitation)으로 구분된다. 공공위생은 고객이 이용하는 공공장소와 제반시설의 청결 및 집기 · 비품 · 가구 등의 청결상태에 고객이 불쾌함을 갖지 않도록 항상 깨끗하게 유지하는 것을 말하고, 개인위생은 종사원의 신체적 건강 및 철저한 위생관념에 입각한 몸 · 마음의 청결, 그리고 용모 · 복장 등 외형상 갖추어야 할 청결요건을 완벽하게 유지하여 고객이 신선감과 쾌적함을 느낄 수 있도록 하는 것을 말한다.

3) 능률성(Efficiency)

맡은 바 업무를 정확히 파악한 후 주어진 시간 내에 최대의 능력을 발휘하여 얻어낸 성과를 말한다.

4) 경제성(Economy)

종사원들은 투철한 절약정신과 주인의식을 갖고 식당운영에 소요되는 고정경비와 변동경비의 지출을 최대한 절감할 수 있도록 해야 하며, 모든 경비지출에 따른 손실 낭비 등을 막아 매출 및 이익증대에 기여하도록 노력해야 한다.

5) 정직성(Honesty)

정직성이란 인간의 근본정신 중 가장 참된 것이라 할 수 있으며, 어느 누구에게라도 책임감 있는 행동을 취하여 신뢰받을 수 있도록 정직성을 생활신조로 삼아야 한다.

6) 환대성(Hospitality)

식당서비스는 환대정신을 가장 필요로 하고 중요시하므로, 종사원들은 고객을 대할 때 항상 즐거운 마음으로 얼굴에 미소를 가득 담고 정중하고 반갑게, 그리고 공손한 태도로 고객을 맞이하는 것이 종사원의 사명이다.

3. 호텔식음료 종사원의 실제적 요건

식음료 종사원의 복장과 용모 및 접객태도는 그 호텔식음료부문의 이미지(image)와 품위를 대변한다고 할 수 있다. 그러므로 종사원으로서의 갖추어야 할 실제적 요건은 근무에 임하기 전에 자신이 갖추어야 할 몸가짐을 점검하는 자세를 습관화하여 고객에게 항상 깨끗하고 단정한 인상을 주도록 하는 것이다.

1) 종사원의 몸가짐

식음료서비스직의 업무를 수행하는 데 있어 종사원의 바른 몸가짐은 모든 행동의 기본이며, 단정한 용모는 고객으로부터 호감을 받는 첫 번째 조건이다. 종사원이 갖추어야 할 용모와 복장은 다음과 같다.

(1) 남자종사원

① 머리

- 깨끗이 면도하여 앞머리는 눈을 가리지 않는가?
- 잠잔 흔적은 없는가?
- 비듬은 없는가, 냄새는 안 나는가?

② 얼굴

- 수염, 코털이 있는가?
- 이는 깨끗하고, 입냄새는 안 나는가?
- 눈은 충혈되지 않고, 안경은 더럽지 않는가?

③ 복장

㉠ 와이셔츠

- 소매부문이나 카라부분이 더럽지 않은가?
- 카라부분의 단추가 느슨하지 않은가?
- 색상, 무늬는 적당한가?
- 다림질은 잘되어 있는가?

㉡ 넥타이

- 삐뚤어져 있지 않고, 풀어져 있지 않은가?
- 때, 얼룩, 구겨짐은 없는가?
- 양복과 어울리는가?
- 길이는 적당하고, 타이핀 위치는 적당한가?

㉢ 상의

- 너무 화려하지 않은가?
- 일어설 때 단추를 잠그는가?
- 주머니가 불룩할 정도로 많이 넣어져 있지 않은가?

㉣ 바지

- 다림질 되어 있고, 무릎이 나와있지 않은가?
- 벨트가 너무 꽉조여 있지 않은가?

㉤ 손

- 더럽지 않은가?
- 손톱이 길지 않은가?

ⓑ 양말

- 냄새가 나지 않은가?
- 화려한 색상이나 무늬는 아닌가, 백색 스포츠용 양말을 신고 있지 않은가?

ⓢ 구두

- 잘 닦아져 있는가?
- 굽이 닳아져 있는가?
- 색상이나 형태는 비즈니스에 적당한가?

ⓞ 가방, 지갑, 명함지갑 등

- 형태가 망가져 있지 않은가?
- 깨끗이 손질되어 있지 않은가?
- 명함은 명함지갑에 넣고, 매수는 적당한가?

(2) 여자종사원

① 머리

- 청결하고 손질은 되어 있는가?
- 일하기 쉬운 머리형인가?
- 앞머리가 눈을 가리지 않는가?
- uniform에 어울리는가?
- 머리 액세서리가 너무 눈에 띄지 않는가?

② 화장

- 청결하고 건강한 느낌을 주고 있는가?
- 피부처리 및 부분화장이 흐트러지지는 않았는가?
- 립스틱 색깔은 적당한가?

③ 복장

- 구겨지지는 않았는가?
- 제복에 얼룩은 없는가?
- 다림질은 되어 있는가(블라우스, 스커트의 주름 등)?

- 스커트의 단처리가 깔끔한가?
- 어깨에 비듬이나 머리카락이 붙어 있지 않은가?
- 통근 시의 복장은 단정한가?

④ 손

- 손톱의 길이는 적당한가(1mm 이내)?
- 손은 깨끗한가?

⑤ 구두

- 깨끗이 닦여져 있는가?
- 모양이 찌그러져 있지 않은가?
- 뒤축이 벗겨지거나 닳아 있지는 않은가(구겨 신거나 샌들은 보기 흉함)?

⑥ 액세서리

- 방해가 되는 액세서리, 눈에 띄는 물건은 착용하지 않았는가?

(3) 대기자세(Stand By)

- 가슴을 반듯이 펴고 바른 자세를 취한다.
- 뒷짐을 지거나 의자, 탁자, 벽기둥 등에 절대 기대어 서지 않도록 한다.
- 양 손은 계란을 쥔 모양을 하며, 왼손은 배꼽 앞으로 하여 Arm Towel을 걸치고 오른손은 바지 재봉선에 붙인다.
- 대기 중에는 동료들과 잡담, 하품을 해서는 안된다.
- 담당구역은 절대 비우지 않도록 정위치를 지켜야 하며, 고객의 신호를 접하면 즉시 응할 수 있는 태도를 취한다.
- 대기 중에 신문, 잡지 또는 서적 따위를 읽어서는 안 되며, 껌을 씹어서도 안된다.
- 휴식 시의 자세는 한 쪽 다리에 중심을 두고, 다른 한 쪽 다리에 힘을 빼고 약간 앞으로 내민 상태가 좋으며, 다리를 떠는 행위는 절대 없도록 한다.

(4) 보행자세

- 가슴과 등을 곧게 펴고, 턱은 당기며, 시선은 정면을 향하고, 보폭은 적당히

하여 자연스럽게 걷는다.

- 걸음을 뗄 때에는 경쾌하고 조용히 걸어야 하고, 팔은 자연스럽게 흔들며 걷는다.
- 보행 중에는 다리가 벌어지지 않도록 걷고, 발을 질질 끌면서 걷지 않도록 한다.
- 뒷짐을 지고 걷거나 주머니에 손을 넣고 걸어서는 안 되며, 팔짱을 끼고 걸어서도 안된다.
- 보행 중에 담배를 피우거나 껌을 씹으면서 다녀서는 안 되며, 주머니에 소리나는 물건을 넣고 다녀서도 안된다.
- 식당 내에서는 어떠한 경우라도 뛰어서는 안 되며, 바쁘거나 급할 때에는 빠른 걸음으로 조용히 걷는다.
- 항상 좌측통행을 하고, 모퉁이를 돌아설 때나 자동문을 통과할 때에는 부딪치지 않도록 주의해야 한다.
- 아무리 급한 일이 있더라도 앞서가는 고객을 앞질러 가거나 앞을 가로질러 가서는 안된다.
- 고객과 서로 지나칠 때에는 걸음을 멈추고 고객의 행동반경을 피해서 가볍게 머리 숙여 인사하고, 고객이 먼저 지나가도록 한다.
- 유니폼을 벗은 채로 다녀서는 안 되며, 고객을 유심히 쳐다보거나 곁눈질, 치켜뜨기, 흘기거나 손가락질을 해서도 안된다.
- 고객용 엘리베이터나 에스컬레이터 및 화장실 등을 사용해서는 안된다.

(5) 인사

① 인사의 기본

- 인사는 정성어린 마음가짐으로 밝고 상냥하게, 정중하고 공손한 자세로 한다.
- 종사원은 항상 절도 있고, 예의바른 인사태도를 갖추어야 한다.

② 인사의 종류

- **최경례**(45도 각도) : VIP 또는 사과할 때

- **보통례**(30도 각도) : 일반고객
- **반절**(15도 각도) : 장소의 제약을 받을 때, 동료 사이

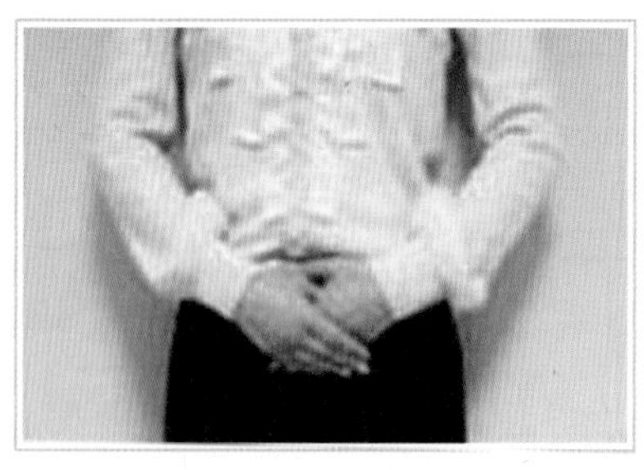

▲ 여성

▲ 남성

| 인사할 때의 손의 위치 |

③ 인사요령

- **손의 위치** : 남자의 경우 양손은 계란을 쥔 모양을 하고 자연스럽게 내려서 바지 재봉선에 댄다. 여자의 경우에는 두 손을 살며시 포개어 아랫배에 가볍게 댄다.
- **발** : 뒤꿈치를 붙이고 발의 내각을 30°로 벌린다.
- **시선** : 인사하는 각도에 따라 자연스럽게 자신의 발꿈치 또는 발꿈치 앞을 내려다 보며, 얼굴을 들고 인사해서는 안된다.
- **표정** : 항상 가벼운 미소를 띠며 인사하고, 크게 웃거나 이상한 웃음을 지어서는 안된다.
- **허리, 머리** : 허리에서 머리까지 일직선을 유지하며, 머리만 숙이거나 허리만 굽히지 않도록 한다.
- **다리** : 곧게 펴고 무릎은 밀착한다.
- **인사말** : 인사하는 시기와 같아야 하며, 외국인일 경우 필히 존칭(Ma'am, Sir) 표현을 한다.
- **유의사항** : 인사 시 고객의 통행을 방해해서는 안 되며, 걸어가면서 인사해서도 안된다.

2) 종업원의 기본자세(활력을 가져라)

- 지식과 기술을 습득해서 자기계발에 힘쓴다.
- 일에 대한 신념으로 적극성을 갖는다.
- 신속한 판단을 할 수 있도록 훈련하라. 일에 대한 숙달은 신속하고 정확한 판단을 뒷받침한다.
- 주관을 갖고 환경에 적응할 수 있는 융통성을 가져라. 역경을 발판의 계기로 삼는다.
- 신뢰감을 얻을 수 있도록 노력하라
- 항상 상대방의 입장을 먼저 고려한다.
- 약속을 엄수한다.
- 언행을 일치시킨다.
- 동료의 실수를 질책하기보다는 발전할 수 있는 경험으로 삼도록 한다.
- 규칙을 준수하라. 100% 만족이란 있을 수 없으므로 질서를 위해서는 개개인의 편안함을 주장하지 않도록 한다.
- 맡은 바 책임을 다하라.
- 책임완수는 자신을 성숙한 인간으로 향상시킨다.
- 세심한 계획은 책임완수를 뒷받침할 수 있다.

| 기본 자세 |

표 3-1 식음료종사원 체크리스트(Check List)

항목 내용		상	중	하	비고
두발	머리가 삐치거나 흘러내리지 않도록 단정하게 손질했는가.				
	비듬은 없는가.				
	냄새는 나지 않는가.				
	앞머리가 눈을 가리지 않는가.				
	머리핀이나 망은 머리색과 어울리는 색상인가.				
얼굴 및 화장	귓속과 콧속은 깨끗한가.				
	화장이 밝고 자연스러운가.				
	립스틱 색깔은 엷고 자연스러운가.				
	향수는 은은한가.				
액세서리	귀걸이는 귀에 고정되어 달랑이지 않는가.				
	목걸이는 옷 밖으로 늘어져 업무에 방해가 되지 않는가.				
	팔찌가 늘어져 업무에 방해가 되지 않는가.				
	반지는 너무 화려하지 않는가.				
구강 및 손관리	입 냄새는 안 나는가.				
	손과 손톱은 깨끗한가.				
	매니큐어는 엷고 투명한 색인가.				
복장	명찰은 정위치에 부착하고 있는가.				
	유니폼 또는 정장이 깨끗한가.				
	다림질은 잘되어 있는가.				
	단추는 느슨하지 않은가.				
	스타킹 또는 양말이 유니폼과 정장에 어울리는가.				
	스타킹에 줄은 가지 않았는가.				
자세와 태도	상대의 얼굴을 주시하며 웃는 얼굴로 악수하는가.				
	악수할 때 손은 알맞은 힘으로 잡는가.				
	명함지갑은 준비하는가.				
	명함은 항상 10장 이상 준비하는가.				
	명함이 구겨지거나 끝이 접혀져 더럽지 않은가.				
	용건을 물을 때 상대방을 똑바로 보는가.				
	펜을 건넬 때 펜 끝이 자신을 향하게 하는가.				
	필기구는 충분히 준비하고 있는가.				

대화 예절 (듣기)	상대가 이야기를 꺼내기 쉽도록 분위기를 조성하는가.				
	남의 이야기를 들을 때 상대의 눈을 보고 듣는가.				
	상대의 이야기를 중간에 끊지 않고 끝까지 듣는가.				
대화 예절 (말하기)	"안녕하십니까?" 등의 인사를 항상 먼저 하는가.				
	밝고 친절하게 이야기하는가.				
	경어를 바르게 사용하는가.				
	거절할 수 없을 경우, 상대가 상처받지 않도록 말을 돌려서 하는가.				
인사 예절	가벼운 미소를 짓는가.				
	상대의 눈을 바라보는가.				
	누가 불렀을 때 상냥하게 "예" 라고 대답하는가.				
	상대방의 주의를 요할 때 "실례합니다" 라고 말하는가.				
전화 예절 (받을 때)	벨이 울리면 3회 이내에 받는가.				
	메모 준비는 되어 있는가.				
	부서명과 이름을 밝히는가.				
	밝고 분명한 발음으로 응대하는가.				
	경어 또는 겸양어는 적절한가.				
	상대의 말에 공감을 가지고 경청하는가.				
	용건을 들으며 메모하는가.				
	요점을 복창하는가.				
	전문용어를 사용하지 않는가.				
	끝맺는 인사말은 하는가.				
	상대방이 끊은 후에 전화를 끊는가.				
	수화기는 조용히 내려놓는가.				
전화 예절 (걸 때)	상대방의 번호를 확인하고 거는가.				
	용건을 미리 메모하고 거는가.				
	밝은 목소리로 분명하게 자신을 소개하는가.				
	상대방을 확인하는가.				
	경어나 겸양어는 적절한가.				
	요점을 서로 확인하는가.				
	끝맺는 인사말은 하는가.				
	상대방이 끊은 후에 전화를 끊는가.				
	수화기는 조용히 내려놓는가.				

제2절 식당서비스의 기본수칙

1. 일반적 Food & Beverage Serving

요리를 서브하기 전에 고객의 주문내용에 따라 요리에 맞는 기물로 Table setting을 고친다. 식음료를 서브할 때에는 고객 오른쪽에서 오른손으로 제공한다. 음식을 큰 접시에 담아서 서빙할 때에는 고객의 왼쪽에서 오른손으로 서빙한다. 빵과 요리에 따른 소스와 샐러드 드레싱을 제공할 때와 Platter service시는 고객의 좌측에서 Showing 한 후에 서브하는 것이 원칙이다.

서비스 순서는 주빈 → 여자 → 남자 → Host 순서로 서브한다.

- 식음료를 서브할 때에는 반드시 "주문하신 ⊙⊙ 또는 ○○ 요리 올려드리겠습니다. 맛있게 드십시오"라고 정중히 말씀드린다.
- 식음료를 서브할 때와 치워드릴 때에는 트레이 또는 접시가 절대로 고객의 머리 위를 스쳐 지나가서는 안된다.
- 접시를 쥘 때에는 절대로 엄지손가락이 접시의 테두리(Plate rim) 안쪽으로 들어가지 않도록 한다.
- 무늬나 마크가 들어 있는 접시 또는 그릇은 무늬나 마크가 고객의 정면으로 오도록 하고, 접시를 놓을 때에는 테이블 끝에서 약 2cm 정도 안쪽으로 놓는다.
- 고객이 다 드신 빈 식기(접시, Glass bowl 등)를 치워드릴 때에는 오른손으로 손가락을 완전히 편 채 빈 접시를 가리키며 "맛있게 드셨습니까? 치워 드릴까요?"라고 반드시 고객에게 물어본 후에 치운다.
- 기물을 다룰 때에는 절대 소음이 나지 않도록 취급해야 한다.

2. Beverage Serving

- 음료는 오른쪽에서 오른손으로 서빙한다.
- 글라스는 위생상 반드시 1/3 하단쪽을 손끝으로 가볍게 쥐어야 하며, Water glass

또는 Wine glass 우측 아래에 놓는다.

- 테이블에 글라스를 놓을 때에는 절대 소리가 나선 안 되며, 놓은 후에는 반드시 고객 앞으로 1cm 정도 살며시 밀며 "주문하신 ⊙⊙입니다. 맛있게 드십시오"라고 말씀드린다.
- Table cloth를 사용하지 않는 테이블에 음료 글라스를 놓을 때에는 반드시 Coaster 또는 Cocktail napkin을 깔고 서브한다.
- 맥주와 맥주 글라스는 반드시 차갑고 깨끗이 보관된 것을 서브한다.
- 맥주를 따를 때에는 넘치지 않게 글라스에 7부 정도 채우고, 나머지 3부 정도는 거품이 솟아오르도록 잘 조절하여 따르도록 한다.
- 맥주를 따를 때에는 맥주병이 글라스에 닿지 않도록 1~2cm 정도 띄워서 따르도록 한다.
- 글라스에 채우고 남은 맥주병은 상표가 고객 앞으로 향하도록 맥주 글라스 위쪽에 놓는다.

3. Ice Water Serving

- 물을 따르기 전에 반드시 Water pitcher(물주전자) 표면에 묻어 있는 물방울이 흘러내리지 않도록 Arm towel(웨이터가 서빙할 때 사용하는 냅킨 종류)로 닦아내어 테이블이나 고객의 옷에 물방울이 떨어지지 않도록 한다.
- 물을 따를 때에는 고객의 우측에서 오른손으로 Water glass에 7부 정도 따르며, 고객이 퇴장할 때까지 물을 충분히 보충해드려 항시 7부 정도 유지하도록 한다.
- 물을 따를 때 Water pitcher가 글라스에 닿지 않도록 2cm 정도 높은 위치에서 따른다.
- 물을 따를 때에는 글라스를 손으로 들고 따라서는 안된다.

4. Bread & Butter Serving

- Bread cart에 담아서 제공할 때에는 고객의 좌측에서 보여드리며, 어느 것으로 드실건지 물어 본다.

- 빵을 집을 때에는 위생상 반드시 Serving gear(Bread tong)을 사용한다.
- 개인용 Butter bowl은 B/B(butter & bread) plate 위쪽에 놓고, Butter dish에 담아서 제공할 때에는 고객이 쉽게 드실 수 있는 위치에 놓는다.

5. Wine Serving

- White wine은 글라스에 2/3 정도, Red wine 1/2 정도 글라스에 따른다.
- 고객이 손수 따르는 일이 없도록 한다(글라스에 위와 같은 양을 유지).
- 와인을 따를 때에는 Table cloth에 와인방울이 떨어지지 않도록 조심해서 서브한다.
- 따르고 난 후 병을 세울 때에는 병목을 왼쪽으로 자연스럽게 틀어 올리면서 (손목 활용) 세운다.
- 다음 서브를 위해 입구에 맺힌 와인이 흘러내리지 않도록 Arm towel로 살짝 덮는다.
- 와인을 따를 때 글라스에 와인병이 닿지 않도록 조심해서 서브하고, 글라스를 쥘 때에는 밑부분인 손잡이(stem) 하단쪽을 쥐도록 한다.

6. Soup Serving

- Soup Bowl에 담아서 서브할 때에는 고객의 우측에서 드린다.
- Soup Tureen(수프 등을 담는 뚜껑달린 그릇)에 담아서 서브할 때에는 먼저 준비된 빈 Soup Bowl을 고객의 우측에서 중앙에 놓아드린다.
- Arm Towel을 알맞게 접어서 왼손으로 Soup Tureen 밑받침을 감싸 쥔 후 고객의 좌측에서 soup Bowl에 Tureen을 가까이 대고 오른손으로 Soup Ladle(수프그릇)를 사용하여 테이블 또는 Soup underline에 흘리지 않도록 조심한다.
- Soup bowl에 8부 정도 담아드린다.

7. Food Serving

- 뜨거운 요리는 뜨거운 식기에, 차가운 요리는 차가운 식기에 담아서 서브해야 한다.

- 뜨거운 요리를 서브할 때에는 고객에게 상당히 뜨겁다는 말씀을 드려 주의를 환기시켜 드린다.
- 요리에 따라서 소스의 종류가 많은데, 일반적으로 묽은 소스류는 주요리에 골고루 끼얹어 드리고, 농도가 진한 소스류는 주요리에 끼얹지 말고 주요리 옆 또는 접시의 빈 부분에 덜어준다.
- Serve station 또는 Side table에 준비하여 고객이 요구할 때에는 즉시 제공할 수 있도록 기본 Table sauce(mustard, tabasco, worcestershire sauce, chili sauce, tomato ketchup 등)를 준비해 놓는다.

8. Side Dish Serving

- 요리에 따라서 같이 서브해야 하는 Side dish(melba toast, cracker, garlic bread, anchovy, fresh lemon, 고객의 특별 주문 등)는 B/B plate 위에 놓아 주고 적당한 시기에 치운다.

9. Finger Bowl Service

- 고객이 손을 사용해야 하는 뼈나 껍질이 있는 요리 또는 과일을 서브할 때 같이 제공한다.
- 미지근한 물을 담도록 하며, Sliced lemon 조각을 띄운다.
- Finger bowl은 Meat fork 바로 위쪽에 놓는다.

10. Salad Serving

- 샐러드는 고객의 우측으로 드린다.
- Salad dressing은 반드시 고객의 좌측에서 어떤 드레싱으로 드실건지 여쭙는다.
- 오른손으로 정중히 샐러드 위에 끼얹어 드린다.

11. Empty Dish Take Out

- 고객이 다 드신 빈 접시를 치울 때는 큰 접시부터 작은 접시의 순으로 같은 크기의 접시를 통일해서 빼고 보울, 글라스 등 트레이를 사용해서 뺀다.
- 고객이 남긴 음식과 포크와 나이프를 분리하여 한 접시에 모으고 소음이 나지 않도록 주의한다. 후식을 서브하기 위해서 Water glass와 Wine glass를 제외한 불필요한 기물(salt & pepper shaker 등)이 테이블에 남아 있지 않도록 깨끗이 치운다.

12. Table Cleaning

- 주요리(main dish)를 마친 후 후식이 서브되기 전에 크럼 스위퍼(Crumd sweeper) 또는 크럼브러시(Crumb brush)를 사용 테이블 위의 빵부스러기 등을 깨끗이 제거한다.
- 테이블 위를 Cleaning하기 전에 고객에게 반드시 양해를 구한 후 방해가 되지 않도록 고객의 좌측에서 조심스럽게 Cleaning한다.
- Table Cloth가 소스, 음식찌꺼기 등으로 인해 지저분할 때에는 Table cloth와 같은 색의 깨끗한 Service napkin을 깔아 준다.

13. Dessert Serving

- 후식종류에 따라서 디저트 나이프와 스푼은 고객의 오른쪽에, 디저트 포크는 고객의 왼쪽에 세팅하고, 디저트 포크만 세팅할 때에는 고객의 오른쪽에 놓는다.
- Piece cake 또는 Piece pie를 서브할 때에는 모서리 뾰족한 부분이 고객 앞으로 오도록 놓는다. 케이크 또는 파이에 아이스크림을 함께 서브할 때에는 고객 오른쪽에 디저트 스푼을, 왼쪽에 디저트 포크를 세팅한다.

14. Coffee or Tea Serving

- 깨끗이 준비된 Sugar bowl, Creamer의 양이 충분한지 확인한 후 손잡이가 고객쪽으로 향하도록 하여 고객이 쉽게 집을 수 있는 위치에 세팅한다.
- 커피컵은 항상 Coffee cup warmer에 넣어 사전에 데워 둔다.
- 커피컵은 고객의 우측에서 손잡이가 오른쪽으로 향하도록 물컵 아래쪽에 놓아 드리며, Tea spoon은 컵의 앞부분에 손잡이와 평행이 되게 얹어 놓는다.
- 고객이 커피를 다 마셔갈 즈음에 더 드실건지 여쭈어 보고, 더 원하실 경우에는 Second service를 한다. Coffee serve 온도는 80℃ 정도가 좋으며, 컵에 8부 정도 채워 드린다.

15. Billing

- 계산은 Cashier desk에서 이루어지는 것이 원칙이나, 테이블에서 고객이 요구할 때는 계산서(Bill)를 갖다드린다.
- 고객에게 계산서를 드리기 전에 계산서의 기재사항(테이블번호, 고객수, 금액, 품목 등)을 확인한다. 계산서는 반드시 Bill holder에 끼워서 보여 드리며, 영수증과 거스름돈은 Cash tray에 담아 공손히 드린다.
- 고객이 수표로 지급할 때에는 수표 뒷면에 고객의 성함, 연락처 등을 반드시 기재한 후 받도록 한다. 고객이 신용카드(Credit card)로 계산할 때에는 계산서와 함께 고객의 서명(Sign)을 받는다. 서명 후 카드청구서 중 고객용 Copy와 계산서의 영수증을 함께 드린다.
- 후불로 할 때에는 고객의 주민등록증 확인과 명함 등을 받아 지배인에게 보고한다. 후불로 처리할 때에는 계산서에 서명을 받고 가격을 말씀드리며 영수증은 주지 않는다. 또한 Information charge용지에 기재사항을 정확히 기입하여 계산서와 같이 캐셔에게 인계한다. Room sign시에는 고객의 객실키와 번호를 확인하고, Full name과 Sign을 정확히 받도록 한다. 기재가 끝나면 계산서의 거래명세서를 고객에게 드린다.

▲ Serving모습

▲ 테이블세팅

▲ Serving모습

▲ 트레이 드는 법

표 3-2 서비스 Checking

항목 내용			상	중	하	비고
고객영접	영접	미소로 고객을 맞이하는가.				
		고개의 인원 및 예약 여부에 따라 테이블 배정을 제대로 하는가.				
		고객을 테이블까지 정중하게 안내하는가.				
		안내한 테이블이 고객의 마음에 드는지 확인하는가.				
	착석 및 보관	호스트 및 게스트 구분 등 고객상황 판단을 제대로 하는가.				
		고객이 자리에 앉을 때 편안하도록 보조하는가.				
		고객의 소지품을 정확하고 안전하게 보관하는가.				
		고객이 편안한지 확인하는가.				
	환송	식사 및 서비스에 대한 고객의 반응을 점검하는가.				
		고객이 일어날 때 편하도록 보조하는가.				
		고객의 물건을 점검하고, 고객의 만족도를 확인하는가.				
		고객을 정중한 태도로 배웅하며, 재방문을 유도하는가.				
주문	적극적 권유 및 추천 요령	적절한 시기에 고객에게 접근하여 메뉴를 전달하는가				
		고객성향을 파악하여 메뉴구성항목을 설명하는가.				
		고객의 입장을 고려하여 합리적인 주문을 유도하는가.				
		고객이 최종 결정한 주문을 제대로 받는가.				
	주문 순서	고객의 좌측에서 얼굴을 주시하며 공손하게 주문을 받는가.				
		식사전 음료주문을 알맞게 처리하는가.				
		고객이 원하는 메인요리 주문사항과 소요시간을 언급하는가.				
		고객요구음식을 재확인하며 후식주문을 받는가.				
	주문 확인	고객주문사항의 정확한 기입 및 주문순서를 지키는가.				
		고객에게 주문내역을 확인받는가.				
		주방에 주문내역을 정확히 전달하는가.				
		주문음식의 확인 및 제시간 내에 제공하는가.				
서비스방법	룸 서비스	고객의 주문을 정확히 숙지하는가.				
		신속히 주문을 처리하는가.				
		주문음식을 확인하고, 추가사항에 신속히 대처하는가.				
		룸서비스 담당자는 정중한 태도를 유지하며 서비스하는가.				

	조직 서비스	인원수 및 고객의 요구사항을 파악하는가.				
		식사주문전 메뉴를 보는 동안 음료를 제공하는가.				
		고객이 원하는 음식주문을 받는가.				
		아침식사의 종류에 맞게 식사를 제공하는가.				
	한식 서비스	고객에게 친절하고 공손한 자세로 영접을 하는가.				
		주문은 순서대로 받고, 준비시간에 대해 양해를 구하는가.				
		서버가 주문된 음식을 정확하고 신속히 제공하는가.				
		고객의 불평사항을 체크하고 계산을 돕는가.				
	양식 서비스	정확한 테이블 세팅과 친절하게 영접하는가.				
		메뉴를 설명하고 정확하게 주문을 받는가.				
		주문한 식음료를 제대로 제공하는가.				
		식사 후 테이블을 깨끗이 정리하고 계산서를 확인하는가.				
	음료 서비스	인원수를 체크하고, 호스트와 게스트를 구분하는가.				
		고객구성원을 구별하여 알맞은 음료를 추천하는가.				
		음료의 주문을 제대로 받으며 재주문을 권유하는가.				
		계산서를 제대로 작성하고, 고객의 특기사항을 기록하는가.				
집기 및 비품 취	접기류 및 취급법	기물류의 특성에 따라 제대로 관리하는가.				
		기물의 운반시 안전하게 이동시키는가.				
		고객 서비스시 올바르게 기물을 사용하는가.				
		서비스 후 기물을 종류별로 깨끗이 세척하는가.				
	비품류 및 취급법	트레이(tray) 및 카트(cart)류를 올바르게 조작하는가.				
		운반시 안전하게 이동하는가.				
		비품 사용시 깨끗이 사용하는가.				
		사용 후 깨끗이 씻어 정해진 장소에 정리, 정돈하는가.				
	린넨류 및 취급법	전표에 기재 후 린넨의 세탁을 의뢰하는가.				
		접수받은 린넨을 제대로 세탁 또는 세탁소에 의뢰하는가.				
		세탁완료된 린넨을 품목별로 구별하여 적재하는가.				
		세탁된 린넨을 청결유지에 주의하여 보관하는가.				

CHAPTER

식당의 분류 및 식사의 종류

제1절 호텔 식당의 분류
제2절 식사서비스의 종류

Chapter

4 식당의 분류 및 식사의 종류

제1절 호텔 식당의 분류

1. 식당의 명칭에 의한 분류

1) 패밀리 레스토랑(Family Restaurant)

패밀리 레스토랑은 세계적으로 가장 넓은 의미의 레스토랑으로 사용되고 있는 대표적 명칭이다. 보통 고객의 주문에 의하여 웨이터나 웨이트리스가 음식을 제공하여 주는 테이블 서비스를 하며, 대중적인 음식과 중간 정도의 식사가격, 정중한 서비스, 훌륭한 시설을 갖춘 레스토랑을 말한다. 특히 어린이부터 할아버지에 이르기까지 모두가 즐길 수 있는 메뉴를 확보하고 있다.

2) 다이너(Diner)

다이너는 중간 정도 가격의 풀서비스 레스토랑으로 영업시간이 비교적 긴 레스토랑을 말한다. 어떤 레스토랑에서는 24시간 개점을 하고 있으며, 대부분의 다이너는 아침 · 점심 · 저녁을 일정한 식사시간에 구애받지 않고 주문할 수 있는데, 예를 들면, 밤 11시에 아침식사 메뉴를 주문할 수 있다.

3) 스페셜리티 레스토랑(Speciality Restaurant)

스페셜리티 레스토랑은 해산물, 팬케이크, 치킨, 야채, 스테이크, 도넛, 오믈렛, 샌드위치 등 한 가지 음식만을 전문적으로 생산하고 판매하는 레스토랑을 말한다.

4) 테마 레스토랑(Theme Rrestaurant)

테마 레스토랑은 독특하고 특징 있는 테마로 디자인된 레스토랑을 말한다. 예를 들어, 기차, 항공기, 열대우림, 교도소, 교실 등을 테마로 그 분위기에 맞는 실내장식, 유니폼 등을 갖추고 운영하는 레스토랑을 말한다.

5) 파인 다이닝(Fine Dining)

파인 다이닝은 최고급 레스토랑이라는 의미로 가공식품을 전혀 사용하지 않고 신선한 식재료를 이용하여 최상의 맛과 질을 제공하는 것은 물론, 주로 소수의 고정고객을 확보하여 정중한 서비스를 실시하고 있는 레스토랑을 말한다.

6) 패스트푸드 레스토랑(Fastfood Restaurant)

패스트푸드 레스토랑은 유통에서부터 생산에 이르기까지 표준화되어 있는 시스템을 이용하여 한정된 메뉴품목을 주로 셀프서비스 방식으로 제공하는 레스토랑을 말한다.

7) 카페테리아(Cafeteria)

카페테리아는 음식물이 진열되어 있는 카운터 테이블에서 음식을 고른 후, 식대를 지급하고 고객 자신이 직접 운반하여 먹는 셀프서비스 방식의 레스토랑을 말한다.

8) 다이닝 룸(Dining Room)

다이닝 룸은 식사시간을 정해 놓고 조식을 제외한 점심과 저녁식사를 제공한다. 호텔식음료업장인 만큼 최고급 레스토랑의 음식에서부터 캐주얼 레스토랑과 패밀리 레스토랑 스타일의 음식까지 제공하고 있다.

최근에는 다이닝 룸이라는 명칭을 잘 사용하지 않고 영업장 고유의 이름을 붙인 전문 요리 레스토랑과 그릴(grill)로 바뀌고 있다.

9) 그릴(Grill)

그릴은 주로 일품요리를 제공하며 매출을 증대시키고 고객의 기호와 편의를 도모하기 위해 그 날의 특별요리(daily special menu)를 제공하는 레스토랑을 말한다. 아침, 점심, 저녁식사가 계속해서 제공된다.

10) 뷔페 레스토랑(Buffet Restaurant)

뷔페 레스토랑은 준비해 놓은 음식을 균일한 식대를 지급하고 자기 양껏 뜻대로 선택해 먹을 수 있는 셀프서비스 레스토랑을 말한다.

11) 커피숍(Coffee Shop)

커피숍은 고객이 많이 왕래하는 장소에서 음료, 도넛, 샌드위치, 파이 등 간단한 메뉴를 판매하는 레스토랑을 말한다. 외국에서는 보통 레스토랑의 기능과 겸비해 운영되고 있으나, 우리나라에서는 커피와 간단한 스낵류를 판매하는 호텔 커피숍과 커피만을 전문적으로 판매하는 독립적인 레스토랑으로 활발히 운영되고 있다.

12) 런치 카운터(Lunch Counter)

런치 카운터는 식탁 대신 카운터 테이블에 앉아 조리과정을 보고 조리사에게 직접 주문하여 식사를 제공받는 레스토랑을 말한다. 고객은 직접 조리과정을 지켜 볼 수 있기 때문에 기다리는 시간의 지루함을 덜 수 있고 식욕을 촉진시킬 수 있다.

13) 스낵 바(Snack Bar)

스낵 바는 호텔의 피트니스센터(fitness center), 공항, 회사, 학교 등에서 가벼운 식사를 제공하는 간이 레스토랑을 말한다.

14) 스탠드(Stand)

스탠드는 특별한 영업장시설 없이 카운터만 갖추고 고객이 카운터로 와서 음식을 주문하고 음식을 카운터에서 먹는 레스토랑을 말한다. 보통 공항, 해변, 도로변과 같이 사람들의 왕래가 많은 곳에 위치해 있으며, 핫도그, 아이스크림, 햄버거 등을 판매하고 있다.

15) 드라이브 스루(Drive Through)

드라이브 스루는 도로변에 위치하여 고객이 레스토랑 안으로 들어가지 않고 자동차에 앉은 채로 음식을 주문하고 제공받는 레스토랑으로 햄버거, 피자, 치킨 등 패스트푸드를 주상품으로 판매하고 있다.

드라이브 인(Drive-In)

도로변에 위치하여 자동차를 이용하는 여행객을 상대로 음식을 판매하는 식당이다. 이 식당은 넓은 주차장을 갖춰야만 한다.

16) 다이닝카(Dining Car)

다이닝카란, 기차를 이용하는 여행객들을 위하여 식당차를 여객차와 연결하여 그곳에서 음식을 판매하는 레스토랑을 말한다.

17) 백화점 레스토랑(Department Sore Restaurant)

백화점을 이용하는 고객들이 쇼핑도중 간이식사를 할 수 있도록 백화점 구내에 위치한 식당이다. 이곳에서는 대개 셀프서비스 형식을 취하며, 회전이 빠른 식사가 제공된다.

18) 인더스트리얼 레스토랑(Industrial Restaurant)

인더스트리얼 레스토랑은 회사, 공장, 학교, 병원, 군대 등에 속해 있는 사람들을 위한 급식시설로 대부분 비영리를 목적으로 자체적으로 운영되고 있으나, 최근에는 외부의 전문외식업체에 위탁하는 곳이 증가하고 있다.

19) 푸드 코트(Food Court)

푸드 코트는 백화점이나 쇼핑센터 내에 다양한 업종과 업태의 레스토랑을 일정장소에 집결시켜 테이블과 좌석을 공동으로 사용하면서 레스토랑 서로간 이점을 얻을 수 있도록 운영하는 레스토랑을 말한다.

20) 아이스크림 팔러(Ice Cream Parlor)

아이스크림 팔러는 아이스크림, 프리즌 요쿠르트, 스페셜 케이크, 프로즌 쉐이크 등의 아이스크림류를 판매하는 레스토랑을 말한다.

21) 델리카트슨(Delicatessen)

델리카트슨은 다양한 종류의 고기류와 치즈류 등을 선택하여 샌드위치를 만들어 먹을 수 있도록 하는 레스토랑으로 인구가 많은 대도시에 위치하고 있다. 호텔에서의 델리카트슨은 제과 · 제빵을 판매하는 곳을 말한다.

22) 컨세션(Concession)

컨세션은 주로 경기장 · 공항 · 체육관 등에서 임대계약에 의해 단시간에 많은 고객에게 햄버거, 음료, 맥주 등의 한정된 상품을 판매하는 레스토랑을 말한다. 특히 공항 같은 곳에서는 24시간 영업을 하기도 한다.

2. 서비스 형식에 의한 분류

1) Counter service restaurant

주방을 개방하여 고객이 조리과정을 직접 보게 함과 아울러, 그 앞의 counter를 table로 하여 음식을 제공하는 형식의 식당을 말한다. 이러한 식당은 직원의 서비스가 그다지 많이 필요하지 않고, 고객이 보는 앞에서 요리를 만들어 제공하므로 serve가 빠르고 위생적이다.

2) Table service restaurant

우리가 일반적으로 알고 있는 식당을 뜻하는 것으로, 일정한 장소에 식탁과 의자를 설비하여 놓고 고객의 주문에 의해 서비스를 제공하는 식당이다. 호텔 내의 거의 모든 식당은 이러한 형식을 취하고 있다.

3) Vending machine service

인건비의 상승으로 인하여 선진국에서 인기 있는 자동판매기로 snacks, can, milk, ice-cream, pastries 등을 판매한다.

우리나라에도 많은 종류의 자동판매기가 있으나, 식당으로 분류하기에는 무리가 따르는 일종의 판매산업이다.

4) Self service restaurant

고객자신이 기호에 맞는 음식들을 직접 운반하여 식사하는 형식의 식당으로, 다음과 같은 특징을 가지고 있다.

① 신속한 식사를 할 수 있다.

② 직원에 대한 인건비 부담이 줄어든다.

③ 식사요금이 대체로 저렴하다.

④ 기호에 맞는 음식을 자유로이 선택할 수 있다.

⑤ Tip을 지불할 필요가 없다.

⑥ 고객의 불평이 적다.

⑦ 회전이 빨라 박리다매를 할 수 있다.

5) Feeding restaurant(급식)

비영리적이며 self service 형식의 식당으로 회사의 급식, 학교 기숙사, 병원, 군대의 급식 등을 들 수 있다. 이는 반드시 비영리적이고, 일정한 장소에서 많은 인원을 수용하여 식사를 제공할 수 있으나, 반드시 정해진 메뉴만을 선택해야 하기 때문에 자신의 기호에 맞는 식사를 할 수 없다는 단점이 있다.

6) Auto restaurant(자동차 식당)

버스형 자동차나 트레일러에 간단한 음식물을 싣고다니면서 판매하는 이동식 식당으로, 공원이나 사람이 많이 왕래하는 곳에서 이루어지는 형태의 식당이다.

3. 주 판매품목(국가별)에 의한 분류

세계의 어느 나라, 어느 지방이든 각자의 특색 있는 식생활문화를 이어오고 있다. 그러나 상품화하고 널리 보급시킬 수 있느냐에 따라 세계적인 음식이 되느냐 아니냐가 결정된다. 최근 들어, 세계화에 힘입어 수많은 종류의 외국 식당들이 운영되고 있으나, 일일이 소개하지는 못하고 그 중 대표적으로 호텔에서 주로 판매하는 식당들만 소개하기로 한다.

일반적으로 무슨무슨 식당 하는 것이 이에 해당되는 것으로, 이러한 분류에 의한 종류가 대중적으로도 잘 알려져 있다.

1) Western style restaurant

(1) Italian restaurant

이탈리아 요리는 기원 14세기 초에 탐험가 마르코폴로가 중국 원나라에 가서 배워 온 면류가 고유한 spaghetti와 macaroni로 정착하여 이탈리아 요리의 원조가 된 것이다. 이탈리아에서는 이 면류 요리를 총칭하여 pasta라 하여 soup를 대신하여 main course 전에 먹는 것이다.

이탈리아 요리의 course를 보면,

① 아뻬리티보(aperitivo) : 식사 전에 마시는 술

② 안띠파스토(antipasto) : appetizer에 해당

③ 육류요리

④ 인살라타(insalata) : salad에 해당

⑤ 과일

⑥ 커피 및 음료

의 순서로 되어 있다.

최근에는 거의 모든 호텔에서 이탈리아 식당을 운영하고 있으며, 외식산업분야에서도 이탈리아 식당이 큰 붐을 이루고 있는 추세이다.

지중해 연안의 풍부한 해산물과 올리브유를 많이 사용하는 음식으로 마늘을 좋아하는 우리나라 사람들의 식성에도 잘 어울리는 음식이다. 많은 종류의 스파게티 라자냐, 라비오리, 피자 등이 유명하다.

▲ 임패리얼팰리스 이탈리아식당

2) Spanish restaurant

Spain요리의 특색은 올리브 오일과 와인을 재료로 많이 쓴다. 이 나라는 생선요리가 특히 유명하다. 새우, 가재(cigala), 새끼돼지요리 등을 들 수 있고, 일반적으로 또

르띠리자(tortililla), 쎄고비아나(segoviana) 안다루시옹(andalusion), 가스빠초(gaspacho), 꼬시도 마드릴레노(cocido madrileno)요리 등이 널리 사용되고 있다.

▲ 롯데호텔 스페인식당

3) French restaurant

요리하면 프랑스요리를 꼽을 정도로 유명한 오늘날의 프랑스요리, 이탈리아에서 유래되어 16세기 앙리 때부터 그 역사가 시작되어 현재 가장 화려하고도 품위 있는 요리와 서비스형식을 취하는 최고급 식당이다. 요리에 쓰이는 각종 소스만 해도 500여 가지가 넘는 요리로서 체계적이고도 유서 깊은 요리 전문학교, 서비스를 비롯한 경영관련 학교 등이 발전함과 동시에 식당 관련 산업이 발달되어 있어 요리의 천국으로 불리운다. Wine과 더불어 deluxe restaurant시장을 석권하고 있다.

메뉴로는 Lobster, chateaubriand, oyster, 각종 hors d' oeuvre 등이 있다.

▲쉐라톤워커힐 프랑스식당

▲ 임패리얼팰리스 프랑스식당

4) American restaurant

미국인들은 대게 재료를 빵과 곡물, 고기와 계란, 낙농식품, 과일 및 야채 등으로 이용하는데, 국민정서와 맞물려 그다지 격식을 따지지 않으며 간소한 메뉴와 경제적인 재료, 영양본위의 실질적인 식사를 제공한다.

메뉴로는 steak, hot dog, hamburger 등이 널리 애용된다.

▲ JW메리어트 & 그랜드힐튼 양식당

(1) Korean style restaurant

어느 나라를 막론하고 그 나라의 기후, 지방색, 풍토, 등에 따라 여러 가지 요리 및 조리법이 개발되어 있다. 한국음식도 예외는 아니어서 각 지방마다 특색있는 요리가 발전하여 왔다.

특히 향토성이 짙은 음식은 외국인들에게 자극이 심하여 널리 세계로 발전하지는 못하였고, 대형 호텔에서도 한국식 식당이 없는 곳이 여럿 있었으나, 최근에는 거의 모든 호텔에서 한국음식을 취급 판매하고 있으니 다행스러운 일이라 하겠다. 88올림픽, 2002년 월드컵의 개최와 세계화의 물결 속에서 한국이라는 나라가 세계 속에 알려지고, 많은 외국인들의 방문으로 이제는 웬만한 음식은 외국인들도 잘 알고 있을 정도로 발전하였다. 특히 한류의 열풍과 더불어 대장금 같은 한국 드라마의 영향으로 한국음식에 대한 인식이 많이 높아졌음을 알 수 있다.

호텔의 한식당에서는 주로 궁중요리를 바탕으로 한 한정식을 종래의 상 개념에서 벗어나 코스 개념으로 개발하고 자극적인 향과 맛을 되도록이면 자제함으로써 세계인의 입맛에도 맞도록 개발하여 놓고 있다.

한 외식전문가에 따르면 '국내 외식산업의 패턴은 프랑스식당에서 이탈리아식당으로, 그리고는 한식당이 주를 이루는 시대로 흘러갈 것이다'라는 말을 들은 적이 있는데, 지금의 시대상황과 현상을 보면 그 예측이 어느 정도 맞아 떨어지고 있는 것 같다.

앞으로 한국음식 분야에 종사하시는 많은 전문가들이 좀더 노력하고 개발한다면 세계 어느 나라의 음식문화에도 뒤지지 않는 훌륭한 특색을 지닌 세계의 요리로 충분히 발전해 나가는 것이 우리의 사명일 것이다.

▲ 메이필드 한식당

◈ 한국 전통음식

㉠ 주식류

- 수라(밥) : 흰수라, 밭수라, 오곡수라
- 죽, 미음, 응이 : 팥죽, 잣죽, 흑임자죽, 타락죽, 조미음, 율무응이
- 면, 만두, 떡국 : 냉면, 온면, 생치만두, 돋아만두, 편수, 규아상, 떡국
- 떡 : 경단, 주박, 화전, 송편

㉡ 찬품류

- 우육으로 만드는 음식
  - 포 : 약포, 장포, 대추편포, 육포

- 족편 : 족편, 족잡과
- 편육 : 우설, 사태, 양지머리
- 조리개 : 장똑똑이, 장산적
- 구이 : 너비아니, 간구이
- 산적과 느름적 : 육산적, 섭산적, 화양적
- 전유아 : 양동구리, 간전
- 회와 볶음 : 육회, 각색회, 각색볶음
- 전골 : 곱창, 비섯, 해물
- 찜 : 갈비찜, 꼬리찜, 우설찜
- 탕 : 곰탕, 설농탕, 육개장

• 돈육으로 만드는 음식 : 돈육구이, 찜, 전골, 편육

• 닭 및 생치로 만드는 음식 : 닭찜, 백숙, 초고탕, 생치구이, 생치전골

• 어패류로 만드는 음식

- 포 : 어포
- 찜 : 도미찜, 대파찜, 어선, 어만두
- 전골 : 생선전골
- 전 : 뱅어, 대합, 굴, 새우
- 회 : 홍합, 도미, 광어, 우럭
- 구이, 산적 : 생선구이, 대합구이, 대하구이, 어산적
- 초 · 조리개 · 장과 : 전복초, 홍합초
- 조치 · 감정 : 생선조치, 게감정
- 탕 : 생선탕, 어알탕, 북어탕

• 채소, 버섯, 해조류로 만드는 음식

- 전골 : 각색전골, 채소전골, 두부전골
- 찜 : 송이찜, 죽순찜, 떡찜, 무왁저지
- 선 : 호박선, 오이선, 가지선, 두부선
- 조치 : 절미된장조치, 김치조치, 깻잎조치

– 장과 : 미나리장과, 무갑장과, 오이장과

– 조리개 : 풋고추조리개, 두부조리개, 감자조리개

– 전 : 풋고추전, 호박전, 간전

– 적과구이 : 송이산적, 파산적, 김치적, 미나리적, 더덕구이

– 생채와 나물 : 겨자채, 무생채, 잡채, 구절판, 미나리강회

– 탕 : 매탕, 토란탕, 배추속대탕

– 김치 : 열무김치, 나박김치, 석박지, 고추김치

– 자반 및 튀각 : 김부각, 김자반, 매듭자반

ⓒ 후식류

- 떡, 과자
  - 유밀과 : 약과, 매작과, 한과
  - 다식 : 녹말, 송화, 흑임자, 콩다식
  - 숙실과 : 율란, 조란
  - 정과 : 연근, 우영, 동아정과
  - 강정 : 깨엿강정, 빙사과
- 음청류
  - 화채 : 식혜, 수정과, 오미자화채, 배숙
  - 차 : 유자차, 오과자, 녹차, 생강차

▲ 비빔밥, 잡채, 갈비찜, 나물

▲ 닭찜, 잡곡밥

▲ 불고기, 비빔밥, 김치

(2) Chinese style restaurant

세계문명의 발상지 중의 하나인 중국에서는 벌써 2천년 전에 요리의 전문서적이 출간되었고, 6세기경에는 식경(食經)이라는 책이 만들어져 지금까지 전해져 올 정도로 중국의 음식은 그 맛과 전통을 이어오고 있다. 방대한 넓이의 땅과 넓은 바다는 그들에게 많은 혜택을 주어왔고, 그들은 "날아다니는 것은 비행기만 빼고, 다리 달린 것은 책상 걸상만 빼고 다 먹을 수 있다"라는 말이 있을 정도로 풍부한 재료, 다양한 조리법, 갖가지 향신료를 이용한 요리를 발전시키고 있다.

세계 어느 나라에 가더라도 볼 수 있고 맛볼 수 있는 중국요리, 특히 남녀노소를 막론하고 우리나라 국민들의 입맛을 긴 세월동안 한결같이 사로잡고 있는 중국요리인데, 시설적인 측면과 위생적인 측면만 좀더 고려하여 호텔 수준의 중국식당을 만든다면, 앞으로도 끊임없이 고객의 사랑을 받을 것이다.

▲ 그랜드하얏트 중식당

▲ 임패리얼팰리스 중식당

◈ 중국 전통음식

사천요리는 요리마다 품격이 느껴지며 백가지 요리에 백가지 맛이 감돈다는 칭찬을 받고 있는 중국의 주요 요리로, 진귀한 조미료와 독특한 조리방법으로 유명하다. 사천요리는 재료가 다양하고, 맛이 독특하며 조미료의 종류가 많아 요리의 적응성이 높은 특징을 지니고 있다. 조리방법에는 볶음, 부침, 굽기, 훈제, 불리기, 찜, 튀김 등 50여 가지가 있다. 요리는 색상, 향기, 맛, 모양, 영양을 골고루 고려하여 만들어진다. 깊고 풍부한 맛의 다양한 종류를 즐길 수 있어 세계적으로도 유명하다. 사천요리는 남북의 풍미를 고루 갖추고 있으며 장강 중상류와 쩐, 친(黔) 음식문화의 영향도 많이 받았다. 최근 들어, 사천요리는 더더욱 발전하여 외국에서마저 요리는 중국이 제일이요, 맛은 사천이 제일이라는 이야기가 나돌 정도이다.

사천 특유의 단설기

찹쌀가루를 빚어 속에 팥, 장미, 참깨, 지빙 등의 속과 고기를 넣은 후 찜통에 넣고 찐다. 특징은 껍질이 연하고 상큼하고 달콤한 속이 많이 들어 있다는 것이다.

㉠ **깐밴유러우스** : 사천의 유명한 요리로서 주재료인 소고기 등심의 수분을 뺀다음 채 썰은 고추를 사천 특유의 조리법으로 볶아 만든 요리이다. 고기가 연하여 씹기에 좋고 질기며 아주 맵다. 이 요리는 몇 백년의 역사를 지니고 있는

중국의 전통 요리이다.

㉡ **수이주뉴러우** : 소고기에 조미료를 넣어 삶아 만든 요리로, 맵고 신선하며, 부드럽고 향이 좋은 사천요리의 특색이 강하게 배어있는 요리이다.

㉢ **쿠과냥러우** : 호박 속을 파내고 속과 돼지고기를 같이 넣어 삶은 후 찜을 한 요리로 바삭바삭한 호박과 붉은 빛의 고기를 맛볼 수 있다. 부드럽게 윤기가 도는 것과 쓴맛, 매운맛이 특색이라고 할 수 있다. 호박은 차가운 음식으로 열을 식히고 노화를 방지하며, 마음과 눈을 맑게 하는 효과가 있기 때문에 쿠과냥러우는 여름요리로 유명하다.

㉣ **위샹러우스** : 돼지고기 로스로 만든 요리로 죽순, 모기버섯 등을 곁들여 사천 특유의 위샹 조미료로 조리한 것이다. 요리의 색채가 붉은 색을 띠며 짜고, 달고, 시고, 매운 맛을 겸비하고 있다. 또한 고기 향이 짙고, 맛이 독특하여 외국에서도 유명하다.

㉤ **짱차야즈** : 가을에 시장에서 파는 살이 찐 오리(수컷)를 소금에 절여 훈제한 후, 찌고 튀겨서 만든다. 장나무 잎과 화차 잎으로 훈제하는 방법이 제일 특이하다. 요리는 색이 붉고 윤기가 돌며 겉은 바삭바삭하고 속은 연하다. 장나무와 화차 향을 지니고 있어 맛이 독특하다.

㉥ **빠이즈차이신** : 유채를 주 재료로 하는 요리로 조개, 버섯을 곁들여 볶은 다음 육수를 부어 조리한다. 푸른 빛을 띠며 담백하고 바삭바삭하면서도 부드러운 맛을 지니고 있다.

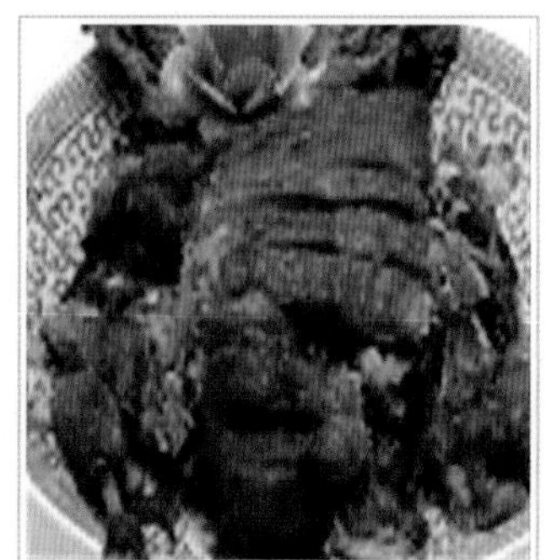

▲ 깐밴유러우스, 쿠과냥러우, 짱차야즈

▲ 수이주뉴러우, 빠이즈차이신, 위샹러우스

(3) Japanese style restaurant

크게 관동풍의 요리와 관서풍의 요리로 구분되는 일본요리는, 계절의 변화가 뚜렷하고 사방이 바다로 둘러싸인 해양국가의 특수성으로 색깔, 맛, 향기가 좋은 것을 생명으로 하는 요리로 유명하다. 흔히들 일본요리는 눈으로 먹는다고 표현하듯, 아기자기하고 손이 많이 가는 음식으로 높은 가격대를 형성하여 일반 대중이 접하기에 정통 일본요리는 아직은 무리가 따른다고 할 수 있겠다.

최근에는 철판구이 요리, 노바다야끼, 우동 전문점이라 하여 수많은 일본계 음식점들이 자리 잡으며 일반 대중의 외식문화로 뿌리를 내리고 있다.

호텔에서의 일식당은 넓은 면접과 깔끔한 인테리어 등 아낌없는 투자를 함으로써 사회적으로 성공하고, 인생의 황금기를 맞고 있는 중년층 이상의 고객이 주 대상이었으나, 최근에 들어서는 젊은층에게도 높은 인기를 누리고 있는 것이 일식당이 가지는 장점으로 나타나고 있다.

▲ 리츠칼튼 일식당

◈ 일본 전통요리

㉠ 카이세키요리

- 카이세키요리는 사도의 예술에서 기인한 매우 정련된 스타일의 요리이다.
- 사도의 정신을 기리기 때문에 간결하고 예술적이면서 일본인의 와비(간결함과 정숙함)와 사비(자연이 풍기는 우아함)의 개념을 구체화한다.
- 카이세키 요리의 코스는 메시(밥)와 무코우즈께(곁들이는 요리, 보통 익히지 않은 생선), 시루(된장국), 핫슨(사각의 접시에 들어있는 다양한 요리), 완모리(물고기나 새의 고기를 야채와 맑은 장국에 끓여 공기에 담아내는 것), 하시아라이(국), 시이자카나(생선요리), 야키모노(구운 생선), 유토우(태운 밥을 넣은 뜨거운 물), 맛차, 사케로 구성된다.

㉡ 쇼우진요리

- 쇼우진요리는 절의 스님들이 그들의 생활 속에서 고행의 일환으로 먹던 채식요리를 말한다.
- 이 요리의 독특한 스타일은 교토나 카마쿠라와 같은 곳에서 일반인들이 먹는 고기, 생선, 계란 등을 전혀 사용하지 않는다는 것이다.

㉢ 오세치요리

- 오세치요리는 일본에서 가장 중요한 명절인 설날을 기념하며 집에서 만들어 먹는 특별한 음식이다. 음식 자체는 지방에 따라, 가정에 따라 각각 다르지만 건강과 행복, 풍성한 수확을 기원하는 의미는 같다.

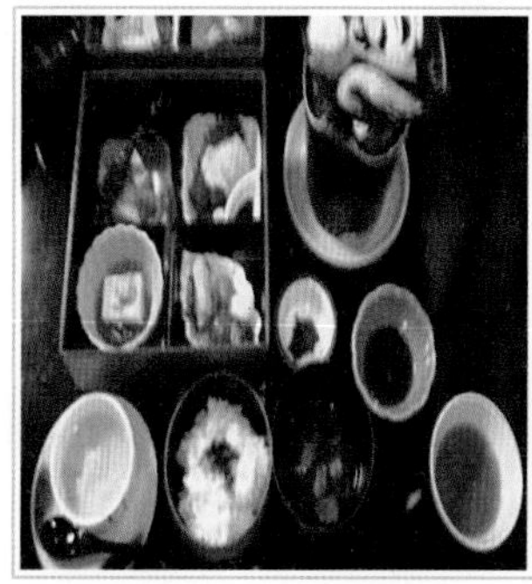

▲ 카이세키요리

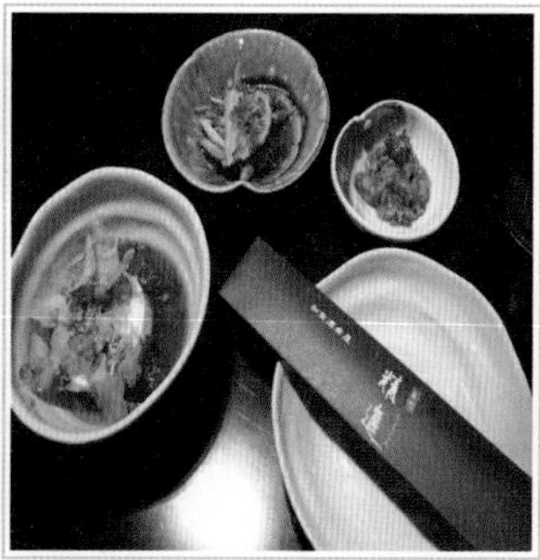

▲ 쇼우진요리

▲ 오세치요리

제2절 식사서비스의 종류

1. 테이블(Table)서비스

끝이 없는 인간의 욕망을 충족시키기 위한 노력은 동서고금(東西古今)을 통하여 일관되게 진행되어지고 있으며, 식음료서비스 산업은 이러한 행동의 선구자가 되어 주도하고 있다해도 과언이 아닐 것이다.

선술집에서 시작된 레스토랑의 역사는 날로 발전하여 최첨단 서비스를 요구하게 되고, 이에 적극적으로 대처하기 위한 여러 가지 상품과 서비스가 등장했는데, 식당의 서비스형태 역시 이러한 맥락에서 발전하였다.

좀더 안락하고 편안한 분위기에서, 세련되고 숙련된 직원의 도움으로 멋있는 식사를 함으로써 욕구를 충족시키고자 하는 고객을 위해, 고객 개개인의 order에 따라 정해진 순서와 절차에 의해 서비스되는 형태로서 식당서비스의 주류를 이루는 형태를 말한다.

1) French style service

조리기구와 준비한 요리재료를 wagon에 싣고 table앞에서 직접 요리를 만들어 고객께 제공하는 서비스 형태로, 고급의 서비스와 숙련된 서비스를 요구하며, gueridon(wagon) service라고도 칭한다.

Chef de rang system으로, commis de rang의 도움을 받아 chef de rang이 고객앞에서 직접 요리하여 고객께 제공한다.

Chef de rang은 책임지고 고객의 서비스를 영접에서부터 계산, 환송에 이르기까지 마무리지어야 한다.

특히, 서비스 측면에서는 flambee service를 하여야 하므로 평소에 피나는 훈련을 통하여, 고객을 read하여 lead할 수 있는 능력을 배양하는 데에 소홀함이 없어야 하며, 여유있는 서비스로 고객을 최대한 편안하게 해주어야 한다.

Commis de rang 또한 평소의 교육 훈련을 통해 서비스의 준비에서부터 모든 서비스에 이르기까지 chef de rang의 서비스에 한 치의 오차도 없도록 확실하게 보좌하여야 한다. 또한, French style의 restaurant에는 sommelier(chef de vin)라는 wine steward가 있어서 고객의 모든 음료서비스, 특히 wine service에 전념하므로써 식당의 품위와 고객의 만족, 그리고 매출증대에 크게 이바지하고 있다. Wine 전문가로서의 품위와 전문지식은 물론, 고객과의 의사소통을 원활히 함으로써 식당의 전체 서비스에 지대한 역할을 담당하고 있는 중요한 직책이다.

프렌치 서비스의 특징

1. 일품요리를 판매하는 전문식당에 적합한 서비스
2. 식탁과 식탁 사이에 게리동이 움직일 수 있는 충분한 공간이 필요
3. 숙련된 종사원이 필요하므로 인건비 지출이 높다.
4. 고객은 자기 양껏 먹을 수 있으며, 남은 음식은 따뜻하게 보관되어 추가로 서비스할 수 있다.
5. 다른 서비스에 비해 많은 시간이 걸리는 단점

셰프 드 랑 시스템(Chef de Rang)

셰프 드 랑 시스템은 주로 프렌치 식당(French Restaurant)에서 프래터(platter)서비스 형식에 적합한 조직으로서 가장 정중한 최고급의 서비스라고 할 수 있으며, 고객에게 최고의 대접을 받는 느낌을 전달해 줄 수 있는 서비스 시스템이다.

이 조직은 Captain을 중심으로 3명 정도의 웨이터가 한 팀이며 자기에게 주어진 스테이션(Station)에서 담당 고객에게 서비스한다. 따라서 구성원들은 제각기 주어진 임무에 따라 고객에게 서비스하며, 팀워크와 조화가 잘 이루어져야 한다. 특히 게리동(Gueridon)서비스나 프람베(Flambee)서비스는 직접 고객 앞에서 조리하는 부분이 있으므로 상당한 지식과 기술을 요한다.

이 조직의 장점은 다음과 같다.

- 최고의 서비스를 제공한다.
- 충분한 시간을 가지고 서비스할 수 있다.
- 단가가 높아 매출의 증대를 가져 올 수 있다.
- 고객의 앞에서 직접 조리를 한다.

이 조직의 단점은 다음과 같다.

- 한 테이블에 종사원이 조를 이루어 서빙하기 때문에 종업원 의존도가 크다.
- 매출액에 비해 인건비 지출이 크다.
- 다른 서비스에 비해 시간이 오래 걸린다.
- 오랜시간 서비스를 제공해야 하는 특성 때문에 회전율이 낮다.
- 고급식당 편성에만 유리

게리동(Gueridon=Wagon)
프렌치 서비스와 같은 정교한 식당서비스를 위해 사용되는 바퀴가 달린 사이드 테이블을 말한다.

프람베(Flambee)
French Service기법 중의 하나로 음식에 술의 향과 맛이 배게 하면서, 고객에게 볼거리를 제공하기 위해 '브랜디'나 '리큐르' 같은 특정한 술을 사용하여, 고객 앞에서 불꽃을 만들어 보이며 직접 조리하는 것을 말함.
고객 앞에서 직접 조리를 해야 하기 때문에 주방에 대한 상당한 지식과 전문성을 요하기도 하며, 적절한 쇼맨십도 필요하다.

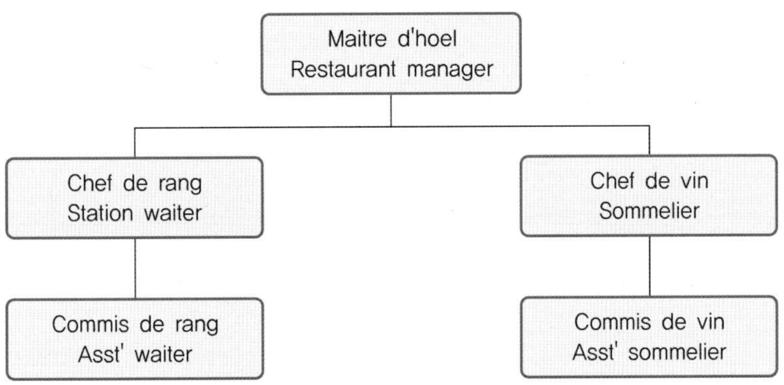

| 그림 4-1 | 쉐프 드 랑 시스템

표 4-1 셰프 드 랑 시스템의 조직 및 직무

조직	직책	직무
Chef de rang (셰프 드 랑)	Captain	• 주문을 받는다. • 고객 서비스를 주도적으로 전담한다. • 게리동, 프람베 서비스를 직접한다.
Demi Chef de rang (데미셰프 드 랑)	Waiter(A)	• 셰프 드 랑을 보좌한다. • 셰프 드 랑 부재시 모든 업무를 대행한다.
commis de rang (꼬미 드 랑)	Waiter(B)	• 셰프 드 랑이나 데미쉐프 드 랑이 조리한 것을 고객에게 서비스한다.
Commis de barrasseur (꼬미 드 바라슈)	Assit Waiter	• 빈 접시를 운반한다. • 물을 따르고, 불필요한 기물을 제거한다. • 셰프 드 랑 조리 후, 웨건을 철수한다. • 스테이션의 기물을 보충한다.

헤드 웨이터(Head Waiter) 시스템

헤드 웨이터 시스템은 비교적 정중도가 떨어지고 빠른 서비스를 요하는 아메리칸 서비스(American Service), 즉 플레이트 서비스(Plate Service)에 적합한 것으로 인원도 셰프 드 랑 서비스보다 적으면서 활동범위는 넓다.

이 조직은 헤드 웨이터를 중심으로 웨이터와 보조웨이터로 구성되며, 지정된 테이블 없이 전 식당 내 서비스하는 것으로 대부분의 식당은 이 형식을 취하고 있다.

이 조직의 장점은 다음과 같다.

- 셰프 드 랑 시스템 서비스보다 신속한 서비스가 가능하다.
- 회전율이 낮다.
- 주로 Plate Service가 가능하다.
- 최고급 서비스와 하위급 서비스의 절충형이다.

이 조직의 단점은 다음과 같다.

- 셰프 드 랑 시스템 서비스 분위기보다 가볍다.
- 정중한 서비스가 곤란하다.
- 서비스 불만이 고객 단골화에 영향을 줄 수 있다.

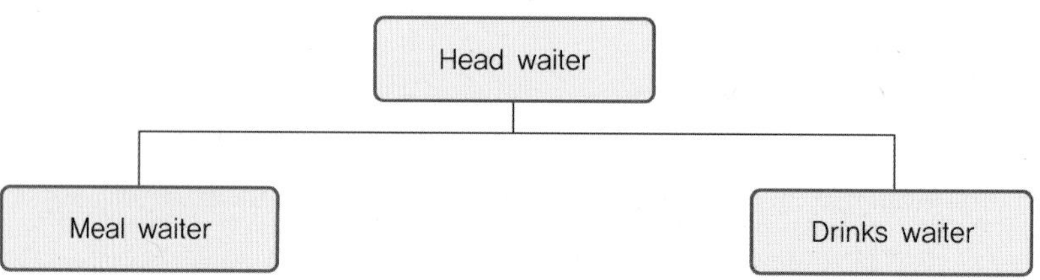

| 그림 4-2 | 헤드 웨이터 시스템

스테이션 웨이터(Station Waiter) 시스템

이는 원 웨이터(One-Waiter) 시스템이라고도 부르며, 한 계절만 영업을 하는 계절식당에 많이 사용되는 시스템으로, 한 식당에 헤드 웨이터를 두어 그 밑에 한 명씩 웨이터가 한 담당구역만 서브하는 제도, 즉 1명의 웨이터가 일정한 식탁만을 맡아 주문받아 식사와 음료를 제공하는 것이다.

이 조직의 장점은 다음과 같다.

- 신속한 서비스가 가능하다.
- 고객의 부담(팁에 대한 부담)이 최소화될 수 있다.
- 회전율이 높다.
- 인건비의 절약이 가능하다.

이 조직의 단점은 다음과 같다.

- 서비스의 부실(빈번한 주방출입과 음료준비로 자기의 서비스구역 소홀)로 고객관리가 어렵다.
- 서비스 상품의 질적 향상이 어렵다.
- 전문성이 떨어질 수 있다.
- 고객으로부터 항상 불평(고객을 기다리게 하는 경우)을 받을 수 있다.
- 담당구역을 비우게 되면 고객이 기다리게 된다.

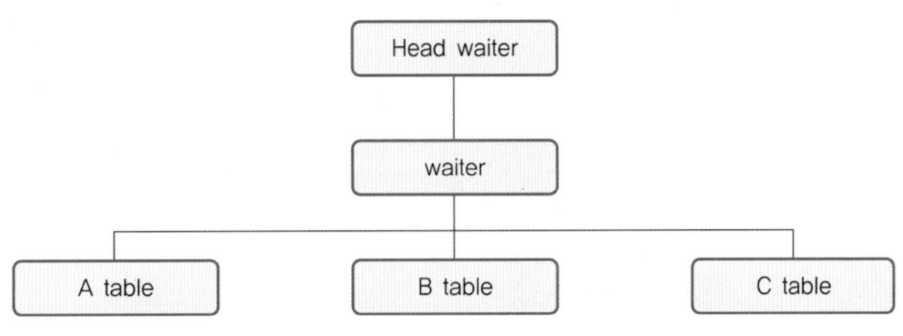

┃그림 4-3┃ 스테이션 웨이터 시스템

2) Russian style service(Platter service)

19세기 중엽에 유행했던 대단히 고급스럽고 우아한 서비스 형태로 French style service와 유사한 점이 많다. platter를 사용하는 관계로 platter service라고도 한다.

요리는 주방에서 완벽하게 준비되고, 접객직원 1명에 의해 서비스된다.

우아하고 멋있게 장식된 platter는 고객 table로 옮겨지고, 직원은 platter를 고객의 왼편에서 showing을 하고, 고객이 원하는 만큼(Serving용 knife & fork로)을 서비스한다. 이를 현장에서는 주로 passing service라고 칭하며, banquet 행사시 주로 사용하는 서비스 형태이다.

러시안 서비스의 특징

- 전형적인 연회 서비스의 한 형태이다.
- 접객원 혼자 우아하고 멋있는 서비스를 할 수 있고, 프렌치 서비스에 비해 특별한 준비기물이 필요없다.
- 주문된 요리를 비교적 빠른시간 내에 제공할 수 있다.
- 접객직원의 우아한 동작과 server를 다루는 숙련된 기술을 요한다.
- 모든 요리가 주방에서 준비되는 관계로 우아하고 아름답게 장식되어진다.
- 한 번의 approah로 많은 인원의 고객을 서비스할 수 있다. 대게 한 table에 앉은 고객의 수 만큼 한 platter의 음식이 정해져 서비스된다.
- 요리의 제공은 고객의 왼쪽에서 오른손으로 서브한다.
- 프렌치 서비스에 비해 시간이 절약된다.
- 음식이 비교적 따뜻하게 제공된다.
- 마지막 고객은 식욕을 잃게 되기 쉬우며, 나머지만으로 제공받기 때문에 선택권이 없다.

3) American style service(Plate service)

French나 Russian style service 같이 화려하지는 않지만, 식당에서 일반적으로 이루어지는 가장 신속하고 능률적인 서비스 형식이다.

미국식 서비스는 주방에서 접시에 보기 좋게 담겨진 음식을 직접 손으로 들고 나와 고객에게 서브하는 플레이트 서비스(Plate service)와 고객의 수가 많을 때 접시를 트레이(Tray)를 사용하여 보조 테이블까지 운반한 후 고객에게 서브하는 트레이 서비스(Tray service)로 나눌 수 있다.

이 서비스는 식당에서 일반적으로 이루어지는 서비스형식으로서, 가장 신속하고 능률적이므로 고객회전이 빠른 식당에 적합한 방식이다.

미국식 서비스의 특징

- 음식이 주방에서부터 담겨져 나온다.
- 신속한 서비스가 이루어진다.
- 적은 인원으로 많은 고객을 서브할 수 있다.
- 음식이 비교적 빨리 식는 단점도 있다.
- 고객의 미각을 촉진시키지 못하는 경향이 있다.
- 고급식당보다는 고객회전이 빠른 식당에 적합하다.
- 비숙련 직원도 서비스가 가능하지만, 많은 고객을 원활히 서비스하기 위해서는 역시 숙련된 직원이 필요하다.
- 많은 인원의 고객을 서비스 할 수 있으나, 자주 주방을 왕래하는 관계로 어수선한 분위기가 될 수 있다.

4) Family style service

서비스 형식이 어떠한 전통이 있다고 할 수는 없으나, Russian style service를 약간 변형한 듯한 서비스 형식으로, platter나 bowl에 담긴 음식을 고객에게 passing service 한 후, 남는 음식을 platter채 table 위에 올려놓거나, 아니면 서비스를 하지 않고 table에 올려 놓으면 고객 자신이 자신의 양만큼 덜어서 먹는 형식을 말한다. 즉 이 서비스는 고객 스스로 음식을 가져다 먹는 형태로서 카페테리아나 뷔페 서비스가 바로 그것이다. 경우에 따라서는 카빙(Carving)이 필요한 요리는 조리사에 의해 서비스되며, 수프나 음료를 웨이터가 제공해 주기도 한다.

외국의 가족들이 식탁에 앉아 식사하는 모습을 보면 이러한 모습을 흔히 볼 수 있으며, 특히 전통 중국식당에서 음식을 table 위의 회전판 위에 올려놓고 돌려가면서 식사하는 모습을 볼 수 있는데, 이러한 서비스 형식이라 이해하면 무리가 없을 것이다.

5) Banquet style service

특별한 목적을 가진 행사와 연관되어 치루어지는 연회에 있어서의 service style은 딱 꼬집어 말할 수 없다. 그 연회의 성격과 의전에 맞게 치루어져야 함으로 앞에서 서술한 모든 서비스 형식을 그때그때 상황에 맞게 선택하여 사용한다.

세미나 중간에 하는 점심식사라면 굳이 중후하고 복잡한 서비스 형식을 택하기보다는 서비스가 빠르고 간편한 American style이나 Buffet style을 택하는 것이 적합할 것이고, 출판을 기념해 열리는 기념회라면 Cocktail reception이 어울릴 것이며, 새로운 호텔개관 행사로 열리는 만찬이라면 그 호텔의 이미지에 맞는 Theme party로 기획되어 질 것이다.

이렇듯 Banquet service는 다양한 형태로 이루어지므로 숙달되고 경험 많은 직원들에 의해 서비스되어져야 한다.

다가오는 New Millennium 시대는 Convention 산업이 각광을 받게 될 것이라는 사실을 부정하는 사람은 없을 것이다. Convention과 불가분의 관계를 가지고 있는 Banquet 산업도 이와 더불어 병행 발전할 수 있도록 이에 종사하는 전문가들은 노력하여야 할 것이다. 아울러 이 기회에, 특1급 호텔에서의 결혼과 예식 영업 허용이 돈벌이에만 급급한 몇몇 호텔 경영자의 근시안적인 정책으로 고객의 가치를 무시한 경영이 되지 않도록 해주기를 간절히 바란다.

6) Counter service

조리장과 붙은 카운터를 식탁으로 대신하여 고객이 조리과정을 직접 지켜보며 식사를 할 수 있는 형식으로서, 경우에 따라서는 접객원이 음식을 직접 테이블까지 날라주기도 한다.

카운터 서비스의 특징

- 빠르게 식사를 제공할 수 있다.
- 고객의 불평이 적다.
- 위생적인 식사를 할 수 있다.

2. 셀프(Self)서비스

차려져 있는 뷔페식 테이블로부터 고객 자신이 원하는 음식을 스스로 가져다 먹는 셀프서비스(Self-service)형식이다. 종업원은 단지 고객이 먹은 빈 접시를 치우거나 기물을 재정비해 주고 음료 등을 서비스한다. 고객이 직접 기호에 맞는 것을 가져다 먹기 때문에 종사원의 세련된 서비스가 필요하지 않고 인건비절약을 할 수 있다.

뷔페서비스 시 서비스요원은 뷔페 테이블을 수시로 살펴 부족되는 음식이 없는가 점검하고, 더운 음식은 뜨거운지, 찬 음식은 적당히 냉각되어 있는지를 살펴야 한다.

셀프서비스의 특징

- 기호와 식성에 맞는 음식을 양껏 먹을 수 있다.
- 음식이 준비되어 있거나 기다리는 시간이 짧아 빠른 식사를 할 수 있다.
- 인건비가 절약된다.
- 가격이 비교적 저렴하다.
- 호텔 뷔페 시에는 봉사료가 부가되지 않는다.

1) Cafe style service

일반공장과 학교, 병원, highway 식당, drive-in 식당, terminal 식당 등에서 채택하고 있는 style로 light meals을 스스로 가져다 먹는 style을 말한다. 특징을 살펴보면 다음과 같다.

① 기호에 맞는 음식을 양껏 먹을 수 있다.

② 식사제공시간이 빠르며, 가격이 저렴하다.

③ 일반적으로 선불이며, tip이 필요하지 않다.

④ 인건비가 절약된다.

⑤ 회전속도가 빨라 매상이 증진되고, 원가가 절감된다.

2) Buffet style service

일반적으로 스칸디나비아에서 유래되었다고하는 buffet는 smorgas-bord 또는 viking 이라 불리우며 현재에도 상당히 성업중에 있는 style의 영업형태이다.

우아하고 멋있게 장식된 요리 진열대에서 고객 스스로 선택하여 일정한 가격만을 지불하고 자유로이 즐길 수 있는 형식으로, 일반적인 buffet restaurant 형식의 open buffet와 banquet에서 사용하는 closed buffet로 나뉜다. 전자는 일정 금액을 지불하면 무한정 먹을 수 있도록 음식이 계속 제공되지만, 후자는 정해진 인원이 넉넉히 식사할 수 있도록 계약에 의해 일정한 양의 음식만이 제공되는 형태이다.

요즘은 buffet style service라 해도 질적인 서비스의 향상과 매출 증대를 위해 음료 및 커피 등은 직원의 서비스를 통해 제공되도록 배려하고 있다.

일식부문의 회 코너, 생선초밥 코너, 중식부문의 북경오리 코너, 한식의 갈비 코너 등에는 항상 조리사가 대기하여 바로바로 서비스함으로써 질적으로 높은 서비스를 제공하기도 한다. Banquet에서는 standing buffet와 sitting buffet로 구분하여 제공한다. 흔히들 buffet style restaurant에서는 격식도 없고, 식사하는 예절과 절차가 없는 줄로 알고 있는데, 실은 일반 고급식당과 다름없는 식사예절과 격식을 갖추어야 함을 알아야겠고, 무분별한 음식 욕심으로 자원을 낭비함과 동시에 환경에도 좋지 않은 영향을 끼치는 일이 없도록 각별히 유의하여야 한다.

CHAPTER

레스토랑 종사원의 서비스 절차

Chapter

5 레스토랑 종사원의 서비스 절차

제1절 호텔식음료서비스

1. 레스토랑서비스 원칙 및 기법

1) 기본 원칙

① 요리서비스 원칙은 뜨거운 요리는 뜨겁게, 차가운 요리는 차게 서비스해야 한다.

② 접시에 준비된 요리와 식료는 우측에서 서비스한다. 빵, 샐러드 등 좌측에 놓이는 것은 좌측에서 제공한다. platter(타원형의 큰 접시) 서비스인 경우에는 좌측에서 한다.

③ 요리가 준비되는 시간, 주방에서 테이블까지 운반할 때 걸리는 시간, 고객이 식사할 때의 시간을 체크해 둔다.

④ 요리를 운반할 때는 신속하게 걷고 테이블 가까이 오면 조용하고 품위 있게 서비스 한다.

⑤ 고객이 손을 사용해야 하는 뼈나 껍질이 있는 요리를 제공할 때는 핑거 볼(finger bowl)을 우측에 제공하거나 물수건을 내도록 한다.

⑥ 요리를 제공한 후 소스나 필요한 것을 빠진 것이 없는지, 얼음물이나 와인(wine)은 충분한지를 점검한다.
⑦ 재떨이는 깨끗한지 점검한다.
⑧ 식사가 끝나면 우측에서 조용히 치우고(빵, 접시, 샐러드 접시는 좌측에서 치운다) 테이블을 crumbing한다.
⑨ 테이블클로스(table clothes)에 소스나 음식물로 더럽혀진 경우는 테이블클로스와 같은 색의 냅킨을 깔아드린다.
⑩ 물(오차, 얼음물)을 한 번 더 점검한다.
⑪ 디저트가 끝나면, 테이블 위의 빈 용기는 모두 치운다(물, 와인, 재떨이 제외).
⑫ 커피를 다 드신 고객에게는 추가 커피를 여쭈어 보고 원하시는 대로 드린다.
⑬ 디저트나 커피를 제공한 후 계산을 마감하도록 한다.
⑭ 고객의 요청이 있을 시에만 테이블에 계산서를 갖다드리고, 손님을 초대한 경우는 손님들이 합계 금액을 눈치채지 못하게 조용히 주최자에게 알려드린다.
⑮ 고객의 착석, 입석을 도와드린다.
⑯ 뚜껑이 있는 그릇이나 상표가 들어 있는 접시 혹은 무늬가 들어 있는 그릇은 마크 등이 고객의 정면에 오도록 한다. plate rim(접시의 테) 안쪽으로 엄지손가락이 닿지 않도록 한다.
⑰ red wine은 glass의 3/4, white wine은 2/3 정도로 채워서 직접 따라마시는 일이 없도록 한다.
⑱ host와 고객을 구별할 수 있을 때는 white wine을 여성 고객부터 서브한다.
⑲ 필요한 경우 레드 와인은 디켄딩을 한다. 침전물이 있는지를 확인한 후 와인을 주문한 호스트부터 우선 서빙한다.
⑳ 테이블에서 직접 조리되는 요리일 때는 고객의 취향을 확인해서 고객의 기호에 맞게 조리한다.

2) 서비스 방법

① 주문한 요리를 동시에 잘 서브할 수 있도록 한다.

② 평소 훈련을 통한 show man ship을 길러야 한다.

③ 모든 고객의 VIP화를 통한 심리적 욕구충족을 유도한다.

④ 주문한 요리를 제공할 때는 "주문하신 ○○요리가 준비됐습니다"라고 말을 하고, "맛있게 드십시오"라고 꼭 인사를 한다.

⑤ 서비스 종사원은 항상 무엇을 어떻게 하면 고객이 즐거워할까? 라고 항상 염두해 두어야 한다.

⑥ 자주 접근해서 고객의 기호 파악 및 즐거움을 주도록 노력해야 한다.

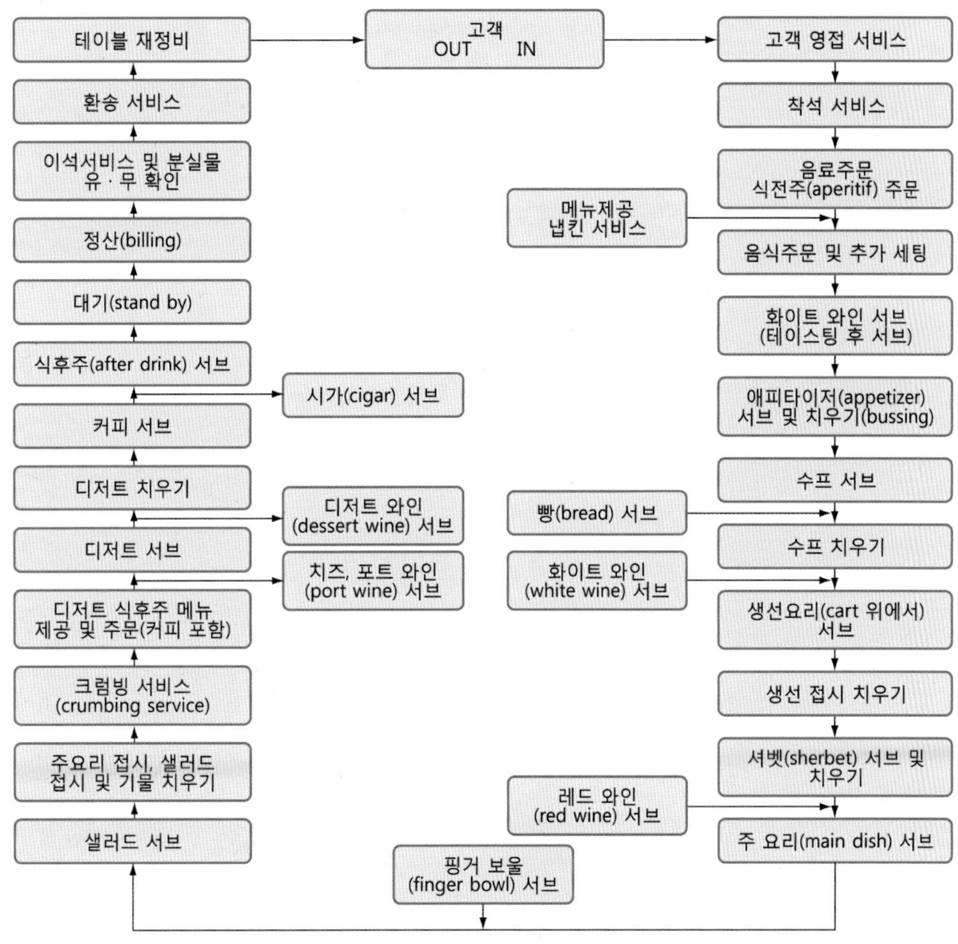

| 그림 5-1 | 식음료서비스의 기본 사이클

2. 영업 전·후의 업무

종사원이 레스토랑에서 고객에게 식사를 제공할 때는 다음과 같은 사전준비가 완전하게 이루어져야 한다.

- 업장의 정리정돈과 고객용 소모품의 확보
- 충분한 공급량의 서비스기물
- 당일에 제공될 메뉴의 숙지
- 지배인 및 캡틴에 의한 최종 점검 등이며, 이 중 어느 한 가지라도 소홀히 취급된다면 아무리 훌륭한 요리가 제공되더라도 요리의 가치는 떨어지게 되므로 각별히 유의한다.

1) 영업개시 전의 업무

보통 오전 업무를 말하며, 이 때 업장의 전반적인 확인 및 준비, 관리 등을 다음과 같이 실시하게 된다.

① 출근과 동시에 업장의 열쇠를 수령한다.
② 업장의 구석구석을 전반적으로 살핀다.
③ 전일의 저녁영업 결과를 확인한다.
④ 전일의 저녁영업 종료 후의 업무 미비를 보충한다. 참고적으로 예약테이블의 배치와 꽃 확인, 업장의 청소, 전화, 음향기, 제빙기, 환풍기 등의 동작여부 확인, 비품, 집기, 소모품의 확인 및 배치
⑤ 준비가 완료된 뒤 출근 종사원의 회의
⑥ 영업장의 개방

2) 영업종료 후의 업무

(1) 점심종료 후의 업무

점심영업의 종료시간 이후 사인보드(sign-board)를 저녁영업시간으로 교체한다. 호텔이나 식당영업 종료시간 후에도 고객이 있다면 영업은 진행되며 고객이 퇴장했

을 때, 비로소 영업이 종료되는 것이다. 이후 업무는 다음과 같다.

① 테이블의 청소

② 업장의 소등

③ 바닥 청소(진공청소기)

④ 테이블 준비

⑤ 냅킨 정리

⑥ 집기, 물품, 소모품의 수령 및 배치

⑦ 설탕체크

⑧ 테이블 소스체크

⑨ 꽃 정리

⑩ 고객불평 및 의견일지 작성

⑪ 이용객수 및 매상기록관리

⑫ 테이블 세팅

⑬ 린넨 반납 및 수령

⑭ 각종 서비스 기물세척 및 정리

⑮ 조미료 세트 체크

⑯ 알코올 준비 등이 있다.

(2) 저녁 영업 종료 후의 업무

저녁 영업의 종료시간은 ㅇㅇ이며, 종료 시간 후에도 고객이 모두 퇴장할 때까지는 영업이 진행되어야 한다.

① 사인보드 교체

② 테이블의 나머지 음식과 세팅 수거 및 청소

③ 테이블 세팅

④ 알코올 수거

⑤ 고객 불평 및 의견일지 작성

⑥ 이용객수, 매상, 기록관리(log book 작성)

⑦ 업장의 최종점검
⑧ 업장의 자물쇠 채움
⑨ 열쇠의 반납

3. 주문받는 요령(Order Taking)

1) 주문의 정의

주문이라 함은 고객으로부터 취향에 맞게 우리가 판매 가능한 상품을 제공하기 위한 고객과의 계약행위라고 할 수 있다. 이 과정에서 서비스 종사원이 취할 자세 및 예의, 행동 혹은 사용하는 언어는 고객의 입장에서 생각할 때 가장 훌륭한 방법으로 이루어지지 않으면 안된다. 따라서 우리 모든 서비스 종사원은 아래의 판매심리학을 습득해서 항상 자신의 몸가짐, 예의, 사용하는 언어, 상품지식 등이 고객의 입장에서 판단할 때 "매우 세련되었다"라는 평판을 받을 수 있도록 항상 연구하고 배우는 자세를 갖도록 해야 한다.

① 고객에게 상품(요리, 음료)을 팔기 전에 자신을 먼저 팔아야 한다(Be Accepted by the Guest).
② 항상 웃음으로서 서비스와 친절(Hospitality)을 판다는 것을 잊어서는 안된다.
③ 가격을 팔지 말고 가치를 팔아야 한다(Sell Value, Not Price).
④ 분위기를 팔아야 한다(Sell Atmosphere).

2) 주문의 기법

주문의 행위는 크게 나누어서 다음과 같다.

(1) 자세

서비스 종사원이 고객으로부터 고객의 취향에 맞는 상품이나 의도적으로 판매하고자 하는 상품을 판매하기 위해서는 기본적으로 갖추어야 할 자세가 있다.

첫째로, 고객이 자기 식당을 찾아 주신데 대한 감사표시로 서비스 종사원은 인사를 빼놓을 수 없다. 그러면 과연 어떻게 하는 인사가 가장 예의바르고 정중하게 인사를 했는지를 판단할 때 서비스 종사원이 인사하는 인사가 진심으로 우러나서 하는 인사라는 느낌이 들 수 있도록 노력해야 한다. 물론 회사에서는 인사는 "30도 각도로 머리를 숙여서 한다"라고 일반적으로 교육시키고 있지만, 인사는 머리를 숙이는 자체로 끝나서는 절대 안된다. 인사는 사람이 진심으로 고객에게 대한 감사 혹은 환대의 마음이 전달되지 않으면 안된다.

둘째로, 인사가 끝나고 주문 받는 행위를 할 때 서비스 종사원은 어떤 자체를 취하는 것이 고객으로부터 자유롭고 편안한가를 염두해 두면서 서비스 종사원은 주문을 받아야 한다.

그것은 다음과 같다.

① 고객의 왼쪽에서 주문받는다(예외적으로 그렇지 않을 경우도 있다).

② 판매원은 항시 볼펜과 메모 용지를 준비하고 있어야 하고, 주문 받을 시는 메모 용지에 받아적어야 한다.

③ 주문 받는 순서는 고객인 여성, 고객인 남성, Hostess, Host의 순으로 주문 받는다.

④ 주문 받을 시는 똑바로 선 자세에서 고개를 약간 숙여서 받는다.

⑤ 주문은 정확하고 잘 알아볼 수 있도록 기록하고 복창하여 재확인한다.

⑥ 당일 특별메뉴 및 준비가 안 되는 요리는 매일 점검하고 정확히 알고 있어야 한다.

⑦ 복잡하거나 어려운 상품인 요리나 음료의 내용을 충분히 설명할 수 있도록 상품지식에 대해 평소 부단히 노력해야 한다.

⑧ 자주 오시는 꾸준한 고객은 Guest History Card에 의해서 고객의 기호를 미리 파악해 둔다.

⑨ 간단하고 정확하게 메뉴를 설명해야 한다.

⑩ 요리에 사용하는 재료 및 소요시간 등을 알고서 정확히 대답해야 한다.

⑪ 요리 주문 후에는 꼭 음료 주문을 받아야 한다.

⑫ 주문을 다 받은 후 "감사합니다"라고 꼭 감사를 표한다.

(2) 추천

고객에게 요리(식사포함)나 음료를 추천할 경우 모든 서비스 종사원은 자기 스스로가 식당을 대표하는 서비스 종사원이라는 자부심을 갖고 자기가 담당한 고객의 주문 여하에 따라서 그날의 매상이 결정된다고 생각하며 요리 및 음료를 주문 받아야 한다. 그러나 매상을 너무 의식한 나머지 고객에게 고가품을 강매하는 인상을 주어서도 안 되므로, 서비스 종사원은 항시 고객의 입장과 회사의 매상을 염두해 두면서 가장 합리적으로 주문을 받도록 해야 하며 추천하는 요령은 다음과 같다.

① 고급 고객이나 비즈니스 고객인 경우 고가품부터 추천한다.

② 친지나 일반 가족 고객인 경우 중간 가격 상품부터 추천한다.

③ 단골 고객인 경우 기호파악을 잘해서 고객의 기호에 맞게 추천한다.

④ 금일의 특별요리나 계절별 특산품을 추천한다.

⑤ 새로 입하된 식 · 재료 메뉴를 추천한다.

(3) 확인

모든 서비스 종사원은 상품을 추천하거나 고객이 주문한 상품에 대해서는 철저히 확인하는 습관을 갖도록 해야 한다. 왜냐하면, 고객이 서비스 종사원에게 상품을 주문할 경우 서비스 종사원은 회사를 대표해서 고객의 요구사항을 이행하지 않으면 안 되므로, 확인은 회사를 아는 서비스 종사원과 상품을 주문하는 고객과의 예약 내용을 확인시켜 줌으로서, 차후 질이나 수량에 대한 문제 발생을 사전에 예방하고 양질의 서비스를 제공하고자 하는데 그 의의가 있다.

(4) 추가주문

상기 서술한 서비스 종사원의 ① 자세, ② 추천, ③ 확인까지 서비스 종사원이 모든 행위를 했다해서 판매가 끝난 것은 결코 아니다. 고객이 주문한 상품이 제대로 준비되고 있는지 혹은 질이나 양이 주문한대로 되는지를 철저히 살피고, 고객이 주문한 내용대로 완벽히 상품이 제공되었다 할지라도 더 필요한 것은 없는가 혹은 부족하지 않은가를 염두 해두면서 추가 주문 행위를 한다. 효과적으로 추가 주문을 받는 요령은 서비스 종사원의 노력여하에 따라서 좋은 서비스를 제공한다는 측면과

사라질 수 있는 매출을 올릴 수 있다는 점에서 매우 중요하다. 올바른 추가 주문을 받는 요령은 다음과 같다.

① Check the guest's needs.(고객의 필요한 사항을 확인한다)

- 음료가 1/3정도 남아있을 때
- 고객이 두리번거릴 때

② Greet the guest.(인사하기)

- 진심어린 미소를 짓고
- 정중히 다가가기
- 시선을 마주치며 바른자세 유지하기

③ Suggest a second drink.(추가 음료 권하기)

> "Would you like to have another bottle of beer / wine Sir / Madam?"
> 맥주 / 와인 한 잔 더 준비해 드릴까요?

- 밝고 명확하게
- 적당한 크기
- 프로모션 음료/음식을 제안한다.
- 자세히 설명
- 천천히 명확하고 자신있게 말한다.
- 웅얼거리지 않는다.
- 고객 말을 경청
- 시선을 마주친다.

④ Perform a suggestive selling.(업 셀링 하기)

> "Mr. / Ms. Smith, Would you care for some cheese platter with your wine?"
> 주문하신 와인과 함께 치즈는 어떠십니까?

- 음료/음식에 대한 충분한 지식

- 주문 가능 여부 확인
- 절대 강요하지 않는다.

⑤ Leave the table.(테이블을 떠나며)

- 진심어린 미소를 짓고 "즐거운 시간 되십시오."

4. 테이블세팅

테이블세팅은 식탁의 분위기를 연출하여 즐겁고 편안한 식사가 되도록 테이블을 꾸미는 것을 말한다. 따라서 식사제공에 필요한 기물을 갖추어 효율적인 테이블서비스를 제공할 수 있도록 해야 한다. 테이블 세팅은 식당의 종류 및 식사에 따라서 다양한 형태가 있으나, 기본적으로 테이블 세팅 시 유의해야 할 사항으로는 다음과 같다.

- 테이블과 의자는 흔들림이 없도록 고정시킨다.
- 테이블 클로스 및 냅킨은 깨끗하고 얼룩이 지거나 구멍이 난 곳이 없어야 한다.
- 센터피스(center piece)는 내용물이 차있어야 하며 응고되지 않아야 한다. 또한 각종 소스류의 병입구가 항상 깨끗하게 유지되어야 한다.
- 꽃병은 항상 깨끗하게 닦여져 있어야 하고, 꽃은 시들지 않은 것이어야 한다.
- 각종 기물은 깨끗이 세척하여 얼룩이 없도록 닦아야 한다.

1) 기본세팅(Basic Setting)

기본세팅은 식사에 필요한 최소한으로 갖추어야 할 기물의 차림을 말하며 '표준차림'이라고도 한다. 보다 효과적이고 정해진 시간 내에 주문된 식사를 제공하기 위해 사전에 기본세팅을 해 놓고 고객을 맞이해야 한다.

2) 정식세팅(Table d'hote etting)

정식세팅은 기본세팅을 바탕으로 하여 쇼 플레이트(show plate)를 중심으로 오른쪽에는 나이프, 왼쪽에는 포크를 놓는다. 세팅순서는 식사제공 순서에 의해서 쇼플레이트 안쪽에서 바깥쪽으로 놓는다. 글라스는 고블렛(water glass)을 중심으로 시계반대 방향으로 화이트와인, 레드와인, 샴페인 글라스 순으로 놓거나 혹은 일직선으로 놓기도 한다.

이와 같은 정식세팅은 레스토랑의 운영형태나 특성에 따라 다소 차이가 있을 수 있다.

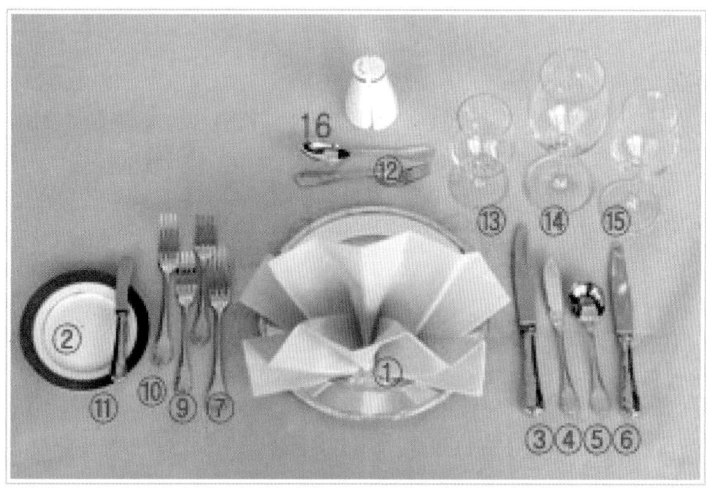

▲ 정식세팅

① 메인접시(Main Plate)
② B/B Plate(Bread&Butter Plate)
③ 육류용 나이프(Meat Knife)
④ 생선용 나이프(Fish Knife)
⑤ 수프 스푼(Soup Spoon)
⑥ 전채용 나이프(Appetizer Knife)
⑦ 육류용 포크(Meat Fork)
⑧ 샐러드 포크(Salad Fork)
⑨ 생선용 포크(Fish Fork)
⑩ 전채용 포크(Appetizer Fork)
⑪ 버터 나이프(Butter Knife)
⑫ 디저트 포크(Desert Fork)
⑬ 물잔(Water Goblet)
⑭ 레드와인 글라스(Red Wine Glass)
⑮ 화이트와인 글라스(White Wine Glass)
⑯ 디저트 스푼(Desert Spoon)

테이블 세팅의 요령(기물)

1. Center Pieces : 센터피스의 배열은 세팅의 인원수(4인 기준)에 따라 달라질 수 있으나, 일반적으로 좌측부터 재떨이, 후추, 소금, 꽃병(점심), 촛대(저녁) 순으로 배열한다.
2. Show Plate : 쇼 플레이트는 세팅의 인원수에 따라 기준을 잡는데, 테이블의 가장 자리로부터 2cm 정도의 위로 놓는다.
3. Knife, Fork, Spoon : ① 나이프는 오른쪽, 포크는 왼쪽에 놓으며 테이블 가장자리로부터 1cm 정도 위로 놓는다. ② 앙트레 나이프와 포크를 놓는다. ③ 생선 나이프와 포크를 놓는다. ④ 수프 스푼과 샐러드 포크를 놓는다. ⑤ 에피타이저 나이프는 빵 접시 위에 오른쪽으로 1/4정도 되는 부분에 포크의 배열을 맞춰 놓는다. ⑥ 디저트 스푼과 포크를 쇼플레이트 위쪽에 놓는다. ⑦ 모든 나이프는 칼날이 안쪽으로 향하게 놓는다.
4. Glass
   ① 물잔은 앙트레 나이프의 끝쪽에 놓는다.
   ② 와인잔은 물잔의 오른쪽 아래쪽으로 45도 대각선상에 놓는다.
   ③ 와인잔이 많을 경우에는 마름모꼴 형으로 화이트와인, 레드와인, 샴페인 순으로 놓는다.
5. Table & Chair : 테이블의자는 흔들림이 없어야 하며, 테이블에 클로스를 깔고 의자는 클로스에 닿을 정도로 놓는다.
6. Napkin : 쇼플레이트를 사용하지 않는 레스토랑에서는 냅킨을 놓아서 기준을 잡는다. 테이블 세팅이 완성되면 냅킨을 마지막에 펴놓는다.

▲ 정식 테이블 세팅

5. Room서비스

1) 룸서비스의 개념 및 특징

객실에 투숙 중인 손님의 요청으로 식사, 음료 등을 객실에 운반, 서브하는 호텔식음부서의 영업 기능 또는 식당을 말한다.

대상이 투숙 고객이므로 24시간 영업하는 것이 특징이며, 고객이 주문 시 직접 객실까지 운반, 서브한다. 주문은 주로 오더테이커(order taker)가 전화를 통하여 주문을 받아 제공하지만 도어 놉 메뉴(Door knop menu)에 의해서도 주문되기도 한다.

룸서비스 메뉴는 한식, 일식, 양식, 이탈리아식으로 구성되며 아침 및 야외 도시락은 예약이 가능하다. 야외 도시락은 2시간 전에 주문이 되어야 한다. 외부로부터 과일, 케이크, 음료 등을 주문받아 객실에 제공이 가능하며, 객실에서 칵테일파티 Bar-Set up이 가능하다. 룸서비스의 형태는 Cart, Tray, VIP Service 등으로 구분할 수 있다.

2) 주문 접수

(1) 전화 주문의 경우

전화벨이 울리면 먼저 감사의 말과 업장의 이름을 밝히고 용건을 듣고 객실번호를 확인하여 기록하고 주문을 받도록 하며, 주문이 끝나면 반드시 주문을 반복한 다음 이상이 없는지 확인하고 조리시간을 알려준다. 판매자는 메뉴의 내용과 음료목록, 와인목록에 대한 충분한 지식과 손님의 주문에 대한 적절한 추천을 할 수 있도록 식음료의 해박한 지식과 정보에 밝아야 한다. 통화 시 친절하고 예절 바르게 받으며 주문 내용은 빠짐없이 Order Sheet에 기록되어져야 한다. 손님이 수화기를 먼저 놓은 다음 수화기를 놓는다. 빠른 시간대에 오더테이커는 시간을 적절히 조정하여 서브할 수 있는 시간의 여유를 준다.

(2) 도어 놉 메뉴(Door Knop Menu)에 의한 주문인 경우

투숙객이 다음날 아침 정확한 시간에 식사를 할 수 있도록 각 객실에 비치되어 있는 문걸이형 메뉴를 말한다. 객실에 비치된 도어 놉 메뉴를 이용하여 손님이 원하는 시간, 품목을 표기하여 Door Knop에 걸어놓으면 이를 룸서비스 직원이 수거하여 오더테이커가 시간별로 분류하여 Bill을 작성한다.

(3) Tray와 Trolley 준비

① 주문에 맞게 트레이 및 트롤리를 선정하고 셋업한다.

② Trolley 상태점검과 냅킨과 테이블 크로스, 기물의 상태를 확인한다.
③ 주문받은 내용과 준비된 식사가 정확한지와 손님의 이름을 확인한다.
④ 트롤리가 부드럽게 움직이는지, Hot Box의 이상 유무를 확인한다.
⑤ Under Cloth를 깔고 가운데 꽃병을 놓는다.
⑥ Salt와 Pepper를 중심 부분에 놓는다.
⑦ 뜨거운 커피나 차는 보온 용기에 넣어서 세팅의 오른편에 놓는다.
⑧ 음식은 찬 음식부터 준비한다.
⑨ 모든 음식은 Food Cover를 씌워서 먼지 등이 들어가지 않게 한다.
⑩ 조심스럽고 안전하게 운반하며 엘리베이터를 사용할 때에는 음식물이 흔들리지 않도록 주의한다.

(4) 룸에서의 서비스

① Knock는 조용히 두세번 두드리며, 시간에 맞게 인사를 하고 이름을 불러준 다음 들어가도 좋은지 여쭤본다.
② 주문한 것에 대한 약간의 설명을 하고 맞는지를 확인하고, 커피와 차를 먼저 드실 것을 여쭤보고 원하면 따라드린다.
③ Bill에 Sign을 받고 "맛있게 드세요"라고 말한 후 식사가 끝나면 전화를 달라는 말과 좋은 하루가 되기를 바란다는 인사를 한 후에 나온다.
④ 식사가 끝난 후 맛있게 드셨는지와 빈 그릇은 언제 치우는 것이 좋은지 여쭤본다.

3) 룸서비스 서비스 맨의 주의사항

① 깨끗한 유니폼으로 단정하고, 머리 손질 및 외모가 청결하여야 한다.
② 룸서비스 오더 테이커(Order Taker)로부터 주문서를 인계 받는다.
③ 린넨, 냅킨, 재떨이, 식탁기물, 슈가볼 등 필요한 기물로 트레이나 트롤리(룸, 서비스 카트)를 셋업한다.

Breakfast Menu

Available From 07.00 am to 11.30 am

Name :

Villa Number :

Date :

Delivery Time :

For Your breakfast convenience, thanks to order 24h in advance
Dial "0" for placing your order

FRUITS

Bali Fruits Plate ① ② ③ ④*

A Platter made of papaya, Watermelon, Honey, Melon

JUICES

Orange ① ② ③ ④*

Apple ① ② ③ ④

Pineapple ① ② ③ ④

COFFEE & TEA

Balinese coffee in a pot ① ② ③ ④*

Black Java tea ① ② ③ ④

Earl Grey ① ② ③ ④

Jasmine Tea ① ② ③ ④

From The Bakery ① ② ③ ④*

White toast, fruit Danish, Croissant with homemade jam and butter

SUPPLEMENTS

Bali Fruit Juices | 25 ① ② ③ ④*

Healthy Cereals & Yoghurt | 35 ① ② ③ ④

Yoghurt | 12 ① ② ③ ④

Fresh from the Bakery | 35 ① ② ③ ④

Banana Pancakes | 25 ① ② ③ ④

Indonesian Springrolls | 35 ① ② ③ ④

Ham & Cheese Croisant | 35 ① ② ③ ④

OUR WARM SELECTION

Make your choice between the 2 below style

American Style

Egg any style, grilled sausage and tomato cripsy bacon and toast

How you wish your egg cooked?

Fried ① ② ③ ④*

Scramble ① ② ③ ④

Omelet ① ② ③ ④

Boiled egg ① ② ③ ④

Indonesian Style

Nasi Goreng ① ② ③ ④*

Wok Fried Rice with shredder Vegetables, Shallots, Egg and Prawn Cracker

Mie Goreng ① ② ③ ④*

Wok Fried Noodle with Shredder Omelet, Shallots and Prawn Cracker

ASTON BHAVANA VILLAS SEMINYAK

(*) please tick the number of items needed
- All prices are in thousands and subject to 10% service charge and prevailing government tax

▲ 룸서비스 메뉴

④ 객실 문 앞에 도달하면 계산서의 객실번호와 동일한가 확인하고, 입실 전에 반드시 노크를 하고, "룸서비스입니다", "Room Service"라고 명확한 소리로 알린다.

⑤ 입실하면 명랑하게 적절한 인사를 한다. "Good Morning", "Good Afternoon", "Good Evening"
⑥ 배달된 음식을 어느 곳에 놓으면 좋겠는가 고객에게 묻는다.
⑦ 계산서(Bill)를 제공하고 고객의 서명 날인(Signature)을 받되, 서명은 정자(Printing Name)로 쓰도록 요구한다.
⑧ 고객이 더 주문할 것이 없는지 물어 본 다음, 없을 경우에는 객실을 나서기 전에 감사하다는 말을 한다.
⑨ 객실고객의 물선에 손을 대서는 절대로 안된다.

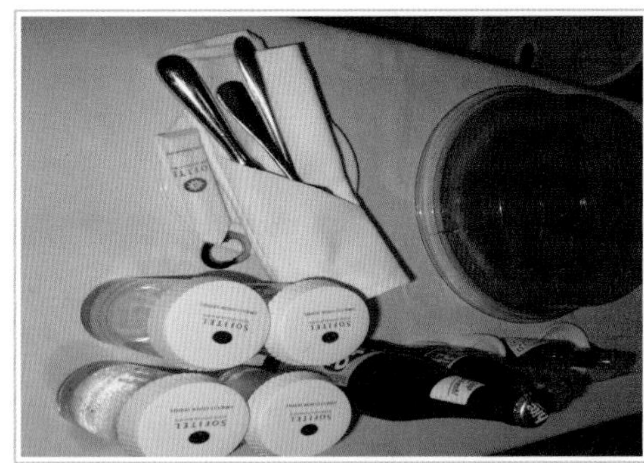

▲ 룸서비스 세팅

▲ 룸서비스 모습

CHAPTER

음료의 이해

Chapter

6 음료의 이해

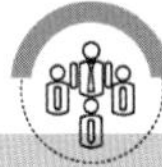    

제1절 음료의 개념 및 분류

1. 음료의 개념

음료(Beverage)라고 하면 우리 한국인들은 주로 비알코올성 음료만을 뜻하는 것으로 이해하고, 알코올성 음료는 '술'이라고 구분해서 생각하는 것이 일반적이라 할 수 있다.

그러나 서양인들은 음료에 대한 개념이 우리와 다르다. 물론 음료라는 범주에서 알코올성, 비알코올성 음료로 구분은 하지만, 마시는 것을 통칭 음료라고 하며 어떤 의미에서는 알코올성 음료로 더 짙게 표현되기도 한다.

또한 와인(Wine)이라고 하는 것은 포도주라는 뜻으로 많이 쓰이나, 넓은 의미로는 술을 총칭하고 좁은 의미로는 발효주(특히 과일)를 뜻한다.

일반적으로 술을 총칭하는 말로는 리큐어가 있으나, 이는 주로 증류주(Distilled Liquor)를 의미하며, 독한 술(Hard Liquor) 또는 스피리츠(Spirits)라고도 말한다.

음료란 크게 알코올성 음료(Alcoholic Beverage ; Hard Drink)와 비알코올성 음료(Non-Alcoholic Beverage ; Soft Drink)로 구분되는데, 알코올성 음료는 일반적으로 술을 의미하고 비알코올성 음료는 청량음료, 영양음료, 기호음료를 의미한다.

2. 음료의 분류

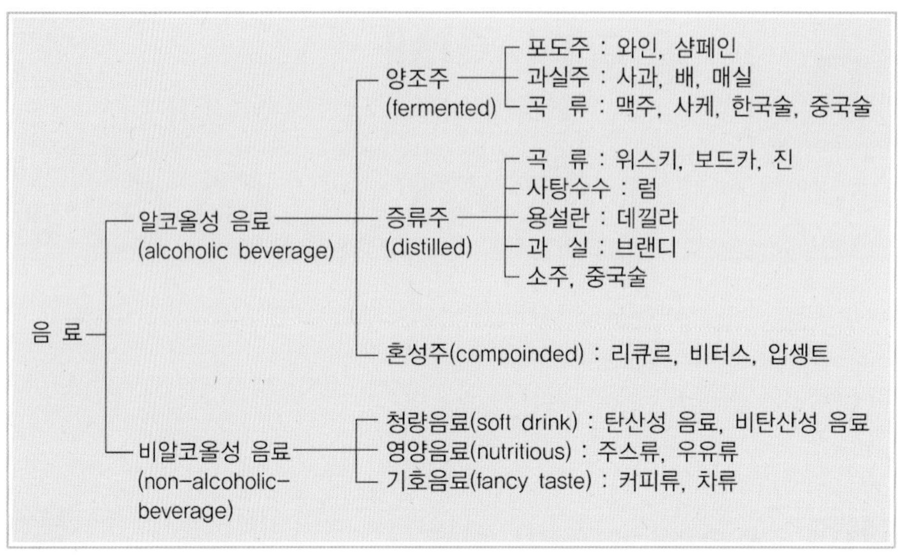

일반적으로 음료를 구분할 때에는 알코올성 음료(Alcoholic Beverage)와 비알코올성 음료(Non-Alcoholic Beverage)로 분류한다. 알코올성 음료는 일반적으로 술을 의미하는데, 술을 만드는 방법에 따라 양조주(Fermented), 증류주(Distilled), 혼성주(Compounded)로 구분되며, 비알코올성 음료는 청량음료(Soft Drink), 영양음료(Nutritious), 기호음료(Fancy Taste)로 구분된다.

1) 알코올성 음료(Alcoholic Beverage)

알코올성 음료인 술은 알코올과 물의 혼합물에 술의 원료 혹은 제조과정 중에서 우러나오는 미량성분을 가지고 있는 액체이다. 따라서 알코올은 술로서 존재가치를 갖는 주요소이며, 미량성분은 술의 종류와 그 성질을 결정하는 중요한 요소가 된다.

우리나라의 주세법에서 술이란 곡류의 전분과 과실의 당분 등을 발효시켜 만든 1% 이상의 알코올성분이 함유된 음료를 총칭한다고 정의하고 있다.

(1) 양조주(Fermented)

양조주는 과실에 함유된 과당을 발효시키거나 곡물에 함유된 전분을 당화하여 효모의 작용으로 1차 발효시켜 직접 또는 여과해서 마시는 알코올성 음료로 원료 자체에서 우러나오는 성분을 많이 가지고 있다.

술을 만들 때에는 반드시 당분이 있어야 되며, 곡물과 같이 당분이 들어 있지 않은 것은 먼저 곡물에 함유된 전분질을 당화시킨 후에 발효시켜야 한다.

(2) 증류주(Distilled)

양조주보다 순도 높은 주정을 얻기 위해 양조주를 다시 증류시켜 알코올 도수를 높인 술이다. 증류란 휘발성 성분을 비휘발성 성분으로부터 분리하는 것을 말하며, 물의 비등점(100℃)과 알코올의 비등점(78.325℃)의 차이를 이용하는 것으로, 증류기를 이용하여 증류시키면 물은 남아 있고 알코올만 분리되어 모이는데, 증류기에 따라 최고 약 95℃ 정도의 높은 알코올을 얻을 수 있다.

(3) 혼성주(Compounded)

혼성주는 양조주나 증류주에 초 · 근 · 목 · 피의 향미성분을 배합하고 다시 감미료, 착색료 등을 첨가하여 만든 술의 총칭이다. 혼성주는 원료에 따라 약초, 향초류(Herbs & Spices), 과실류(Fruits), 종자류(Beans & Kernels) 등이 있다. 우리나라의 가정에서 만드는 인삼주, 매실주, 모과주 등도 혼성주라 할 수 있다.

2) 비알코올성 음료(Non-Alcoholic Beverage)

비알코올성 음료는 알코올 성분이 전혀 들어있지 않은 음료를 총칭하는 것으로 청량음료, 영양음료, 기호음료로 구분된다.

(1) 청량음료(Soft Drink)

청량음료는 칵테일을 주조할 때에 가장 많이 사용되는 부재료로서 마실 때에 청량감을 주는 비알코올성 음료이다. 청량음료는 탄산가스가 포함된 탄산음료와 탄산가스가 포함되지 않은 무탄산 음료로 구분된다.

(2) 영양음료(Nutritious)

영양음료는 건강에 도움을 줄 수 있는 영양성분이 많이 함유된 음료를 말한다.

① 주스류(Juices)

② 우유류(Milk)

(3) 기호음료(Fancy Taste)

기호음료는 식전이나 식후에 즐겨 마시는 커피류 및 차류를 말한다.

① 커피류

② 차류

③ 기능성음료

④ 전통음료

3. 술의 제조과정

술의 제조과정은 효모(Yeast)가 작용하여 알코올을 발효시키는 것이다. 인간이 주식으로 하고 있는 곡류(Grain)와 과실류(Fruits)에는 술을 만드는데 필요한 기초원료의 전분과 과당을 함유하고 있다. 따라서 과실류에 포함되어 있는 과당에 직접효모를 첨가하면 에틸알코올과 이산화탄소와 물이 만들어지는데, 이산화탄소는 공기 중에 산화되고 알코올 성분의 술이 만들어지는 것이다. 그러나 곡류의 전분 그 자체는 직접적으로 발효가 안 되기 때문에 전분을 당분으로 분해시키는 당화과정을 거친 후에 효모를 첨가하면 알코올 발효가 되어 술이 만들어지는 것이다.

이와같이 술의 제조과정에 있어서 알코올은 당분이 변한 것으로 술의 원료는 반드시 당분을 함유하고 있어야 한다. 이와 관련된 술의 제조과정을 알기 쉽게 도식화하면 다음과 같다.

표 6-1 술의 제조과정

술의 제조과정
A 과실류의 과당 → 효모첨가 → 과실주[포도주, 사과주, 배주] → 증류 → 저장 · 숙성 → 브랜디(꼬냑), 오드비 B 곡류의 전분 → 전분당화 → 당분 → 효모첨가 → 곡주[맥주, 청주, 탁주] → 증류[진, 보드카, 소주, 아쿠아비트] → 저장 · 숙성 → 위스키

4. 알코올 농도계산법

알코올 농도라 함은 온도 15℃일 때의 원용량 100분 중에 함유하는 에틸 알코올의 용량을 말한다. 이러한 알코올 농도를 표시하는 방법은 각 나라마다 그 방법을 달리하고 있다.

1) 영국의 도수 표시방법

영국식 도수 표시는 사이크가 고안한 알코올 비중계에 의한 사이크 프루프(Proof)로 표시한다. 그러나 그 방법이 다른 나라에 비해 대단히 복잡하다. 그러므로 최근에는 수출품목 상표에 영국식 도수를 표시하지 않고 미국식 프루프를 많이 사용하고 있다.

2) 미국식 도수 표시방법

미국의 술은 프루프(Proof) 단위를 사용하고 있다. 주정도를 2배로 한 숫자로 100 Proof는 주정도 50%라는 의미이다.

3) 독일식 도수 표시방법

독일은 중량비율을 사용한다. 100g의 액체 중 몇 g의 순에틸 알코올이 함유되어 있는가를 표시한다. 술 100g 중 에틸 알코올이 40g 들어있으면 40%의 술이라고 표시한다.

표 6-2 칵테일 알코올 도수 계산법

칵테일의 알코올 도수 계산법
$\frac{\{\text{재료 알코올 도수} \times \text{사용량}\} + \{\text{재료 알코올 도수} \times \text{사용량}\}}{\text{총사용량}}$

제2절 양조주

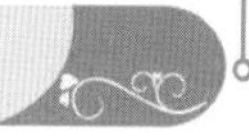

1. Wine

학자들의 주장에 의하면 약 1만년 전으로 추정되는데, 야생의 포도를 따다놓고 잊어버리고 있다가 자연발생적으로 발효한 데서 유래되었다고 하고 있으나, 포도열매로 와인이 언제, 어디서, 누구에 의해 만들어졌는지는 분명치 않다.

와인의 최초 발생지는 메소포타미아 중앙아시아의 코카서스 지방으로 믿어지며, 현존하는 와인에 관한 최고의 유물로는 피라미드의 벽화로 포도의 재배와 발효에 관한 흔적을 볼 수 있으며, B.C. 1700년경 바빌로니아의 함무라비법전에는 와인 판매에 관한 법조문이 나와있고, 동양에서는 중국과 페르시아 그리고 인도에서 소규모의 경작흔적이 발견되었다.

와인 주조에 관한 고고학적 증거는 신석기 페르시아(현재의 이란)에서 찾아 볼 수 있으며, 와인에 관한 문헌은 이미 3000년경부터 기록되었다.

세계 와인의 중심지인 유럽의 와인역사를 돌이켜보면 그리스에서 그 기원을 찾을 수 있다. 고대문명의 중심지였던 그리스는 와인을 생산한 최초의 유럽국가로 이미 3000년 전부터 포도를 재배하였으며, 인근 국가와 로마에 재배기술을 전파하여 와인 발전에 크게 공헌하였다. 그 후 로마가 유럽을 점령하면서 프랑스, 이탈리아, 독일, 스페인, 포르투갈에 전파하여 널리 보급되었다.

기독교가 전 세계에 전파됨에 따라 선교사와 탐험가들에 의해 새로운 세계로 포도와 와인제조방법이 알려지게 되었으며, 시간이 경과함에 따라 제조방법도 많은 발전을 가져왔고 천연적인 와인에 여러 가지 초근목피와 열매를 배합하여 맛과 향을 더욱 독특하게 만들었으며, 식욕을 돋구기 위한 식전주로, 또는 몸이 허약하거나 병중 회복기의 환자에게 좋은 효과를 나타내는 약재로 사용되기도 하고 있다.

1) 와인의 분류

(1) 제법에 따른 분류

① 스틸 와인(Still wine)

와인이 발효되는 도중에 생긴 탄산가스가 완전히 발산된 와인을 숙성해서 병입한 와인이다. 따라서 탄산가스가 함유되어 있지 않는 비발포성 와인으로 식사중에 마시기 때문에 테이블 와인이라고도 한다.

② 발포성 와인(Sparkling wine)

발포성 와인은 스틸와인을 병입한 후 당분과 효모를 첨가하여 병내에서 2차 발효가 일어나 탄산가스를 갖게 되는 와인을 말한다. 프랑스의 샹파뉴 지방산에 한정되는 명칭으로 '샴페인'이라고 하며, 타 지역에서 생산되는 것은 Cremant 또는 Vin Mousseux라고 부른다. 이탈리아에서는 Spumante, 독일에서는 Schaumwein이라고 부르지만, 일정한 기준을 갖춘 것은 Sekt(섹트)라고도 부른다.

③ 주정강화 와인(Fortified wine)

주정강화 와인은 스틸와인을 만드는 도중 또는 만든 후에 40도 이상의 브랜디를 첨가하여 알코올 도수를 높인 와인이다. 이탈리아의 마르살라(Marsala), 스페인의 쉐리(Sherry), 포르투갈의 포트(Port), 그리고 마데이라 와인(Madeira wine) 등이 있다.

④ 아로마티즈 와인(Aromatized wine)

아로마티즈 와인은 가향와인 또는 혼성와인이라고 한다. 스틸 와인에 약초, 향초, 봉밀 등을 첨가해 풍미에 변화를 준 것으로 벌무스(Vermouth) 와인이 대표적이다.

(2) 색에 따른 분류

① 레드 와인(Red wine)

레드와인은 적포도를 으깨어 포도의 껍질까지 즙을 내어 발효시킨 것으로 붉은색을 띠고 있다. 껍질과 과육 사이에 있는 엷은 층의 색소나 타닌이 녹아들어 색조가 달라지고 떫은 맛과 같은 개성을 갖게 된다. 레드와인은 일반적으로 상온에서 제맛이 난다.

② 화이트 와인(White wine)

화이트 와인은 청포도나 적포도를 사용하여 만든다. 그러나 적포도를 사용하여 만들 때에는 포도의 껍질을 벗기고 과즙만을 사용하므로 여분의 색소나 탄닌이 들어가지 않아 떫은 맛이 없고 담황색의 맑고 투명한 색이 우러난다. 레드 와인과 화이트 와인의 차이는 껍질과 씨를 제거하는 데에 있다. 화이트 와인은 차게 해서 마셔야 제맛이 난다.

③ 핑크 와인(Pink wine)

핑크 와인은 레드 와인과 같이 적포도의 껍질까지 함께 발효시키다 일정기간이 지나면 껍질을 제거하므로 중간색을 띠게 된다. 제법에 있어서는 레드 와인과 비슷하나 마실 때에는 화이트 와인처럼 차게 해서 마신다.

(3) 맛에 따른 분류

① 드라이 와인(Dry wine)

드라이 와인은 완전히 발효되어 당분이 없는 와인이다. 따라서 단맛이 없어 식욕촉진주에 적합한 와인이다. 'Dry'란 당분성분이 없는 것을 의미한다.

② 스위트 와인(Sweet wine)

스위트 와인은 완전히 발효되지 못하고 당분이 남아 있는 상태에서 발효를 정지시킨 것과 당분을 첨가한 것이 있다. 단맛이 함유된 와인으로 식후에 적합한 와인이다.

③ 미디엄 드라이 와인(Medium Dry)

미디엄 드라이 스위트와 드라이 중간 타입의 것을 말하며, 데미 드라이(Demi Dry) 또는 세미 드라이(Semi Dry)라고도 한다.

(4) 식사용도에 따른 분류

① 아페리티프 와인(Aperitif wine)

아페리티프 와인은 식욕촉진을 위하여 전채요리(Appetizer)와 함께 마시거나 식전에 제공되는 와인이다. 식전주의 대표적인 것으로 벌무스(Vermouth), 드라이 쉐리(Dry sherry)가 있다.

② 테이블 와인(Table wine)

테이블 와인은 식사 중에 요리를 먹으면서 마시는 것으로, 특히 주요리와 함께 마시는 와인을 말한다. 생선 및 흰살고기 : White Wine, 붉은살의 육류 : Red Wine을 마시는 것이 일반적이다.

③ 디저트 와인(Dessert wine)

디저트 와인은 케이크와 같은 달콤한 디저트와 함께 제공되는 와인으로 스위트 와인, 크림 쉐리(Cream Sherry), 포트 와인(Port Wine) 등이 있다.

(5) 숙성기간에 따른 분류

① 영 와인(Young wine) : 1~2년

영 와인이란 발효과정이 끝나면 별도의 숙성기간을 거치지 않고 바로 병입되어 판매가 되는 것이다. 따라서 품질이 낮은 와인이며 주로 자국 내에서 소비하는 저가의 와인이다.

② 올드 와인(Age wine or Old wine) : 5~15년

올드 와인은 발효가 끝난 후 지하창고에서 몇 년 이상의 숙성기간을 거친 것으로 품질이 우수한 와인이다.

③ 그레이트 와인(Great wine) : 15년 이상

그레이트 와인은 3년 이상의 숙성기간을 거친 와인으로 품질이 최상급의 것으로 15년 이상을 숙성시키기도 한다.

표 6-3 와인의 종류

구분	종류
색깔	• 레드 와인(Red wine) • 화이트 와인(White wine) • 로제 와인(Rose wine)
제조방법	• 주정강화 와인(fortified wine) • 가향 와인(flavored wine) • 스파클링 와인(sparkling wine)

식사용도	• 식전용 와인(aperitif wine) • 식사중 와인(table wine) • 식후용 와인(dessert wine)
단맛유무	• 드라이 와인(dry wine) • 미디엄 드라이 와인(medium-dry wine) • 스위트 와인(sweet wine)
바디(body)	• 풀바디드 와인(full-bodied wine) • 미디엄바디드 와인(medium-bodied wine) • 라이트바디드 와인(light-bodied wine)

2) 와인 관리

와인을 이해하기 위해서는 가장 먼저 나라별 와인 품질 등급을 살펴봐야 한다. 다음에서 언급할 나라별 등급은 와인문화를 올바르게 정착시키고 무엇보다 와인 지식을 체계적으로 숙지하기 위한 상식으로서 갖추어야 할 내용들이다. 전세계에서 가장 먼저 그리고 가장 모범적으로 등급체계를 갖춘 나라는 프랑스 와인 등급으로서 이것이 사례가 되어 다른 와인 생산국가에서도 이와 유사한 등급체계를 활용하고 있다.

[프랑스 와인 등급(A Calssification Des Vins De France)]

(1) AOC 제도의 배경

프랑스 와인이 세계 최고 품질의 와인을 생산하는 비결을 들라면 AOC법을 생각하지 않을 수 없다. AOC는 아펠라시옹 도리진 콩트롤레(Appellation d Origine Controlee)를 줄인 말로, 원산지 명칭 통제로 번역된다.

프랑스는 1868년에 시작된 필록세라(Phylloxera : 포도나무 뿌리 진딧물)로 전 포도원이 거의 황폐화 되었으며, 20년 뒤인 1885년경에는 전체 수확량이 평상시의 3분의 1로 줄고 질도 형편없이 떨어지게 되었다. 해충에 강한 미국산 토종 품종을 접목화 시킴으로써 필록세라는 극복했으나, 공급부족에 의한 포도주의 품귀현상은 가짜

포도주의 생산과 위조의 횡포로 이어졌다.

이에 프랑스 정부는 1935년 AOC법을 제정, 고급와인을 생산하는 포도원에 엄격하게 적용해오고 있다. 이 법은 포도 재배지역의 지리적 경계와 명칭을 정하고 사용되는 포도의 종류, 재배방법, 단위 면적당 수확량의 제한, 제조방법과 알코올농도에 이르기까지 자세하게 규정하고 있어 고급 와인의 상징으로 자리잡았다. 프랑스에서는 약 450여개의 각기 다른 AOC가 있으며, 총 생산량의 35%를 차지하고 있다.

유럽의 등급규정은 다음의 2가지로 분류된다.

① Vins de table

② V.Q.P.R.D(Vins de Qualite dans une Region Determinee) 프랑스에서는 유럽의 2분류를 다시 아래와 같이 4분류로 나눈다.

(2) 프랑스 와인의 품질 등급체계

① 아펠라시옹 도리진 콩트롤레(A.O.C : 원산지 통제 명칭 와인)

때로는 AC라고 일컬어지는 이 등급 와인은 프랑스 포도주의 가장 높은 단계이다. 이 포도주들의 양조는 엄격한 생산 규정사항에 따르도록 되어 있어 품질과 생산되는 지역의 향토성에 부합되는 질을 보장한다. 이 규정들은 제한된 생산지역, 포도나무 관리, 품종 지정, 수확량 통제, 최소 알코올 도수 제한, 양조 및 숙성과정 통제, 승인된 시음실시 등이다. 이를 좀더 구체적으로 알아보면 다음과 같다.

첫째, AOC를 생산할 수 있도록 엄격히 지정된 떼루아루를 지켜야 한다(지방명, 면단위 마을명, 한 마을명, 크뤼(포도원)명, 몇 헥타에만 포도나무에서 생산된 포도주).

둘째, 품종 선별로 반드시 그 와이너리(포도원, 포도 농장)에 알맞은 고급 품종들로만 구성된다.

셋째, 재배 및 포도주 양조기술, 숙성기술에 인간의 수작업을 거쳐야 한다.

넷째, 수확량을 지켜야 한다. 식목시의 밀도, 최소알코올 도수, 원산지 통제명칭 위원회의 관할 하에 전문가들(26명 구성)에 의해 엄격히 통제된다.

이러한 엄격한 과정을 거친 AOC는 지역별 전통을 존중해 주면서 그 포도주의 품질과 특징을 보증한다.

이 등급을 라벨에 표시할 때는 1등급인 프레미어 크루(Premiers Crus)는 '프레미어 그랑크뤼(Premiers Grand Crus)'로 표기하고, 2~5등급에 해당하는 와인은 '그랑 크뤼(Grand Crus)' 또는 '그랑 크뤼 클라세(Grand Cru Classe)'로 표기한다. 물론, 5등급에 해당하는 와인도 역시 AOC급의 훌륭한 와인이다.

② 뱅 데리미테 드 칼리테 슈페리어(Vin Delimite de Qualite Superieure : V.D.Q.S 우수 품질 제한 포도주 : 2등급)

뱅 드 페이(Les Vins de Pay : 지방명 포도주)와 AOC등급의 중간 단계로 AOC의 규정이 매우 유사하지만 약간 덜 엄격한 원산지 통제 포도수이다. 그러나 그들의 명성은 AOC에 훨씬 못미치는 경우가 많다. 제2차 세계대전 중 포도주의 수요와 통제가 제대로 따르지 못한 사정을 감안하여 1949년 12월에 제정되었다. VDQS는 역시 원산지 명칭 포도주로 AOC와인과 같이 생산지역, 품종, 최저 알코올도수, 수확량, 포도나무 재배 방법, 포도주 양조에 대한 규정들을 준수했을 경우에만 라벨 발행을 허용한다. 성분 분석과 전문위원의 시음을 거치며, 대개 AOC로 승진할 것을 기다리기 때문에 그 양은 전체의 2% 정도로 미미하다.

③ 뱅 드 페이(Vins de Pay : VDP 지방명 포도주 : 지역 와인 : 3등급)

테이블 와인급에 속하지만, 이 포도주들은 그 단계를 뛰어넘게 되었다. 지방명칭을 가질 수 있기 때문이다. 실제로 테이블 와인은 여러 다른 지역의 와인을 섞어서 만들 수 있지만 지방명 포도주는 어느 한 지역으로부터 밖에는 올 수 없기 때문이다. 뱅 드 따블르(Vins de Table : VDT 테이블 포도주)에 비해 조금 더 질이 좋은 편이다. 뱅 드 페이(VDP)는 상당히 큰 지역에서 생산되는 와인으로 라벨에 포도 품종을 표기하는 경우도 있다. 원산지와 수확년도를 표기할 수 있다는 점에서 뱅 드 따블(VDT)과 구분된다. 전체 생산량의 15% 정도이다.

• 지방명을 따는 경우
  – 랑그독 지방의 포도주–뱅 드 빼이 독(Vin de Pays d'Oc)
  – 루아르 지방의 포도주–뱅 드 빼이 뒤 자르댕 드 라 프랑스(Vin de Pays dy Jardin de la France)

- 도 명을 따는 경우 : 뱅드 빼이 드 로드, 뱅드 빼이 뒤 바르(Vin de Pays de l'Aude, Vin de Pays du Var)
- 지구대 명을 따는 경우 : 뱅 드 빼이 뀌뀌냥(Vin de Pays de Cucugnan), 뱅드 빼이 드꼬또 드 라르데슈(Vin de Pays des Coteaux de l' Ardeche)

이 포도주들도 정확한 생산 규정을 따르는데 품종 지정, 수확량 제한 그리고 시음과 분석을 거친다는 것 등이다.

④ 뱅 드 따블(Vins de Table : VDT 테이블 와인 : 4등급)

이 포도주들은 지역적으로 어느 원산지명도 갖지 않는 포도주들이다. 이 포도주들은 흔히 프랑스의 여러 지방의 포도주나 유럽 공동체 나라의 포도주들을 섞어 만들어진다. 대개 브랜드(상표)명으로 판매가 되는데 항상 맛이 같은 것이 특징이다. 전체 생산량의 38%를 차지한다.

V.Q.P.R.D

유럽연합에서의 규정은 다음과 같다.

A.O.C + V.D.Q.S = V.Q.P.R.D

제한된 지역에서 생산되는 우수 품질 포도주

테이블 와인

테이블 와인 = 테이블 와인 + 지방명 포도주

유럽연합에서는 지방명 포도주는 지역명을 붙인 테이블 와인으로 간주한다.

이탈리아 와인 등급

이탈리아 정부는 와인 산업의 발전을 위해 1963년에 프랑스의 AOC(원산지 통제 명칭)와 비슷한 검정 규격을 마련, 와인의 품질을 유지해오고 있다. 이탈리아의 등급 분류에는 크게 세 가지 DOCG(원산지 호칭 보증) · DOC · VDT로 분류하며 자세한 내용은 아래와 같다.

(1) 데노미나죠네 디 오리지네 꼰트롤라따 에 가란띠따

(Denominazione de Origine Controllata e Garantita : D.O.C.G)

검정 규격의 최고봉으로, 원산지 통제 표시 와인으로 정부에서 보증한 최상급와인(특급와인)을 의미한다. 국내에서 구하기 어려울 정도로 귀한 품목이다.

(2) 데노미나죠네 디 오리지네 꼰트롤라따

(Denominazione de Origine Controllata : D.O.C)

D.O.C 원산지 통제표시 와인 품질을 결정하는 위원회에 의하여 원산지, 수확량, 숙성기간, 생산방법, 포도품종, 알코올 함량 등을 규정하고 있다. 이 등급은 D.O.C.G 아래 등급으로 G(개런티)가 빠진 D.O.C급으로 2번째 수준의 와인이다.

(3) Vino de table : VDT

대중적인 일반 테이블와인으로 생산되어 일상적으로 소비되어지는 와인이다.

독일 와인 등급

독일 와인의 등급은 프랑스 와인과는 달리 단위 면적당 수확량과 수확시기, 그리고 그에 따른 천연 당도(糖度) 함유량을 등급 기준으로 정하고 있다.

독일의 등급 분류에는 도이처 타벨바인, 란트바인, 크발리테츠바인, QbA, QmP의 다섯가지로 분류되어 아래와 같다.

(1) Q.m.P(Qualitatswein mit Praadikat)

특별히 구별되는 품질 등급 표가 있는 독일의 최고급 포도주를 포함하는 등급이다. 이는 설탕을 일체 첨가하지 않은 최고 품질의 와인으로, 9.5%의 천연 알코올을 함유하여 특정 포도원에서만 생산된다. 이 포도주들은 라벨 위에 6개의 특이한 품질 등급표(Pradikat) 중 하나를 붙이게 된다.

(2) Q.b.A(Qualitatswein bestimmter Anbaugebiete)

독일 와인의 가장 많은 양이 Q.b.A의 범주에 포함된다. 13개의 포도재배 지역에서 생산되고 와인이 그 지역의 특성과 전통적인 맛을 갖도록 보증할 수 있기에 충분할 만큼 인정된 포도로 만들어진다. 가볍고 상쾌하며 풍미 있는 이 와인들은 미숙(未熟) 시에도 매일 식사와 곁들여 즐길 수 있는 포도주이다. Q.b.A는 특정지역에서 산출되는 중급 품질 와인이다.

(3) 크발리테츠바인(Qualitatswein)

충분히 익은 포도를 원료로 사용하며 승인된 포도품종으로 산지에서 발효된 우량 와인이다.

(4) 란트바인(Landwein)209

타펠바인보다 더 강하고 드라이한 상급 타펠바인, 20개 특정지역에서 생산된다.

(5) 도이처 타펠바인(Deutscher taf lwein)

보통 테이블 와인으로 설탕 첨가 전의 알코올 함유량이 5%이며, 정상적으로 익은 포도를 원료로 사용한다.

표 6-4 Q.m.P의 품질 등급표(Pardikat)

Pradikat	특징
카비네트(Kabinett)	충분히 익은 포도에서 생산되는 우아한 와인. 경쾌한 와인. 낮은 알코올 함량
슈페트레제(Spatlese)	문자 그대로 늦은 추수를 뜻함. 균형 있고 잘 성숙된 와인. 정상시기보다 1주정도 늦게 수확, 맛과 향이 더 강하나 달지는 않다.
아우스레제(Auslese)	잘익은 포도송이만 수확, 맛과 향이 더 강하나 달지는 않다.
베렌아우스레제 (Beerenauslese)	완전히 익은 포도 알만 골라서 수확, 완숙미와 진한 맛으로 식후용, 소위 말하는 귀부 포도주. 보트리티스균의 작용에서 생성됨.
아인스바인(Eiswein)	베렌아우스레제와 같은 정도의 포도를 밭에서 얼려 수확, 신맛과 단맛이 아우러진 최고급 와인. 걸작품
트로겐베렌아우스레제 (Trockenbeerenauslese)	건포도에 가깝게 마른 포도송이에서 골라 수확, 향기가 풍부하고 진한 맛의 최고급와인. 최고급 걸작품

포르투칼 와인 등급

포르투갈에서는 헤지앙 데마르까다(Regian Demarcada)라는 법이 있어 와인의 품질을 관리한다. 헤지앙 데마르까다는 지역 한정 관리를 뜻하는 말로서, 프랑스의 A.O.C와 비슷한 법으로 7개 지역을 지정하여 관리하고 있다.

포르투갈의 포도주 규정(Classification System)을 보면, 아래와 같다.

- 1756년 세계 최초로 동북부 Douro Valley 일대를 포도 생산을 위한 원산지 관리법(Dernavated Region/ DR or Designacao de Origem/DO)을 제정
- 1907~1908 테이블 와인을 위해 데시그나씨옹 드 오리젬(Designacao de Origem)을 제정(7개 지역)
- 1979 Bairrade and Algarve 2개 지역을 추가로 DR 지정
- 1982 Douro 지역을 일반 포도주 지역으로 지정(포트 와인 생산량 초과 시에 한함)
- 1987년 EU 가입 이후 DR을 DOC(Denominacao de Origem Controlada)로 변경
- 1989 DOC보다 아래인 IPR(Indicacao de Proveniencla Regulamentada)제정
- 등급은 4개로 구분되어지나 크게는 2개로 분류하고 있음
  - V.Q.V.R.D(산지 한정 고급 와인) : DOC 13개 지역과 IPR 31개 지역이 있다.
  - Vingo de Mesa(일반와인) : 이 범주 안에 지역와인, 즉 Vingo Regional의 13개 지방이다.

스페인 와인 등급

스페인의 포도밭의 면적은 160만 ha로서, 넓이로는 세계 제1이지만, 생산량은 300~400만 kg이며, 이탈리아나 프랑스의 약 60% 정도이다. 이는 포도가 다른 작물과 혼합 재배되고 있는 경우가 많기 때문이다. 스페인의 경우 스페인 독자적인 포도품종이 많기 때문에, 200종 이상의 포도품종이 재배되고 있지만, 일반적으로는 Airen(아이렌)종 외 7개 품종이 전체의 7할 가까이 차지할 정도로 넓은 지역에서 재배되고 있다. 산지의 개성을 나타낼 수 있는 와인의 생산지 호칭은 다른 나라보다 뒤늦게 1926년 Rioja(리오하)를 시점으로 시작되었다. 그 후 1933 Jerez(헤레스)가 명산지로서 정비되고 특히 1970년에는 개정되어, 전국적인 원산지 호칭법(Denominaciones de

Origin 약어로 D.O)이 제정되었다. 최근 EC에의 가맹으로 EC위원회의 '87년 규정에 E라 프랑스와 같은 관리를 행하게 됨으로써, 본격적인 정비가 강화되었다.

스페인 와인 등급은 DO와인(Donominaciones de Origin의 약자, 전국적인 원산지 호칭법)과 테이블 와인(Vino de la Tierra=Vins de Pays와 같은 등급)으로 나눌 수 있다. 생산와인의 50% 이상에 DO등급을 주고 있다. 1991년부터는 DO등급 와인보다 더 고급 와인인 약 40개 정도의 와인에 DOC(Denominacion de Origen Calificade)라는 원산지 제도 표기를 하고 있는데, 현재까지 리오하가 유일한 DOC이다.

원산지 표기법 이외에 스페인은 특히 리오하 지역에서는 '리세르바(Reserva)'라는 표기를 사용하는데, 레드 와인의 경우에는 3년 이상(오크통 속에서 최소한 1년 이상)을 숙성시킨 와인에, 화이트 와인은 2년 이상(오크통 속에서 6개월 이상) 숙성시킨 와인에 사용한다. 그 외에 오크통과 병 속에서 2년간 숙성시킨 레드 와인(화이트나 로제는 1년 이상)은 '크리안짜(Crianza)', 특별히 5년 이상(오크통속에서 최소한 2년 이상) 숙성시킨 레드와인(화이트나 로제는 오크통 속의 6개월을 포함한 4년 이상)에는 '그란 리세르바(Gran Reseva)'라는 표기를 한다.

칠레 와인 등급

① 레제르바 에스파샬(Reserva Especial) : 최소 2년 이상 숙성된 와인에 표기
② 레제르바(Reserva) : 최소 4년이상 숙성된 와인에 표기
③ 그란 비노(Gran Vino) : 최소 6년 이상 숙성된 와인에 표기
④ 돈(Don) : 아주 오래된 와이너리에서 생산된 고급 와인에 "Don"을 표기한다.
⑤ Finas : 정부 인정하의 포도 품종에 근거한 와인

남아프리카 와인 등급

남아프리카는 원산지와 포도를 보증하는 제도로 단순한 W.O(Wine of Origin) 마크가 있다. 이 마크에는 상표에 나타난 원산지의 포도가 최소한 80%가 포함되어 있는지, 그리고 명시된 포도 품종으로 생산되었는지 여부를 표시하여 병에 부착한다. 포도에 관한 규제로는, 와인의 최소 75%가 상표에 표시된 포도 품종으로 생산되어야

한다. 공급이 부족한 고급 품종인 경우, 1983년까지 그 포도의 50%만을 함유할 수 있도록 특별 규정이 허용되었다. 품질이 보증되는 최고급와인은 W.O.S(Wine of Origin Superior)

그리스 와인 등급

그리스 와인의 등급으로는 Appellation of Origin of Superior Quality 등급과 Appellationof Controlled Origin 등급이 있는데, 그 중 AOSQ 등급에서는 블렌디드 테이블 와인, 컨트리 와인, 리전와인, 드라이 와인을 생성하고, AOSQ등급에서는 스위트 와인을 생산한다.

미국 와인 등급

(1) 지역 명칭의 표기에 대한 규정

1978년에 포도재배의 지리적, 기후적 특성을 바탕으로 한 포도 재배의 원산지를 통제하는 AVA(Approved Viticultural Areas)라는 제도를 도입했지만 보통 와인 라벨에는 등급표시를 하지 않는다. 명칭이 나라 혹은 주(State)가 된다면 적어도 사용된 포도의 75%가 그 지역에서 생산된 것이어야 한다. 명칭이 승인된 포도재배지역(AVA)을 명기하려면 생산포도의 85% 이상이 그곳에서 재배되어야 한다.

(2) 빈티지 표기에 대한 규정

빈티지(수확년도)를 표기할 경우에는 적어도 95% 이상의 포도들이 그 빈티지 해에 수확이 된 것이어야 한다. 그 외에도 라벨에는 병입자 이름과 용량, 알콜도수 등이 표시되어 있는데 와인에 대한 정보를 많이 표시하면 할수록 그만큼 자신감 넘치는 고급와인이라 할 수 있다.

3) 와인라벨

(1) 와인라벨의 이해

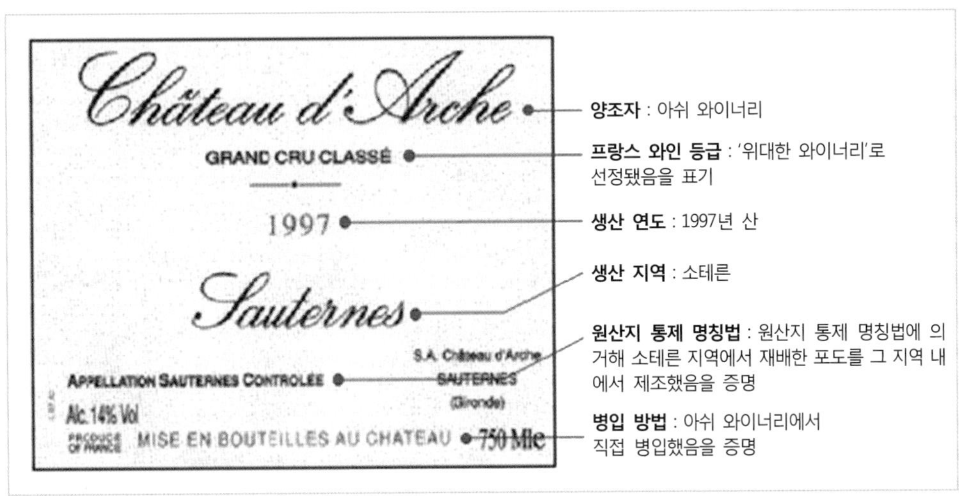

▲ 라벨 구성 요소

- 포도 품종과 생산지 : 와인은 제조과정에서 물 등의 이물질을 전혀 첨가하지 않아 포도의 유기산, 무기질 등의 성분이 그대로 살아 있는 술이다. 즉 와인의 맛과 향은 포도가 좌우하는 것, 포도의 품종에 따라 와인의 품목이 나뉘는 이유도 같은 맥락이다. 우리가 흔히 말하는 메를로, 카베르네 소비뇽, 시라 등은 포도의 품종을 의미한다. 하지만 같은 포도 품종이더라도 재배지의 기후와 토양에 따라 포도의 맛은 물론, 와인의 맛이 달라진다. 그래서 포도 품종과 생산지가 와인을 구별짓는 필수사항이다.
- 생산 연도(빈티지) : 와인과 여성은 성숙할수록 좋다는 이야기가 있지만 와인은 아니다. 와인을 오래 묵혀둔다고 맛과 향이 무조건 좋아지는 것은 아니다. 타닌이 많은 양질의 와인일 경우 숙성시키면 부드러워지지만, 대중적인 와인은 대부분 가장 맛이 좋을 때 오크통에서 병으로 옮겨 담으므로 최근 수확한 것이 가장 맛있다. 사실 빈티지를 따지는 궁극적 이유는 숙성 정도가 아니다. 포도도 어쩔 수 없는 농산품이기 때문에 그 해 농사가 잘되어야 맛있는 와인을 생산할 수 있다. 즉 특정 지역의 특정 포도가 풍년이었을 때의 와인을 찾기 위해 빈티지를

확인하는 것이다. 그래서 동일 브랜드의 와인일지라도 Great Vintage에 생산된 와인이 훨씬 비싼 값에 거래된다.

• **양조자** : 요즈음은 규모가 작은 와이너리를 대기업에서 인수하는 경우가 많아 양조자보다는 양조회사라는 말이 어울린다. 라벨의 단어 중 Chateaux(샤토), Domaine(도메인), Vineyard(빈야드), Winery(와이너리) 앞이나 뒤에 붙어 있는 단어가 와인을 생산한 와이너리 브랜드 이름이다. 이 공식만 안다면 와이너리 이름쯤은 쉽게 찾을 수 있다.

① 프랑스 와인라벨 읽는 법

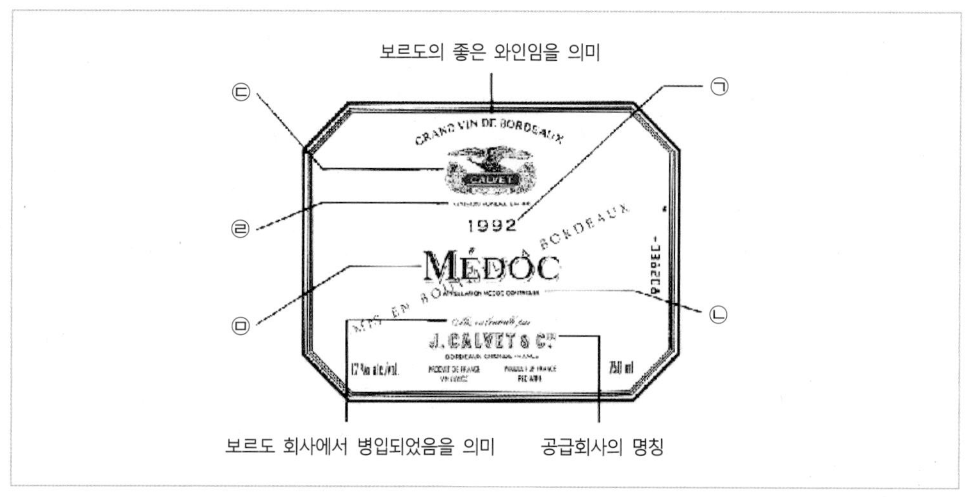

㉠ **포도수확년도(Vintage : 빈티지)** : 와인의 품질은 그 해 기후의 영향을 많이 받기 때문에, 포도수확 연도는 그 해에 생산된 와인의 개성을 나타내는데 매우 중요한 역할을 한다. 그러나 수확년도(Vintage)는 중요한 의미를 갖지만 오늘날에서 포도재배기술이 발달하여 중요성이 많이 약화되었다. 특히, 고가의 와인을 제외하고는 그다지 의미가 없다.

㉡ Appellation MEDOC Controlee : 보르도의 메독지구에서 양조된 와인으로 프랑스 A.O.C에 따라 일정한 기준에 달하지 않은 와인은 비록 이 지구에서 생산되더라도 메독이름을 붙이지 못함.

㉢ 회사로고 : 고유의 회사로고를 사용함.

㉣ 설립년도

㉤ 와인명 : 이 와인이 제도된 지역이며 동시에 제품명임. 원료 포도는 이 지역에서 생산된 포도에 한정됨.

② 이탈리아 와인라벨 읽는 법

㉠ 상표(브랜드) : 생산자 이름이나 포도원 명칭이 주로 사용된다.

㉡ 포도재배 지역 : 토스카나의 볼게리에서 제조되었음을 나타낸다.

㉢ 등급 : 이탈리아 와인 등급 중 DOC등급임을 나타낸다. 이탈리아에서는 DOCG급이 고급이지만, 사시까야의 경우 DOC등급에도 불구하고 세계 100대 와인에 들 정도로 명주이다.

㉣ 빈티지

㉤ 병입지 : 현지에서 생산자가 직접 병입 했다는 표시

㉥ 생산회사의 이름 및 소재지

㉦ 알코올 함유량

㉧ 용량

③ 독일 와인라벨 읽는 법

㉠ The Vintage : 빈티지

㉡ The Winery/Estate : 포도주 양조장/사유지

㉢ 사용된 포도의 종류 : 독일에서 생산되는 포도의 종

류는 다양한데, 가장 잘 알려진 포도품종은 리즐링(Riesling), 뮬러뚜르가우(Muller-Thurgau), 실바나(Silvaner) 정도이고, 이 라벨에서는 리즐링(Riesling) 품종을 쓴 것을 알 수 있다.

㉣ **품질 등급** : 이곳에서 독일와인 라벨을 이해하는데 가장 어려운 부분이지만, 이제는 정확하게 알게 될 것이다.

④ 미국 와인라벨 읽는 법

㉠ **와인명** : 와인명은 대체로 생산업체의 이름 또는 업체의 고유한 상품 브랜드이다.

㉡ **포도 품종명** : 사용된 포도의 원산지를 표시한 경우에만 포도 품종명을 표기할 수 있다. 하나의 포도 품종명이 표기되어 있다면 이는 원료 포도즙의 75% 이상이 해당 품종으로 구성되어 있음을 의미한다. 다만, 두 가지 이상의 품종명을 사용된 비율과 함께 표기하는 것도 허용된다.

㉢ **포도 원산지명** : 포도 원산지 표기는 "미국 공인 포도산지 명칭"(American Viticaultural Area, AVA) 제도가 인정하는 원산지명을 사용하여야 한다. 이 제도는 엄격하기로 이름난 미국 연방 알코올-담배-총기 관리청에 의해 관리, 감독된다. 원산지명으로는 주 이름, 카운티(한국의 군에 해당하는 행정지역 단위) 이름, 또는 AVA 이름 중 하나를 사용한다. 이 때 표기된 원산지에서 생산된 포도를 일정 비율 이상 사용해야 한다(주 : 100%, 카운티 : 75%, AVA : 85%). 하나의 AVA로 지정되기 위해서는 해당 지역이 주변의 지역과 지질, 기후, 역사적인 면 등에서 현격하게 구분되는 특징이 있음을 증명해야 한다.

㉣ **특정 포도밭명** : 고급 제품의 경우 단일 포도밭에서 생산된 포도만을 사용하여 다른 제품들과 구별되는 독특한 개성을 부여하는 것이 요즘의 추세이다. 포도 원산지명과 함께 포도밭의 이름을 표기하는 경우 해당 포도밭에서 생산된 포도가 전체 사용된 포도 중 95% 이상이어야 한다.

㉤ **포도 수확년도** : 사용된 포도의 수확년도를 표기하는 경우 해당년도에서 생산된 포도가 95% 이상 차지해야 한다.

㉥ **생산업체명 및 소재지** : 생산업체(병입자)의 이름과 주소는 반드시 표기해야 하며, "Bottled by"라는 문구를 사용한다.

㉦ **알코올 함량** : 대부분의 미국와인은 12~14%의 알코올 함량을 가진다.

⑤ 스페인 와인라벨 읽는 법

㉠ 제품명으로 비냐 알라르데(Vina Alarde)

㉡ 빈티지가 1996년임.

㉢ 스페인 와인의 품질등급을 나타내는 말로 그랜 리쎄르바는 5년 이상 오크통이나 병 속에서 숙성시킨 와인을 말함.

㉣ 포도 생산지역인 리오하(RLOJA)

㉤ 스페인 와인법 중 최고등급의 와인에만 적용되는 D.O.C (Denominacione de Origen Calificada) 규정에 의해 제조된 와인임을 말함. 등급 – DOC(최고급), DO(고급), Vino de la Tierra(중급), Vino de Mesa(저급)

⑥ 호주 와인라벨 읽는 법

㉠ 생산자명으로 Hardy를 나타냄.

㉡ 포도 생산지역이 쿠나와라(Coonawarra)임을 뜻함.

㉢ 포도 품종은 까페르네 쇼비뇽임.

ⓡ 빈티지(Vintage : 포도 수확년도)가 1995년임.

ⓜ 알코올 도수 13.5% 및 용량 750㎖ 임.

⑦ 칠레 와인라벨 읽는 법

㉠ 원산지 명칭 : 이 와인은 마이포 밸리(Maipo Valley) 지역에서 생산되었다.

㉡ 포도 품종 : 칠레의 인기 포도 품종인 까르메네르다.

㉢ 와인 등급 : 보다 우수한 와인을 의미하는 그란 리저브(Grand Reserve)급이다.

㉣ 용기 내 와인 용량 : 75cl=750㎖

㉤ 알코올 도수 : 14.5%

㉥ 브랜드 이름 : 얄리(Yali)

㉦ 빈티지 : 이 와인은 2003년에 수확된 포도로 만들어졌다.

㉧ 생산국가 : 칠레

▲ Champagne Moët et Chandon

▲ Médoc AOC Cru Bourgeois

▲ AOC Cotes du Roussillon Village

▲ AOC Bordeax Superieux

▲ AOC Bordeaux

▲ Barolo

▲ Indicazione Geografica Tipica ▲ New Zealand Marlborough Pinot Noir ▲ Chile Cabernet Sauvignon ▲ Chile Chardonnay

4) 국가별 와인 산지

(1) French Wine

① 보르도(Bordeaux) 지역의 와인

온화한 기후와 토양조건이 포도재배에 적합하고 항구를 끼고 있어 와인의 생산과 판매에 좋은 조건을 가지고 있는 Bordeaux는 세계에서 가장 우량한 품질의 와인을 생산해 내는 가장 넓은 지역이며, 와인 애호가들의 성지이기도 하다.

Bordeaux 지역의 특정 포도원은 법에 의해 24지구로 나뉘어져 있으며, 그 중 5개 지구에서는 세계에서 가장 우수한 와인을 생산한다.

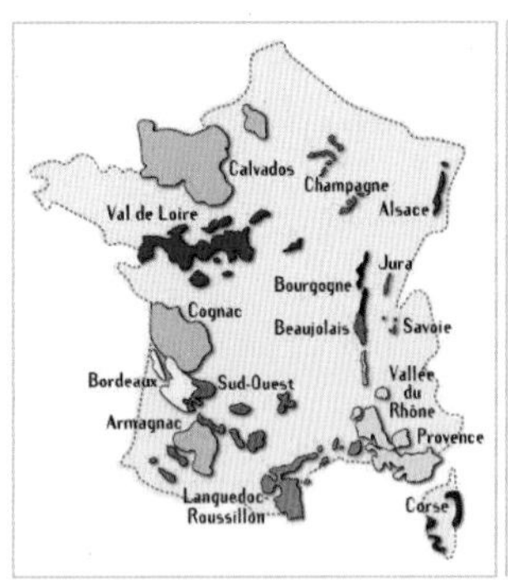

▲ 보르도지역 와인 라벨과 포도밭

- 메독(Medoc)지구
- 그라브(Graves)지구
- 생떼밀리용(St-Emillion)지구
- 쏘떼르느(Sauenes)지구이다.

② 보르고뉴(Bougogne)지역의 와인 : Burgundy Wine

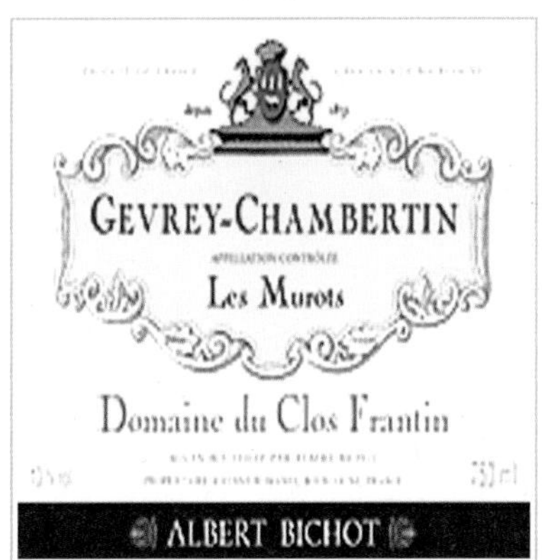

▲ 보르고뉴 지역 와인 라벨

이 보르고뉴(Bougogne)지방은 보르도(Bordeaux)지방과 쌍벽을 이루는 세계적인 명양지(銘釀地)로서 프랑스에서 가장 오래된 포도원 중 하나이다. 중세기에는 이 지방의 성지자들과 영주들이 보르고뉴(Bougogne)와인을 프랑스와 유럽 전역에 전파함으로써 오늘날의 명성을 얻게 되었다.

보르고뉴(Bougogne)의 와인 주요 산지

- 샤블리(Chablis)지구
- 꼬뜨도르(Cote d'or)지구 : 꼬뜨 드 뉘(Cote de Nuits), 꼬뜨 드 본(Coe de Beaune)
- 꼬뜨 샬로네즈(Cote Chalonnaise) & 마꼬네즈(Maconnais)지구
- 보졸레(Beaujolais)지구

③ Beaujolais(보졸레)지구

포도 수확량을 한여름에 하기 때문에 수분이 많아 발효가 빠르고 수확 후 11월 셋째주에는 시장에 출하가 된다.

Beaujolais 와인은 레드와인이면서 화이트와인의 특성을 가지고 있으므로, 마실 때에는 차게 해서 마시는 것이 좋으며, Young Wine이기 때문에 장기간 수성이 어려워 가능한 빨리 소비해야 한다.

Beaujolais 와인의 등급은 고급와인과 일반와인으로 구분되는데, 고급와인에는 보졸레 끄루(Beaujolais Cru)와 보졸레 빌라쥐(Beaujolais Villages)가 있고, 일반와인으로는 보졸레 슈페리어(Beaujolais Superieur)와 보졸레(Beaujolais) 등이 있다.

▲ 보졸레지역 와인과 보졸레지역 특산물 보졸레 누보 와인

④ Cotes du Rhone(꼬뜨 뒤 론)지역의 와인

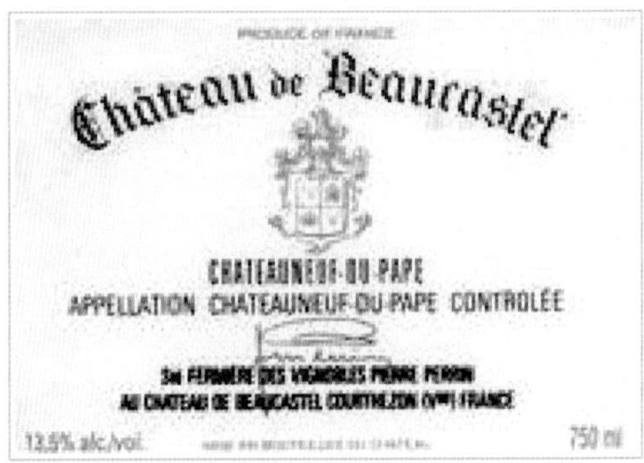

▲ 꼬뜨 뒤 론 지역 와인 라벨

프랑스 남동부 지방의 론느강 유역에 걸쳐 약 200km의 길이로 길게 분포된 포도 재배지역으로, 이 지역은 론느계곡에서 프로방스 지방으로 부는 "미스트랄"이라고 불리는 차고 건조한 바람의 영향을 받는데, 이러한 건조한 바람이 습기로 인한 포도의 부패를 방지해 준다. 또한 기후와 토양이 남부와 북부가 조금 다르기 때문에 재배되는 포도품종도 무려 12~13종류나 된다.

⑤ Alsace(알사스)지역의 와인

▲ 알사스 와인

알사스 지방은 북부 내륙지방으로 기후조건상 서늘한 날이 많아 포도의 성장기간이 짧아 주로 백포도를 재배하며, 품질이 좋은 White Wine의 명산지로 알려져 있다.

⑥ Loie(르와르)지역의 와인

프랑스의 정원이라 일컬어질 정도로 화려한 고성들이 이곳저곳 자리하고 있는 Loie는 프랑스에서 가장 긴 르와르강의 계곡이란 의미이다.

▲ Chateau du hureau

⑦ 프랑스의 Wine Lavel

지역의 이름이나 지구의 이름 또는 마을의 이름이 와인명으로 사용되는 경우가 많으며 특정Chateau(포도원)의 이름으로 사용하는 와인도 적지 않다. 간혹 포도의 품종이 와인명으로 사용되는 지역도 있다.

(2) German Wine

독일의 와인산지는 유럽에서도 가장 북쪽에 위치한 Rhein(라인)지역과 Mosel(모젤)지역으로 꼽을 수 있는데, 북쪽 지역이어서 날씨가 춥고 일조량의 부족 등 자연기후의 영향 등에 따라 매우 복잡한 와인이 생산된다.

독일의 와인은 늦은 가을이나 초겨울에 영하의 기온에서 얼어버린 포도를 사용하여 만든 "Ice Wein(아이스 바인)" 등을 생산하기도 하며, 나쁜 기후조건으로 인하여 포도수확이 나쁠 때에는 알코올 농도를 높이고 적정 당도를 유지하기 위해서 포도즙에 당분을 첨가하여 생산하는데, 당분을 첨가하여 만든 와인을 개량화인(Verbesserte Wein : 페어베서태 바인)이라고 하며, 기후조건이 좋아 포도수확이 좋은 해에 당분을 첨가하지 않고 만든 와인은 와인라벨에 천연포도주(Natur Wein : 나투어 바인)라고 표기한다.

▲ 모젤지역 와인들

주요 생산지역

1. Rhein지역

   라인지역 와인은 모젤 와인과 쌍벽을 이루는 White Wine의 명산지로 맛이 강하고 숙성이 오래될수록 품질이 좋아지는 가장 우수한 와인이다. 라인지역에서 생산되는 와인을 갈색병에 담아 출고한다.

   ① Rheingau(라인가우)지구, ② Rheinhessen(라인헤센)지구, ③ Rheinpfalz(라인팔츠)지구, ④ Ahr(아르)지구, ⑤ Nahe(나에)지구

2. Mosel지구

   세계 최고의 White Wine을 생산하는 이 지역은 모젤(Mosel)과 자르(Saar), 그리고 루버(Ruwer)을 총칭하여 모젤 자르 루버(Mosel-Saar-Ruwer)라고 말하며, 상표에도 공통명으로 사용하며, 보통 모젤지구라 한다.

   모젤와인은 세계에서 가장 가벼운 맛의 와인으로 다른 와인에 비해 수성이 빨라 알코올농도가 낮아 10%를 넘지 않는 것이 특징이며, 감미가 없어 극히 건강한 와인으로 유명하다. 와인병의 특색은 녹색이며 목이 길다.

(3) Italiy Wine

이미 3,000년 전 로마시대 이전부터 와인을 만들기 시작한 이탈리아는 전세계 와인 생산의 약 19%을 차지하고 있는 세계 제일의 최대 와인 생산국이자 소비국이며, 수출량 역시 세계 1위를 자랑하고 있다.

▲ 베네토와인

▲ 토스카나와인

▲ 피에몬테와인

이탈리아 와인은 1963년에 프랑스의 A.O.C제도와 비교할 수 있는 D.O.C제도를 제정하여 포도재배와 양조방법 등을 개선하는 등 와인의 품질향상을 위해 그동안 많은 노력을 기울여 왔다.

주요 생산지역

1. Piemonte(피에몬테)지역
스위스와 국경을 접하고 있는 이탈리아 최북단 알프스산맥에 위치한 이 지역은 와인의 양과 질이 이탈리아 제 1의 산지이다. 피에몬테지역은 알프스의 영향을 많이 받는 지역으로, 여름철에 뜨거운 태양과 가을의 안개로 영향을 받아 포도가 충분히 영글 수 있어 향이 강하고 진한 와인을 생산한다.

2. Toscana(토스카나)지역
이 지역은 이탈리아에서 가장 많이 알려진 와인생산지역으로, 병을 보호하기 위하여 라피아(Raffia)라는 짚으로 둘러싼 플라스코 모양의 병으로 된 Chianti(키안티)와인의 생산지로 더욱 알려진 이탈리아 레드와인의 생산지이다. 이 지역의 와인은 전체 생산량의 1/3이 D.O.C 또는 D.O.D.G급 와인이다.

3. Veneto(베네토)지역
이탈리아 북동쪽에 위치한 지역으로 아름다운 해양도시 베니스와 영화 로미오와 줄리엣의 배경도시인 베르나시 주변에서 대량의 와인을 생산한다.

(4) America Wine

미국은 유럽으로부터 1796년 스페인 선교사를 통해 캘리포니아에 와인이 소개된 후로부터이다. 미국의 와인 27%를 캘리포니아에서 생산하고 있는데, 이는 이 지역

포도재배에 이상적인 기후조건을 갖추고 있기 때문이다.

또한 1950년대에 들어서는 캘리포니아 대학의 포도재배에 관한 연구와 노력으로 토양과 토질에 적합한 포도품종의 육성법 및 양조법 등이 발전되면서 풍부한 자본과 기술로 와인생산이 본격화되었다. 근래에 와서는 미국도 세계적인 품질의 와인을 생산하고 있다.

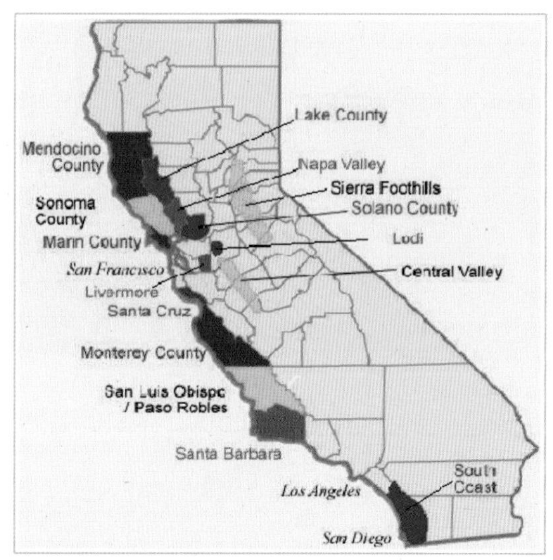

▲ 미국의 와인 생산지 지도

주요 생산지역

1. 캘리포니아 지역

캘리포니아 와인도 포도품종을 중요시한다. 동일 품종의 포도가 51% 이상 사용하여 와인을 생산하면 그 포도품종의 명칭을 와인명으로 사용한다. 사용되는 품종은 약 20여종이며, 품종, 품질의 질에 따라 와인의 질이 결정된다.

① Sonoma Valley
② Central Valley
③ Napa Valley

2. 뉴욕

캘리포니아 주 다음으로 미국에서 와인 생산량이 많은 지역이다. 이곳의 와인은 대부분 발포성 와인과 스위트 와인을 주로 생산하며, 유럽의 와인 산지명을 상표로 사용한 Generic Wine이 많다.

▲ 캘리포니아 와인 로드니스트롱 ▲ 진판델 소노마 벨리 2007 ▲ 뉴욕와인 ▲ 베라짜노 2005

와인에 관한 토막상식

와인도 마시는 법이 따로 있다.

- **따르는 위치와 순서**
  와인을 따를 때는 반드시 사람의 오른편에서 따라야 하며, 시계 반대방향으로 여성의 잔부터 따른 후 다시 시계방향으로 남자에게 따라야 한다. 잔은 반드시 테이블 위에 놓인 상태에서 받아야 하며, 이 때 잔에 손을 대지 않는다.
- **어느 정도 따르나?**
  와인은 잔의 6~7할 정도 따른다. 공간을 남기는 것은 남은 공간으로 공기와 향이 어우러져 그 맛이 더 깊어지고, 마실 때 와인의 향도 즐길 수 있기 때문.
- **마시는 방법**
  와인잔의 밑부분을 잡고 가볍게 흔든 다음 마시기 전에 코를 잔에 가까이 대고 향을 음미한다. 그리고 한 모금을 마신 후 입 안에 굴려 맛을 느낀 다음 천천히 마신다. 원샷은 금물.
- **여러 개의 와인을 마실 때**
  알코올 농도가 가벼운 것에서 무거운 것으로 마신다. 화이트 와인에서 레드 와인으로, 쌉쌀한 맛의 드라이부터 달콤한 스위트로, 가벼운 라이트에서 깊은 향이 느껴지는 헤비 순으로 마신다. 처음부터 강한 맛을 보면 혀의 감각이 둔해져 제맛을 알 수 없다.

와인의 선택

만약 당신이 와인에 관해 아주 초보자라면, 자신이 좋아할 만한 와인을 선택한다는 것은 그리 쉬운 일이 아니다. 와인의 종류, 브랜드명, 라벨, 가격 등 보고 알아야 할 것이 무한히 있다. 와인숍에서나 레스토랑에서 탁월한 와인 선택을 하실 수 있는 기본적인 방법을 소개하겠다.

- **와인 선택 분야를 좁혀라.**
  먼저 자신이 화이트 와인을 원하는지 레드 와인을 원하는지, 그리고 가격은 어느 정도로 할 것인지 숍에 들어가기 전에 결정한다. 이렇게 하면 본인의 선택분야를 많이 좁힐 수 있고, 숍에서 일하는 점원에게 본인의 선택방향을 알려주고 도움을 받을 수가 있다.

- **조언을 구하라.**
  숍에 있는 점원에게 조언을 구하라. 점원은 고객의 결정을 도와주기 위해 와인에 관한 지식을 특별히 습득한 사람들이므로 본인의 취향(즉 레드 와인인지, 화이트 와인인지, 드라이한지, 달콤한지, 가벼운 맛인지, 진한 맛을 원하는지 등)을 알려주면 원하는 종류의 와인을 선택해 줄 것이다. 또한 와인에 관한 추천정보를 신문이나 잡지, 인터넷, 와인을 잘 아는 친구를 통해서 조언을 구하는 것도 좋은 방법이다.
- **보관상태에 주의**
  특히 일반 와인숍에서 구매를 할 경우에는 그 숍이 얼마나 와인의 재고관리를 잘하고 있는지가 중요하다. 너무 심하게 덥거나 추운 장소 혹은 태양빛에 노출되어 있거나 심한 온도변화가 있는 곳은 와인에게는 치명적이다. 즉 이러한 환경 속에 있는 와인숍에서는 아무래도 와인을 사지 않는 것이 좋을 것이다. 또한 와인을 구매하기 전에 와인 병의 목 부분에 와인이 채워져 있는지, 콜크 마개가 밖으로 빠져 나와 있지는 않은지, 와인이 밖으로 새지는 않았는지를 확인해야 한다.
- **가능하다면 와인 시음회를 통해 와인 맛을 미리 보라.**
  와인을 선택, 구매하기 전에 와인 시음회 등을 통하여 와인의 맛을 미리 알아보는 것도 좋은 방법이다. 간단하게 친구들과 함께 각자 다른 와인을 준비하여 여러 종류의 와인을 나누어 마시며 경제적으로 테이스팅을 할 수 있을 것이다.
- **초보자라면 너무 비싼 와인은 사지 마라.**
  좋은 와인은 전세계적으로 만들어져서 판매되고 있다. 캘리포니아나 프랑스, 독일뿐만 아니라 칠레, 아르헨티나, 남아프리카, 뉴질랜드, 호주 등지에서도 좋은 와인들이 많이 나오고 있다(좋은 와인의 가치는 가격과도 관련이 되기도 하지만). 처음 와인을 배우기 시작한 사람에게는 한 병에 1~5만원 정도 하는 와인을 권한다. 그러나 너무 값이 싼(5000원 이하) 와인은 좋지 않다. 좋지 않은 와인은 두통을 줄 수가 있고 좋은 품질의 와인 맛을 느끼지 못하게 한다.
- **모험심을 가져라.**
  와인 세계는 무척이나 다양하다. 단지 샤도네나 까베르네 같이 잘 알려진 와인에만 집착하지 말고 다른 종류도 한 번 시도해 보는 것도 좋다. 즉 화이트인 경우 소비뇽 블랑, 리즐링 그리고 케뷰르츠트레미너를 맛보고, 레드 와인인 경우에는 진판델, 쉬라와 피노누아를 시도해 보는 것을 추천한다. 또한 다른 여러 나라에서 생산된 여러 와인 종류를 마셔보고 지역적인 환경이 와인에게 어떤 영향과 맛을 주는지 이해하는 것도 아주 재미있을 것이다.
- **박스로 사는 것이 경제적**
  만약에 와인을 12개 들어있는 박스로 산다면, 대부분의 와인숍은 어느 정도 싸게 제공할 수도 있을 것이다.
- **본인의 입맛에 따라 정한다.**
  와인을 구매할 때 최종적인 목적은 와인이 본인의 입맛과 취향에 맞아야 한다. 단지 판매원이나 친구들이 이 와인이 좋다고 해서 그 와인이 당신의 취향에 맞는다고 할 수는 없다. 다르게 말하면, 다른 사람이 본인이 선택한 와인이 좋은 것이 아니라고 한다고 부끄러워 할 필요가 없다. 와인의 맛을 알고 결정하는 사람은 오로지 본인이기 때문이다.

2. Beer

1) 맥주의 개념과 역사

(1) 맥주의 개념

맥주는 대맥아를 발효시켜 쓴맛을 내는 호프(Hop)와 물(Water), 그리고 효모(Yeast)를 섞어서 저장하여 만든 탄산가스가 함유된 알코올성 음료(4~6℃)이다.

오늘날 전 세계적으로 보편화되어 애용되고 있는 맥주의 역사는 와인만큼이나 오래되었으며, 맥주(Beer)라는 어원은 라틴어의 Bibere에서 유래되었다고 한다.

(2) 맥주의 세계사

기록에 의하면 B.C. 5000년경 전에 바빌론에서 맥주제조를 시작하였다고 전해지며, B.C. 4000년경에는 메소포타미아지방의 수메르인이 점토판에 맥주제조과정을 자세히 기록해 놓았다. 이때는 맥아를 빻아서 반죽하여 빵을 만든 후 다시 물을 가해 발효시켜 맥주를 만들었다. 또한 B.C. 2000년경 함무라비법전에는 맥주에 관한 법률이 나와 있다.

맥주 하면 독일이 본고장이라고 생각될 정도로 독일인의 선조인 게르만민족은 B.C. 1세기경부터 맥주를 만들어 마셨다고 하는데, 와인은 귀족층이 주로 마시고, 맥주는 서민이 마시는 술이라고 전해지고 있다. 그 후 맥주가 대중화된 것은 15~16세기경으로 당시 수도원에서 맥주를 액체의 빵이라 하여 제조가 성행하였다. 그러한 연유로 맥주에 있어 획기적인 기술발달은 중세 때 수도원에서 이루어졌는데, 오늘날과 같은 맥주의 유형은 이때에 발달한 것이다. 맥주의 쓴맛은 호프(hop) 때문인데, 13세기경 북 독일의 아인베크에서 호프를 사용한 Bock Beer라는 독하고 농후한 맥주가 만들어져서 지금의 Larger Beer의 기초가 되었다. 오늘날 우리가 즐겨마시는 맥주의 본고장은 독일이며, 독일 최초의 맥주회사는 1516년 Herzog Qilhelm Ⅵ(헤르조크 빌헤름 4세)가 설립하였다.

영국에서는 원주민인 겔트인 B.C. 300년경부터 소맥을 발효하여 마신 기록이 있으며, 미국은 16세기 후반부터 이민 온 사람들이 호프를 재배하여 만들기 시작하여 오늘날에는 세계 제일의 맥주 생산국이 되었다.

(3) 맥주의 한국사

맥주가 우리나라에 들어온 것은 구한말이었다. 1876년 개항 이후 서울과 개항지에 일본인 거주자가 늘어나면서 일본 맥주들이 흘러 들어왔는데, 초기에 들어온 것이 '삿뽀르맥주'였고, 그 후 1900년을 전후해서 '에비스맥주'와 '기린맥주'가 들어왔다.

당시 맥주를 마실 수 있는 계층은 일부 부유층과 상류층에 한정되어 있어 1905년까지만해도 우리나라 맥주의 소비량은 연간 1,570kℓ에 불과했으나, 1910년을 고비로 일본 맥주 회사들이 서울에 출장소를 내면서 소비량이 크게 늘어나기 시작했고, 1920년대에는 수입 주류 가운데서 가장 큰 비중을 차지하세 되었다.

우리나라의 본격적인 맥주회사의 설립은 1933년 일본의 대일본 맥주 주식회사가 조선맥주 주식회사를 설립한 것이 그 시초이며, 뒤이어 같은 해 12월에는 역시 일본의 기린맥주 주식회사가 소화기린맥주(동양맥주의 전신)를 설립하였다. 이들 두 회사는 해방과 함께 1945년 적산관리공장으로 지정되어, 미국 군정에 의해 관리되어 오다가 그 후 1951년에 이르러 민간에게 불하되었는데, 이것이 현재의 조선맥주 주식회사와 동양맥주 주식회사이다. 과거 국민소득이 높지 않았을 때, 맥주는 일반 대중이 소비하기에는 경제적으로 부담스러운 술이었다. 1970년대 초반까지만 하더라도 전체 주류 중 탁주의 비중이 50% 이상 차지했고, 이 때 맥주는 겨우 6%선에 지나지 않았다.

그러나 1980년대에 들어와 국민소득의 증대에 주류에 대한 소비자의 성향이 점차 고급화 경향을 보이면서, 1989년 5월 들어서는 맥주의 비중이 전체 주류의 45%를 기록하는 등 맥주 소비는 대폭적인 증가세를 보이게 되었다. 특히 1987년을 기점으로 출고량에서도 탁주를 제침으로써 맥주는 대중주로서의 확고한 위치를 차지하게 되었다.

이처럼 맥주 소비가 급속히 늘어난 요인은 경제적인 측면만이 아니라 여성 음주인구 확대, 식품산업발달에 따른 소비자의 생활양식 및 음주패턴의 변화 등에서 찾아 볼 수 있다.

즉 개인의 건강에 대한 관심이 고조되자, 소비자의 주류소비 성향도 주류의 양적 만족도 보다는 질적 만족도를 추구하는 경향이 뚜렷이 나타나게 되었던 것이다. 이러한 요인의 복합적인 작용으로 맥주의 소비는 꾸준이 늘어나 1993년에는 전체 주류 가운데 55.8%의 비중을 차지하기에 이르렀다. 이제 국민 대중주로 자리잡게 된 국내 맥주시장은 1992년 5월 1일 진로 쿠어스 맥주 주식회사가 설립되어 첨단 비열처리맥주를 생산, 시판하게 됨에 따라 국내 맥주업계도 3사 구조로 재편되어 치열한 시장경쟁 양상을 나타내고 있다.

▲ Guinness

▲ 여러 가지 맥주

▲ 수입 맥주

▲ Genuine

▲ 세계 맥주

▲ Stout

▲ Asahi, Cafri, Budweiser, Hite, Cass, Heineken

▲ OB Lager

▲ Cass

▲ Hite

▲ 삿뽀로 맥주와 기린 맥주

2) 맥주의 원료

(1) 보리

양조용 보리로는 다음과 같은 것이 좋다.

① 껍질이 얇고 담황색을 띠고 윤택이 있어야 한다.

② 알맹이가 고르고 95% 이상의 발아율이 있어야 한다.

③ 수분 함유량은 10% 내외로 잘 건조된 것이어야 한다.

④ 전분 함유량이 많은 것이어야 한다.

⑤ 단백질이 적은 것이어야 한다(많으면 맥주가 탁하고 맛이 나쁘다).

(2) 호프(Hop)

호프는 맥주에 특이한 쓴맛과 향기를 주며 보존성을 증가시키고, 맥아즙의 단백질 제거를 하는 중요한 역할을 하는 불가결한 원료가 된다.

(3) 물(Water)

맥주는 90%가 물이다. 그 때문에 수질이 좋은 것을 사용하지 않으면 맥주의 품질에 영향을 미친다.

보통 산성의 양조용수를 사용한다. 최근에는 이온교환수지의 발달로 이상적인 수질을 얻을 수 있기 때문에 좋은 맥주를 양조할 수 있다.

(4) 효모(Yeast)

맥주에 사용되는 효모는 맥아즙 속의 당분을 분해하고 알코올과 탄산가스(CO_2)를 만드는 작용을 하는 미생물로, 발효 후기에 표면에 떠오르는 상면발효 효모와 일정기간이 경과하고 밑으로 가라앉는 하면발효 효모가 있다. 따라서 맥주를 양조할 때에는 어떤 효모를 사용하느냐에 따라 맥주의 질도 달라진다. 전자는 영국, 미국의 일부, 캐나다, 벨기에 등지에서 많이 사용되고, 후자는 독일, 덴마크, 체코슬로바키아 등지와 우리나라에서 사용되고 있다.

(5) 기타

맥아의 전분을 보충하기 위해 쌀, 옥수수, 기타 잡곡 등이 사용된다.

맥주에 관한 토막상식

눈으로 마신다 각국의 대표 맥주

- 기네스(Guinness : Made in England)
  영국 맥주는 다른 나라와 달리 찬 맥주가 적은 것이 특징. 기네스는 짙은 초콜릿 색깔의 스타우트로 호프를 많이 넣기 때문에 무척 쓴맛이 난다.
- 베흐스(Bech's : Made in German)
  독일 맥주 중 우리와 익숙한 것이 바로 베흐스. 베흐스는 첫맛은 달지만 뒷맛은 목을 끌어당기듯 점점 짙어지는 맥주이다.
- 버드와이저(Budweiser : Made in America)
  버드와이저는 체크의 버드바를 모델로 색이 옅지만 부드러우면서 톡 쏘는 듯한 상쾌한 맛으로 쉽게 잊혀지지 않는 향과 맛을 가진 맥주. 레드독은 탄산의 쏘는 맛이 강하고 향이 진하며 뒷맛은 시큼하지만 독하지 않다.
- 하이네켄(Heineken : Made in Netheland)
  네덜란드의 하이네켄은 창시자의 이름. 미국 맥주보다 쓰지만 비교적 부드러운 맛을 지니고 있다.
- 칼스버그(Carlsburg : Made in Denmark)
  1801년 야콥센에 의해 창립된 칼스버그사에서 맥주 효모의 순수 배양법을 개발해 만든 술이 지금의 칼스버그로 호프를 약간 많이 첨가한 향이 진한 맥주이다.

맥주에 관한 진실과 거짓

- 맥주 많이 마시면 살찌나요?
  No. 맥주 칼로리는 알코올 1mℓ당 7cal의 열량을 내는데, 육류 등의 단백질은 4cal를 내고 지방질은 9cal의 열량을 낸다. 따라서 살이 찐다는 이야기가 널리 퍼져 있지만 알코올로 섭취한 칼로리는 혈액순환이나 체온상승에 이용되기 때문에 체내 축적되는 일은 없다. 대신 맥주를 마시면 식욕이 증가해 안주로 과식을 하기 때문에 살이 찌게 되는 것이다.

- **더러운 컵에서 거품이 나지 않는다?**
  Yes! 더러운 컵, 특히 기름기가 묻어 있는 컵에는 거품이 안 나고 거품이 나도 금방 사라진다. 이유는 탄산가스를 감싸고 있는 거품이 유류에 의해 표면 장력을 잃어 거품을 지탱하는 힘이 약해지기 때문이다.
- **병맥주와 생맥주의 차이는?**
  생맥주는 맥주를 발효시킨 후 여과기로 걸러 통에 넣은 것으로, 신선하고 독특한 고유의 맛과 향, 빛깔을 지니지만 병맥주는 열처리 과정을 거쳐 살균한 맥주이다.
- **맥주병은 갈색이다.**
  맥주병을 자세히 보면, 대부분 칙칙한 갈색인데 다 숨은 뜻이 있다. 맥주는 직사광선을 받으면 산화되어 맛이 변하기 때문에 맛을 보호하려는 목적에서 일종의 선팅(Sunting)을 한 것이다.

3. 동양(East) 주류

1) 한국

(1) 한국 술의 역사

술의 본래 말은 '수블/수불' 조선시대 문헌에는 '수울' 또는 '수을'로 기록되어 있는데, 이로 미루어 '수블'이 '수울'을 거쳐서 술로 변한 것으로 짐작된다.

한국의 술문화는 역사가 매우 깊다. 문헌에 의하면, 우리나라는 삼국시대 이전인 마한시대부터 한해의 풍성한 수확과 복을 기원하며 맑은 곡주를 빚어 조상께 먼저 바치고 춤과 노래와 술마시기를 즐겼다고 한다.

이러한 사실로 미루어 보아 한국에서는 농사를 시작했을 때부터 술을 빚어 마셨고, 모든 행사에는 술이 애용되었음을 알 수 있다.

조선시대는 현재까지 유명주로 꼽히는 술이 정착한 시대이다. 이 시기에 술은 고급화 추세를 보여 제조원료도 멥쌀에서 찹쌀로 바뀌고, 발효기술도 단담금에서 중양법으로 바뀌었다. 이 때 명주로 꼽힌 것이 삼해주, 이화주, 부의주, 하향주, 춘주, 국화주 등이 있다.

조선시대 후기에는 지방주가 전성기를 맞았다. 지방마다 비전되는 술들이 맛과 멋을 내면서 출현하기 시작한 것이다. 이때에는 서울의 약산춘, 여산의 호산춘, 충청의 노산춘, 평안의 벽향주, 김천의 청명주 등이 명주로 손꼽혔다.

현대의 대표적인 명주로는 경기도의 옥로주, 전북의 송하백일주, 안동의 안동소주, 담양의 청학골 죽엽청주, 한산소곡주, 왕주, 문배주 등을 꼽힌다.

(2) 한국 술의 종류

① 안동의 소주

소주의 원어는 원나라의 증류주인 아라끼[阿剌吉 : 아랍어의 증류란 의미의 '아라끼'를 따다가 '아랄길'(阿剌吉 아라끼)이라고 부른데에서 비롯된 아랭이이다. 고려를 침공한 몽고군이 일본을 정벌하기 위하여 안동에 군사기지를 설치했을 때 그 제법이 안동에 퍼진 것으로 추측된다.

② 완주의 송죽 오곡주(松竹 五穀酒)

오곡으로 술밥을 짓고 산수유, 감초, 구기자, 당귀 등을 첨가하고 소나무 수액, 대나무잎을 넣어 빚어낸다.

③ 한산의 소곡주(素穀酒)

옛부터 즐겨 마시던 술의 종류와 제조기법 등을 기술한 동국세시기에는 백제 유민들이 지금의 한산면인 주류성에 모여 빼앗긴 한을 달래기 위해 빚어 마셨다고 한다.

통밀로 뜬 누룩을 밤이슬에 맞혀 식히고 떡국물을 부어 걸러낸 누룩국물을 밑술로 하여 술밥과 엿기름가루, 고추, 생강, 말린 들국화 등을 넣어 빚은 술이다.

한양에 과거 보러 가던 선비가 이 지방을 지나다 이 술을 마시면 그 맛에 젖어 과거 날짜도 놓쳤다고 해서 일명 앉은뱅이 술이라고도 한다.

④ 경주 교동의 법주(法酒)

경주의 최씨 문중에 대대로 전수되어온 비법주이다. 맑고 투명하며 특유의 곡주 냄새와 단맛, 신맛을 함께 지니고 있다. 술을 빚는데 100여일이나 걸리고 마시는 방법이 까다로운 예절 때문에 법주라 했다고 한다.

⑤ 김천의 과하주(過夏酒)

그 맛과 향기가 뛰어나 한 여름을 나는데 빼놓을 수 없는 양반네들의 고급 청주이다.

찹쌀로 술밥을 지어 국화와 쑥을 깔고 그 위에 술밥을 말린 후 떡을 만들어 술을 빚는데 물은 사용하지 않는 것이 특이하다. 높은 진국의 술로 향기가 특출하고 감미롭다.

▲ 안동소주와 김천과하주

▲ 경주교동법주와 송곡오곡주

한국 술 예절에 관한 토막상식

- 윗사람이 주는 술잔은 두손으로 공손히 받되, 너무 황송해하는 행동은 보기에 좋지 않으므로 자연스럽게 예를 갖추어 받아야 한다.
- 잔을 받으면 바로 내려 놓지말고 술을 따라줄 때까지 잔을 손에 가지고 있어야 한다.
- 술을 마시고 난 후에는 자기에게 술잔을 준 사람에게 잔을 건네주고 술을 따라주어야 한다.
- 윗사람이 술을 따라주면 바로 상 위에 놓지 말고 한 모금 마신 뒤에 놓는다.
- 아버지 연배에 가까운 어른이나 어려운 상사의 술잔을 받았을 때에는 고개를 약간 옆으로 돌리고 자연스럽게 마신다.
- 건배를 할 때는 윗사람의 술잔보다 높게 하여 부딪히거나 높게 들지 않는다.
- 줄 때나 받을 때 오른손으로 해야 한다.
- 왼손으로 주거나 받는 것은 상대에 대한 감정이 있거나 권하기 싫은데, 어쩔 수 없이 술잔을 권한다는 뜻으로 표출된다.
- 윗사람에게 술잔을 줄 때는 상대방이 술잔을 받기 좋도록 오른손으로 술잔을 잡고, 왼손 끝으로 잔의 밑이나 오른손을 살짝 받쳐 공손하게 준다.
- 손 아래 사람에게 술잔을 줄 때에는 한손으로 주어도 무방하나, 상대방에게 술잔을 직접 주지 않고 상 위에 술잔을 놓고 따라주는 것은 바람직한 예절이 아니다.

2) 중국

(1) 중국 술의 역사

중국에서 술의 역사는 대략 5천년으로 하왕조 때부터 술을 제조하기 시작하였다고 한다. 상고시대 술의 용도는 주로 제신(祭神)용이었지만, 사회가 발전하면서 술은 인간의 삶에서 빠질 수 없는 기호품이 되었다.

기록에 따르면 중국위 고서 〈전국책(戰國策)〉의 '여씨춘추(呂氏春秋)'에 술에 대한 첫기록으로, "옛날 황제의 딸 의적(儀狄)이 술을 맛있게 빚어 우왕(寓王, 하(夏)나라의 시조)에게 올렸다"는 내용이 있다. 우왕이 이를 맛보고서 후세에 반드시 이 술로 하였다고 한다.

기록에 의하면 역대 왕후장상, 영웅호걸, 문인묵객(文人墨客) 중에서 술을 좋아하지 않는 사람은 거의 없었기 때문에 술은 옛사람들의 물질적, 정신적 생활과 사교 속에서 중요한 역할을 하였다.

(2) 중국 술의 종류

중국에는 지방마다 한 두 개 정도의 특산주가 있을 정도로 술의 종류가 많을 뿐만 아니라 알코올 도수 또한 보통 40~60도로 매우 독한 것이 유명하다. 중국에는 술에 관한 고사가 많이 있고, 술을 노래한 시인들도 많이 있다. 이태백과 같은 주선은 술을 먹다가 삶을 마감했고 전원시인 도연명은 헌주사(獻酒詞) 25편을 남겼다. 이들은 술을 인생의 좋은 반려자로, 인생의 삶의 질을 높여주는 좋은 짝으로 보았다. 중국 술은 크게 다섯 가지로 나눌 수 있다. 증류수인 백주, 양조주인 황주, 한약방을 이용한 노주, 과일 등을 이용한 과실주, 그리고 맥주이다.

① 백주(白酒)

백주란 한국의 청주처럼 백색 투명한 술을 통틀어서 말하는 말이다.

곡류나 잡곡류를 원료로 해서 만드는 증류수로서 알콜도수가 보통 40도 이상으로 매우 독하다. 지금부터 약 900년 쯤 송나라 때부터 백주를 빚기 시작했다고 한다. 한국인들이 말하는 빼갈이 이 술에 속한다. 귀주의 마오타이주, 산서성에서 생산되는 분주, 그리고 5종의 곡물을 재료로 해서 빚은 오곡액, 고량주 등이 있다. 마오타이

주는 알콜도수가 53도이며, 마오타이촌의 물로 생산된 것이라 하여 마오타이주로 불린다. 이 술은 고원지대의 질좋은 고량과 소맥을 주원료로 7번의 증류를 거쳐 밀봉항아리에 넣고 3년 이상 숙성과정을 거친다. 분주는 1천5백년의 역사를 지니고 있으며, 알콜도수 61도로 술 빛깔이 맑고 빛나며 청향형(淸香形)에 속한다. 산동성 분양현 행화촌에서 생산되며 남북조 시대부터 제조되었다. 오곡액은 당나라 시대 처음 양조된 술로서 고량, 쌀, 옥수수, 찹쌀, 소맥 등 5가지 곡물을 양조하여 향기가 그윽하고, 술맛이 순수하며 마신 후 깨끗한 맛이 일품이다. 대국주는 중국 8대명주에 들어가는 술로서 밀이나 보리, 오나두 등을 이용하여 만든 누룩을 이용하여 발효시킨 다음 이때 나온 주정을 다시 증류하여 만든 술이므로 매우 독하다는 것이 특징이다. 사천성도의 전흥(全興)대국주가 대표적인 술이다.

② 황주(黃酒)

저알콜술로 일반적으로 15~20도이며 황색이고 윤기가 있다. 황주는 한국의 탁주에 해당하지만 탁주만큼 흐리지는 않다. 황주는 곡물을 원료로 해서 전용 주륵과 주약(약초랑 그 즙 등을 넣어 배합하고 곰팡이를 채운것)을 첨가하여 당화, 발효, 숙성을 거쳐 마지막에 압축을 해서 만들어진다. 황주술의 역사는 4천년이 넘는다. 황주의 명칭은 색깔, 산지, 맛, 양조법에 따라 무척 다양하다. 대표적인 황주는 소흥주를 들 수 있으며, 황주 중에서 가장 오래된 술로 절강성 소흥에서 생산 이름이 붙여진 것이다.

③ 노주(露酒)

노주는 미주라고도 하는데 한국말로 하면 약주(藥酒)라고도 할 수 있으며, 술에다 각종 식물이나 약재를 넣고 함께 증류시켜 독특한 맛과 향기를 내게 한 술이다. 노(露)는 이슬을 말하며, 이른 새벽의 영롱한 건강을 상징하기도 하여 붙여진 이름이다. 대표적인 노주로 죽엽청주, 오가피주가 있다. 오가피주는 오갈피나무의 껍질 등 10여종의 약초를 고량에 넣어 만든 것이고, 죽엽청주는 편주에 대나무 잎 등의 약초를 넣어 만든 것이다. 기를 충족시키며 혈액을 순화시키는 작용을 한다고 한다.

④ 과실주

과실주의 대표는 역시 포도주이다. 사마천의 〈사기〉를 보면 중국의 서북지방에서 포도를 재배 술을 담갔다는 기록이 있다. 현재 중국의 최상급 포도주는 산동 연대의 홍포도주와 청도의 백포도주가 유명하다. 연대 지부는 연대에서 9km 떨어진 조그마한 섬으로 프랑스의 보르도와 같이 국제 포도주 도시로서 유명하다. 1892년에 창업한 연대 장유공사에서 만든 연대 적포도주, 연대미미사, 금장박란지 등은 중국의 명주로 유명하다.

⑤ 맥주

맥주는 중국 각 지방마다 고유의 브랜드를 가지고 있다. 그 중에서도 청주맥주가 가장 유명하며 독일과 기술제휴에서 만든 것이다. 청도맥주는 중국 8대 명주 중 하나로 중국 근대사의 비극을 반영하고 있는 술이다. 19세기 영국을 위시하여 서구의 열강이 중국을 침략하였다. 그래서 당시에 각 지방에 조차지라는 것이 생기게 되었는데, 청도는 독일의 조차지(租借地, leased territory : 특별한 합의에 따라 어떤 나라가 다른 나라에게 일시적으로 빌려 준 일부분의 영토)였다. 청도의 물이 좋아 독일인에 의해 1903년 중국 최초의 근대적인 맥주공장이 생기게 되었다.

▲ 백주와 황주

▲ 맥주와 노주

중국 술 예절에 관한 토막상식

- 술은 백주, 즉 고량주나 맥주 등 기호에 따라 선택하며 마신다.
- 손님부터 먼저 주며 돌아가면서 잔을 가득 채운다.
- 첫잔은 반드시 건배, 즉 잔을 완전히 비운다.
- 술잔은 두손으로 받치고 마시며, 술을 다 마시고는 술잔을 상대방에게 보여준다.
- 중국인들은 술잔을 완전히 비우는 건배(乾杯)를 좋아하나, 자신이 없을 때는 수의(隨意 : 자기 마음대로 하는 것)라고 하며 알아서 마셔도 된다.
- 중국술 마실 때의 주의사항 : 중국에서는 술에 약한 사람이라도 같이 마시는 것이 에티켓. 중국식 건배는 단번에 들이마셔 잔의 밑을 상대방에게 보여주는 것이다.
  술을 마실 수 없는 상황이라도 입술을 약간 적시는 정도의 성의는 보여야 한다.

3) 일본

(1) 일본 술의 역사

일본에서 술이 쌀을 주체로 만들어지게 된 것은 조몽시대 이후 야요이 시대에 걸쳐 수도 농경이 정착한 후에 서일본의 쿠슈, 킨키지역에서 주조가 그 기원이라고 볼 수 있다. 그 당시는 가열한 곡물을 입으로 잘 씹어 타액의 효소(디아스타제)로 당화시킨 후 야생 효모에 의해 발효시키는 가장 원시적인 방법을 이용하고 있었다. 이렇게 술을 빚는 것을 양(釀)이라고 하는데, 이 어원은 '씹다'라고 한다.

그 당시에는 입으로 씹는 작업을 실시하는 것은 무녀에 한정되어 있어 술을 빚는 주조의 원조는 여성으로부터 나오게 된 것으로 전해지고 있다. 술명칭도 '사케'라고 하는 호칭으로 불리지 않았으며 키, 미키, 미와, 쿠시 등과 같은 다양한 이름을 하고 있었다.

또한 고대의 술은 음식적인 요소가 강하여, 고체에 가까운 액체를 젓가락으로 먹었다고 한다. 나라시대 초기에 중국에서 개발된 국(누룩)에 의한 주조법이 한반도로 전해지게 되고, 백제에서 귀화한 백제인이 일본에 전승했다고 고사기에 기록되어 있다. 이 국(누룩)이 일본에서는 가무태지(加無太知)로 불리고 있다고 한다. 이것에 의해 쌀누룩에 의한 양조법이 보급되게 되었다. 그 후 율령제도(국가적 성문법 체계)가

확립되어 조주사(造酒司)라고 하는 관공서가 설치되어 조정을 위한 술의 양조체제가 정립되고, 이에 주조기술이 한층 진보하게 되었다.

(2) 일본 술의 종류

① 아츠깡

전통 일본 곡주를 따뜻하게 데운 것으로서 우리나라에 있는 일식집에서도 따뜻하게 데운 정종을 팔기 때문에 낯설지는 않겠지만, 본고장에서 맛보는 전통 일본 술에 비교할 바는 아니다. '아츠깡'은 '독구리'라고 하는 앙증맞게 작은 자기 술병에 담겨 나오는데, 술이 아주 부드럽고 역한 냄새도 없어 목에서 감기듯 넘어간다.

② 맥주

맥주는 일본의 가장 일반적인 주류로 술통꼭지에서 바로 꺼낸 생맥주나 병맥주로 제공된다.

병맥주는 대, 중, 소로 각각 330㎖, 500㎖ 등이 생산된다.

대부분의 술집에서는 소 혹은 중 규격품이 공급된다.

생맥주는 맥주집에서 조끼에 놓아 갖다주며, 여름철에는 옥외나 백화점 옥상에 맥주시음장이 마련되어 맥주애호가들로 북적인다. 맥주의 가격은 술집의 형태에 따라 다양하다.

③ 사케

쌀로 빚은 일본전통의 술로 주류판매상에서 큰 병 단위로 판매하고 있다.

일반주점에서는 병채로 내지 않고 작은 도자기 술병에 넣어 작은 도자기 술잔과 함께 술상을 낸다. 일본주는 차게, 혹은 따끈하게 데우거나 해서 마신다.

어떻게 마시든지 일본주는 그 부드럽고 향기로운 미각이 일본요리와 매우 잘 어울린다.

일본주는 부드러운 듯 강하므로 숙취하지 않도록 적당히 마시는 것이 좋다.

④ 위스키

국산위스키와 수입위스키의 가격은 마시는 곳의 타입에 따라 매우 다르다.

대부분의 일본인은 '미즈와리'라고 하여 얼음과 미네랄워터에 희석해서 마신다. 위스키의 미각을 더해준다는 비싼 빙하의 얼음이 요사이 일본에서 인기를 끌고 있다.

⑤ 와인

서양요리를 제공하는 레스토랑에서는 국산과 외국산 와인을 제공하고 있다. 중국산 '라오츄'는 중국식 레스토랑에서 마실 수 있다.

최근 수년간 좋은 와인과 알맞은 안주를 제공하는 격조있는 와인 바가 점차 대중화되고 있다.

⑥ 소주

이 증류된 화주(火酒)는 고구마, 밀, 수수 등의 재료로 만들어지는 술로서 보드카와 비슷하다. 일본인들은 스트레이트로 마시거나 얼음을 넣어서, 혹은 칵테일로 해서 마신다. 한때는 찾는 사람이 적었으나 근래에 와서는 젊은층 사이에 상당히 인기를 끌고 있다. 시중의 호평을 얻고 있는 제품일수록 사람들이 싫어하는 강한 향미를 피하여 부드럽고 순하다. 거의 모든 일본식 술집에서 판매하고 있다.

▲ 니혼슈

▲ 소주

▲ 사케와 와인

▲ 위스키와 맥주

일본 술 예절에 관한 토막상식

- 연령, 성별에 상관 없이 술에 취해 노래를 부르거나 춤을 춰도 괜찮다.
- 술값은 참석한 사람의 수대로 나누어서 계산한다.
- 술을 한 손으로 따라도 된다.
- 술이 잔에 조금 남았을 때 첨잔 하는 것을 미덕으로 생각한다.
- 남녀가 술을 마실 경우 여자 쪽에서 상대방 남자에게 술을 따라주는 것을 당연하게 생각한다.
- 일본인과 술을 마시러 가더라도 미리 "오늘 9시부터 다른 약속이 있다"라고 말해두면 한국처럼 2차 3차까지 휩쓸려 가지 않아도 된다.

소주에 대한 기초상식

- **소주에는 영양이 있다?**
  No. 소주는 에탄올 1㎖당 7.1kcal의 열량을 가지고 있을 뿐 다른 영양소는 거의 없다.
- **소주가 산화되는 데 걸리는 시간은?**
  보통 체중 60kg인 사람이 소주 1병을 마셨을 때 모두 산화되는 데 걸리는 시간은 약 15시간이다. 건강한 간이라 해도 정상으로 회복되는 데 72시간이 걸리므로 3~4일 간격으로 술을 마셔야 간에 지장이 없다.
- **희석식과 증류식이 뭐지?**
  소주는 희석식과 증류식이 있다. 하나는 현재 판매되고 있는 일반적인 소주인 희석식 소주로 효모를 발효시킨 후 증류시켜 이물질과 향을 없앤 것으로, 순도 95%의 순수 알코올인 주정이 너무 독하기 때문에 마시기 편하게 조정하여 제조한 소주를 말한다. 증류식 소주는 고려시대부터 시작된 전통적인 방법으로 곡물을 발효시킨 후 증류시킨 것을 말하며, 원료의 선정이 맛을 좌우하고 희석식보다 향과 맛이 상당히 강하다.

제3절 증류주

1. Whisky(위스키)

1) 위스키의 정의와 역사

위스키는 곡류(Grain)를 갈아서 발효시키거나 싹(Malt)을 내어서 갈아 발효하여 증류해 낸 술로써, 이러한 위스키의 역사는 스카치의 역사라 할 수 있다. 위스키는 12세기경 이전에 처음으로 아일랜드에서 제조되기 시작하여 15세기경에는 스코틀랜드로 전파되어 오늘날의 스카치위스키의 원조가 된 것으로 보며, 1826년 이전에는 이탄을 사용하여 건조시키고 소형 단식 증류기(Pot Still)로 서서히 증류시키는 방법이 사용되었으나, 1826년 스코틀랜드의 증류업자 Robert Stein의 연속식 증류기 개발에 이어 1831년 아일랜드 더블린(Dublin)의 세무관리인 Aeneas Coffey가 「코레이식 연속 증류기(Coffey Still)」를 완성하여 특허를 취득했다. 연속증류기(Patent Still)로 불리우는 이 증류기의 보급으로 단기간 내에 대량의 곡류 위스키(Grain Whisky)를 생산하기에 이르렀다.

2) 위스키의 분류

(1) 스카치 위스키(Scotch Whisky)

스코틀랜드에서 생산되는 위스키의 총칭이다. 보통 스카치라고 해도 스카치 위스키를 뜻하며, 스코틀랜드에서 스카치 대신 Scots라고 표기하기도 한다. 이러한 스카치 위스키의 특징으로는 다음과 같다.

① 3,000여종을 넘는 상표가 있다.

② 전 세계 위스키의 60%를 생산한다.

③ 맥아 건조 시 이탄(peat : 땔감의 종류)의 불을 사용한다.

④ 증류 시 포트 스틸로 2~3회 실시한다.

스카치 위스키의 제조법상 분류를 하면 몰트 위스키(Malt Whisky), 블렌드 위스키(Blended Whisky), 그래인 위스키(Grain Whisky)로 나눌 수 있고, 블렌딩(Blending)하지 않고 단일 맥아주로 담아서 내는 위스키는 하이랜드(Highland)의 스트레이트 몰트 위스키(Straight Malt Whisky)라고 한다.

▲ 스카치 위스키

(2) 아메리칸 위스키(American Whiskey)

아메리칸 위스키는 미국에서 생산되는 위스키의 총칭이다. 아메리칸 위스키 하면 보통 라이 위스키를 가리키는 17~18C에 걸쳐 점차로 발전했다.

1975년 제콥 빔(Jacob Beam)이 켄터키주의 버본 지방에서 옥수수로 위스키를 만들었는데, 이것이 버본 위스키의 발단이다. 1934년 당시의 아메리칸 위스키는 스카치의 모방에 지나지 않았으나 캐나다의 증류가인 씨그램(Seagram) 형제가 미국으로 진출, 몰트와 그레인 위스키를 모두 페이턴트 스틸로 증류할 때 알코올 분을 조정하는 새로운 방법을 고안해 내서 혼합한 위스키를 시판하게 되자, 미국 국민성에 맞아 시장을 압도했던 것이다. 아메리칸 위스키는 스트레이트 위스키(Straight Whisky)와 블렌드 위스키(Blended Whisky)로 나누어지며, 스트레이트 위스키와 블렌드 위스키는 다시 다음과 같이 나누어진다.

① 스트레이트 위스키(Straight Whisky)

- 버본 위스키(Bourbon Whisky)
- 라이 위스키(Rye Whisky)
- 콘 위스키(Corn Whisky)
- Bottled in bond Whisky

② 블렌드 위스키(Blended Whisky)

- 켄터키 위스키(Kentucky Whisky)
- Blend of Straight Whisky

아메리칸 위스키의 유명 상표로는 버본 위스키(Bourbon Whisky), 라이 위스키(Rye Whisky), 테네시 위스키(Tennessee Whisky) 등이 있는데 각각의 경우 다음과 같다.

① 버본 위스키(Bourbon Whisky)

- I. W. Harper
- Old Crow
- Old Grand Dad
- Old Taylor

- Jim Beam
- Wild Turkey
- Early Time 등

② 라이 위스키(Rye Whisky)

- Four Rose
- Imperial
- Golden Wedding
- Old Frester 등

③ 테네시 위스키(Tennessee Whisky)

- Jack Daniel's 등

(3) 아이리쉬 위스키(Irish Whisky)

아이리쉬 위스키는 아일랜드산의 위스키를 총칭한다. 아이리쉬 위스키는 맥아 외에 여러 가지의 곡류를 원료로 사용하므로 그레인 위스키로 분류되나, 특징으로는 포트 스틸을 사용하여 증류한다. 원래는 단품으로 병에 봉해지거나(스트레이트 몰트 위스키), 최근에는 페이턴트 스틸을 사용한 그레인 위스키(Grain Whisky)와의 혼합도 가끔 이루어진다.

(4) 캐네디언 위스키(Canadian Whisky)

캐네디언 위스키는 캐나다 내에서 생산되는 위스키를 총칭한다. 광대한 지역에서 보리나 호밀 등 모든 곡류가 재배되므로 생산량도 지극히 많으며, 주로 오타리오(Ontario)호 주변에 위스키산업이 집결해 있고 시장의 태반이 미국이기 때문에 미국 형태의 것을 많이 생산한다. 그러나 아메리칸 위스키에 비해 호밀의 사용량이 많은 것이 특징이다.

스트레이트 위스키는 법으로 금지하고 있는 블렌드 위스키만 생산하며, 또한 4년 이상의 저장기간을 규제한다. 수출품은 대개 6년 정도 저장한다. 다른 어떤 나라보다 정부의 통제가 엄격하다.

▲ 버본 위스키

▲ 스카치 위스키 1

▲ 스카치 위스키 2

▲ 싱글몰트 위스키 (Single Malt Whisky)

3) 위스키에 관한 유용한 정보

(1) 세계의 유명 위스키

① 로얄샬루트(Royal salute)

1931년 스코틀랜드의 더 글렌리벳사에서 현 영국 여왕 엘리자베스 2세가 다섯 살 때, 21년 후에 있을 그녀의 대관식을 위해 특별히 제조한 위스키이다. 국왕이 주관하는 공식 행사에 21발의 축포를 쏘는 데서 아이디어를 이 원액 오크통에서 21년 숙성하였고, 왕의 예포라는 이름의 '로얄샬루트'로 이름붙여졌다.

② 시바스 리갈(Chivas regal)

1801년에 창립된 시바스 브라더스가 내놓은 제품. '시바스 리갈'이라는 이름은 1843년 스코틀랜드에 많은 애정을 갖고 있던 빅토리아 여왕을 위해 최고급 제품을 왕실에 진상하면서 '국왕의 시바스'라고 명명한 데서 비롯된 것이다. 2개의 칼과 방패는 위스키의 왕자라는 위엄과 자부심을 나타낸다.

시바스 리갈 토막상식

시바스 리갈의 우수한 품질은 여러가지 요인에서 비롯된다. 이를 살펴보는 가장 좋은 첫번째 방법은 시바스 가(家)의 전통을 살펴보는 것이다. 시바스라는 이름은 영국의(당시는 스코틀랜드) 애버딘(Aberdeen)과 스페이사이드(Speyside) 사이에 있는 한 지역을 향해 500년이란 세월을 거슬러 올라간다. 몰트 위스키의 본산이라 할 수 있는 이곳에서 시바스는 유래되었다. 1836년, 청년 제임스 시바스(James Chivas)는 당시 북동부 스코틀랜드의 산업 및 신흥 무역항의 중심지인 애버딘(Aberdeen)에서 일자리를 찾기 위해 그의 고향인 Strathythan을 떠난다. 이 사건이 훗날 위스키 역사에 유래를 찾아 볼 수 없는 매우 중대한 결과를 낳게 되었다. 유명한 주류식품상점에서 일을 시작하게 된 제임스는, 마침내 그 사업을 인수하게 되고, 이때부터 그 유명한 스튜어트와 시바스(Stewart & Chivas)가 시작된다. 그로부터 2년이 채 되지 않아 제임스는 영국 왕실의 로얄 워런티를 수여받고 빅토리아 여왕의 식품 공급자로 임명받게 된다. 1909년 스튜어트와 시바스는 시바스리갈을 미국으로 수출하기 시작했다. 당대의 스카치위스키 중 최상의 선택이자 최고의 전통을 간직한 위스키의 전형으로 인정받은 결과였다. 1950년 시바스 브라더스는 중요한 전환의 계기를 맞았다. 그것은 평범한 몰트위스키 증류소가 아니었다. 하이랜드 지방에서 가장 오랫동안 사용되어 온 최고의 증류소, 바로 "스트라스아일라(Strathisla)"인 것이다. 1880년대에 시바스 리갈이 처음으로 공식 판매된 이후 '달콤한 산의 이슬'이라고까지 극찬받은 맛의 비밀은 바로 이곳에서 생산된 특별한 몰트 원액에 있다. 시바스 리갈의 육체적, 정신적 고향인 '스트라스아일라'는 모든 증류소 중에서 가장 아름다운 곳이라 할 수 있다. 장엄한 지붕 탑과 자갈 깔린 안마당, 물레방아와 따뜻한 느낌의 석조 건물 등은 그 지방의 독특한 유산인 스카치 위스키와 완벽하게 조화되어 있다.

1857년 제임스의 형 존 시바스(John Chivas)가 사업에 동참하게 되고, 귀족들에게 대규모의 고급 식료품을 공급하면서 회사는 번창하기 시작했다. 그와 동시에 이들은 뛰어난 블랜딩 기법으로 명성을 얻으면서 최상급 위스키를 대량으로 저장하기 시작했다. 훌륭하게 숙성된 맛과 향으로 이미 영국에서 시장성이 확인된 스카치 블랜디드 위스키는 마침내 영국에 소개되었고, 다른 제품들은 후발주자로 이를 따라왔다. 당대의 한 여행가는 애버딘에 머무는 동안 시바스 브라더스(Chivas Brothers)사의 위스키보다 맛있고 감미로운 술은 맛 본 일이 없으며, 그 기억은 여전히 남아있다고 말했다. 다소 과장된 찬사이지만 결코 간과할 수 없는 사실이다. 1890년에 스튜어트와 시바스는 화려하리만큼 완벽하게 블렌딩된, 위스키 제조 역사상 그 누구도 흉내낼 수 없는 위스키를 만들었다. 그것이 바로 시바스 리갈이다. 이것은 곧바로 성공을 거두었고 시바스 브라더스의 뛰어난 블랜딩 명성은 최고의 경지에 이르게 되었다. 1904년 스튜어트와 시바스의 종업원들에게 했던 한 연설에서, 동업자인 알렉산더 스미스(Alexender Smith)는 시바스 브라더스(Chivas Brothers)라는 이름이 곧 최고의 서비스, 최고의 품질로 연상되길 바라며, 마침내 최고임을 증명하는 보증서가 되길 바란다고 말했다. 이는 지금까지 변하지 않았고 앞으로도 변하지 않을, 오늘날의 시바스 브라더스를 이끄는 원칙이 되었다. 스코틀랜드 평원의 옥토에서 황금빛 보리가 자라고 추수 끝무렵, 부근에 위치한 광천은 스코틀랜드 하이랜드 지방에서 가장 깨끗하고 순수한 물을 공급한다. 물론 위스키는 맥아에 효모를 넣기만 하면 자연스럽게 만들어지는 것이지만, 시바스 리갈의 가장 중요한 요소인 황금같은 풍미는 여전히 숙련된 전문가의 손길로 만들어진다. 시바스 리갈이 세계적으로 가장 사랑받는 스카치 위스키가 된 이유는 '스코틀랜드의 짙은 안개'와 같이 말로는 쉽게 설명할 수 없는 것이다. 그러나 분명 시바스 리갈의 탁월한 풍미가 최고를 요구하는 사람들을 사로잡고 있는 것은 사실이다. 끊임없이 변화하는 요즘의 세상에서 계속 높아져가는 가치기준을 만족시키는 품질과 시바스 가문의 독특한 유산, 그리고 전통감각이 여전히 시바스 리갈을 최고로 만들고 있는 것이다.

③ 짐 빈(Jeam bean)

1700년대 버본 위스키 붐이 일 때, 1795년 제이콥 빔을 제조하는 회사를 세웠는데 보기 드물게 6대에 걸쳐 버번을 제조해왔다. 그 제이콥 빔에서 나오는 위스키가 바로 버본 위스키의 대명사 짐 빈이다. 짐 빈사는 짐 빈과 콜라를 믹스한 짐 빈 콜라로 더욱 유명해졌다.

④ 잭 다니엘(Jack daniel' s)

미국 남북전쟁 와중에서 북군에게 위스키를 공급해서 유명해진 것이 테네시 위스키를 대표하는 잭 다니엘. 술을 만든 사람의 이름을 딴 것으로 잭 다니엘이 우연히 사탕 단풍나무로 만든 목탄으로 여과한 위스키 맛이 매우 뛰어나다는 것을 발견하고 만든 위스키가 바로 잭 다니엘이다.

2. Brandy(브랜디)

브랜디는 좁은 의미로 포도를 발효, 증류한 술을 말하며, 넓은 의미로 모든 과실류의 발효액을 증류한 알코올 성분이 강한 술의 총칭이다. 포도 이외의 다른 과실을 원료로 할 경우는 애플 브랜디(Apple Brandy), 체리 브랜디(Cherry Brandy), 애프리컷 브랜디(Apricot Brandy)와 같이 브랜디 앞에 그 과실의 이름을 붙인다.

1) 브랜디의 종류

표 6-5 브랜디의 종류

	분류	종류	원료
브랜디	브랜디	코냑, 알마냑(Armagnac), 일반 브랜디 등	포도
	애플 브랜디	칼바도스(Calvados), 애플잭(Apple Jack) 등	사과
	체리나 오얏브랜디 (Cherry & Plum)	Kirsh Wasser, Mira-Bell(Plum) Slivovitz, Quetsch(Plum)	체리 또는 오얏
	애프리컷 브랜디(Apricot)	애프리컷 브랜디	살구

2) 브랜디의 숙성 연수

브랜디는 숙성기간이 길수록 품질도 향상된다. 그러므로 브랜디는 품질을 구별하기 위해서 여러 가지 부호로써 표시하는 관습이 있다.

코냑 브랜디(Cognac Brandy)에 처음으로 별표의 기호를 사용한 것은 1865년 헤네시(Hennesy)사에 의해서이다. 이러한 브랜디의 등급표시는 각 제조회사마다 공통된 부호를 사용하는 것은 아니며 이외에도 여러 가지의 다른 등급표시가 있다. 코냑 제조업자 헤네시사에서 ☆☆☆를 브라자르므(Bras Arme)라고 표시하고 있으며, 레미 마틴(Remy Martin)사에서는 엑스트라(Extra) 대신에 Age Unknown이라 표시하고 있다.

표 6-6 브랜디의 숙성 연수

표시	숙성기간
☆	2~5년
☆☆	5~6년
☆☆☆	7~10년
☆☆☆☆	10년 이상
V. O	12~15년
V. S. O	15~25년
V. S. O. P	25~30년
NAPOLEON	30~40년
X. O	50년 이상
Extra	70년 이상

또한 마텔(Martell)사에서는 W.S.O.P에 해당하는 것을 메다이용(Medaillion)이라 표시하고 있듯이 각 회사별로 등급을 달리 표시하기도 하고, 다른 등급이라도 저장년수가 다를 수 있다.

코냑의 경우 ☆☆☆(Three Star)만이 법적으로 보증되는 연수(5년)이고, 그 외는 법적 구속력이 전혀 없다.

▲ 살구 브랜디

▲ 사과 브랜디

▲ 포도 브랜디

▲ 블루베리 브랜디

▲ 오렌지 브랜디

3. Gin(진)

진을 한마디로 표현하자면 곡물을 발효 증류한 주정에 두송나무의 열매(Juniper Berry)향을 첨부한 것이다.

진은 무색투명하고 선명한 술이다. 다른 술이나 리큐르 또는 주스 등과 잘 조화되기 때문에 칵테일의 기본주로 가장 많이 쓰인다. 애음가에서 부터 술에 익숙하지 못한 사람에 이르기까지 친해질 수 있는 "세계의 술, Gin"이라 하기에 알맞은 술이다.

1) 진의 종류

(1) 영국진(England Gin : British Gin)

① 런던 진(London Dry Gin)

영국에서 생산되는 진을 뜻하였으나 현재는 일반적인 용어로써 사용된다. 드라이 진으로서는 가장 질이 우수하다.

② 올드 탐진(Old Tom Gin)

드라이 진에 약간의 당분(2% 정도)을 더하여 감미를 붙인 것이다.

③ 플리머스 진(Plymouth Gin)

1830년 여국의 남서부에 있는 영국 최대의 군항인 플리머스시의 도미니크파의 수도원에서 만들어진 것이 시초이다. 런던 드라이진보다 강한 향미가 있다.

(2) 홀랜드 진(Holland Gin : Cenevaor Schiedam Gin)

네덜란드 암스테르담과 쉬담 지방에서 많이 생산된다. 짙은 향내와 감미가 나며 칵테일용보다 스트레이트(Straight)로 마시기가 더 좋다.

(3) 플래보드 진(Flavorded Gin)

주니퍼 베리 대신 여러 가지 과실, 씨, 뿌리, 약초 등으로 향을 낸 것이다. 이들은 술의 개념으로 말하면 리큐르(Liqueur)이나 유럽에서는 진의 일종으로 취급되고 있다. 플래이버드 진으로는 Sloe Gin(자두의 일조인 야생 오얏), Damson Gin(다마스커스종의 서양 자두), Orange Gine(오렌지), Lemon Gin(레몬), Cherry Gin(체리), Ginger Gin(생강), Mint Gin(박하) 등이 있다.

(4) 드라이 진(Dry Gin)

감미가 없는 드라이 진(Dry Gin) 특유의 맛과 향이 난다. 세계 여러 나라에서 생산되며 칵테일용 기본주로 많이 사용되며, 런던 드라이 진은 드라이 진의 형태에 속하는 것이다.

▲ 드라이 진

(5) 골드 진(Golden Gin)

일종의 드라이 진으로서 짧은 기간 술통에서 저장되는 동안 엷은 황색을 낸다.

4. Vodka(보드카)

▲ 보드카

보드카(Vodka)는 슬라브 민족의 국민주라고 할 수 있을 정도로 사랑받는 술이다. 무색, 무미, 무취의 술로써 칵테일의 기본주로 많이 사용하지만, 러시아인들은 아주 차게 해서 작은 잔으로 스트레이트로 단숨에 들이킨다.

러시아를 여행하는 외국인이 기대하는 것의 하나로 철갑상어의 알(Caviar)에 보드카를 곁들여 마시는 것을 볼 수 있을 것이다. 이러한 보드카의 어원은 12C경의 러시아 문헌에서 지제니즈 뷔타(Zhiezenniz Voda : Water of life)란 말로 기록된 데서 유래한다. 15C경에는 뷔타(Voda Water)라는 이름으로 불리었고, 18C부터 Vodka라고 불리었다.

보드카 중 플레이버드 보드카(Flavored Vodka)의 종류

- 쯔르보우라에(Zubrowlae) : 폴란드 산으로 쯔브로우카 초를 담궈 만든다.
- 스타르카(Starka) : 크리미아 지방에서 나오는 배나 사과잎을 담궈 만든 갈색의 보드카이다. 풍미를 좋게 하기 위하여 소량의 브랜디를 첨가한다. 주정도는 43%이다.

표 6-7 | 플레이버드 보드카의 종류

쯔브로우카(Zbrowka)	홀란드 산으로 쯔브로우카 초를 담궈 만든 황녹색이고 병속에 풀잎이 떠 있어 유명하다. 4~50°의 주정도이다.
날리우카(Naliuka)	보드카에 과실을 배합한 것인데, 과실의 종류에 따라 여러 가지 종류의 것이 있다.
스타르카(Starka)	크리미아 지방에서 나오는 내가 사과잎을 담궈 만든 갈색의 보드카이다. 풍미를 좋게 하기 위하여 소량의 브랜디를 첨가한다. 주정도는 43°이다
야제비아크(Jazebiak))	보드카에 도네리코의 붉은 열매를 첨가한 핑크색이다. 주정도는 50°이다.
리몬나야(Limonnaya)	주정도 40°로 레몬향을 첨가했다. 황색으로 아주 향기롭다.

5. Tequila(데킬라)

6. Rum(럼)

서인도제도가 원산지인 럼은 사탕수수의 생성물을 발효, 증류, 저장시킨 술로서 독특하고 강렬한 방향이 있고 남국적인 야성미를 갖추고 있으며 해적의 술이라고도 한다. 럼이란 단어가 나오기 시작한 문헌은 영국의 식민지 바바도스(Barbados)섬에 관한 고문서에서 1651년에 증류주가 생산되었으며, 그것을 서인도제도의 토착민들은 럼불리온(Rumbullion)이라 부르면서 흥분과 소동이란 의미로 알고 있다고 기술되어 있다. 이것이 현재의 럼으로 불리어졌다고 하는 설이 있다. 다른 한편으로 이 단어가 럼의 원료로 쓰이는 사탕수수의 라틴어인 사카럼(Saccharum)의 어미인 'rum'으로부터 생겨난 말이라는 것이 가장 유력하다.

표 6-8 럼의 종류

분류	종류	설명
맛에 의한 분류	헤비 럼 (Heavy Rum : Dark Rum)	감미가 강하고 짙은 갈색으로 특히 자메이카 산이 유명하다. 주요 산지로는 자메이카, 마르티니크, 트리니다드 토바고, 뉴 잉글랜드 등이다.
	미디엄 럼 (Mediumj Rum : Gold Rum)	헤비 럼과 라이트 럼의 중간색으로 서양인들이 위스키나 브랜디의 색을 좋아하는 기호에 맞추어 캐러멜(Caramel)로 착색한다. 주요 산지로는 도미니카(Dominica), 남미의 기아나, 마르티니크 등이다.
	라이트 럼 (Light Rum : White Rum)	담색 또는 무색으로 칵테일의 기본주로 사용된다. 쿠바산이 제일 유명하다. 주요 산지로는 쿠바, 푸에르트리코, 멕시코, 하이티, 바하마, 하와이 등이 있다.
색에 의한 분류	다크 럼 (Dark Rum)	색이 짙고 갈색이 나는 것으로 주로 자메이카산이 이에 속한다.
	골드 럼 (Gold Rum)	엠버 럼(Amber Rum)이라고 불리어지며 캐러멜 색소로 착색한 럼이다.
	화이트 럼 (White Rum)	백색 또는 무색으로 실버 럼(Silver Rum)이라고 불리며 칵테일용으로 많이 사용된다.

▲ 화이트럼

▲ 골드럼

▲ 다크럼

제4절 혼성주

1. Liqueur(리큐르)

1) 리큐르

리큐르는 일명 코디얼(Cordial)이라고 불리며 용도로 식후주 및 조리용 혹은 칵테일을 만드는데 사용되며, 이러한 리큐르는 증류주에 향미를 첨가한 것으로 맛과 향이 짙은 것이 특징이다.

리큐르는 주로 식후주(After Dinner Drink)로 사용되며 의학적으로 사용되기도 하며, 리큐르의 종류를 크게 나누면 다음의 2가지로 나뉘어진다.

(1) 프루트 리큐르(Fruit Liqueur)

버찌, 딸기, 살구 등의 신선한 과일이나 말린 과일을 재료로 하여 증류주로 브랜디에 담가서 6~10개월 정도 놓아두었다가 향미나 향취, 색깔 등이 술에 배어들면 술을 여과시켜서 시럽을 첨가하여 나무로 만든 술통이나 오지항아리에 약 1년 동안 숙성시킨다.

(2) 플랜츠 리큐르(Plants Liqueur)

초목을 재료로 하여 만든 리큐르로서 주로 브랜디에다 약 2일간 놓아두면 향이나 색이 베어나며 포트 스틸법으로 증류하여 캐러멜 색소를 넣어서 착색시키고 나무 술통에 넣어서 단맛을 첨가시키고 나무 술통에 넣어서 1년간 숙성시킨다.

▲ 갈리아노

▲ 그라나딘시럽

▲ 깔루아

▲ 레몬주스

오늘날 모든 리큐르는 여성용으로 많이 이용되고 칵테일의 부재료로 널리 쓰이고 있으며, 또한 조리용으로 플램비(Flambe) 항목에 향(Flavor)을 내는 데도 쓰이고 있다.

▲ 미도리 ▲ 라임주스 ▲ 바카디 ▲ 피치 브랜디

▲ 블루 큐라소 ▲ 오렌지 브랜디 ▲ 마티니 ▲ 그랑마니에르

▲ 예거마이스터 ▲ 말리브 ▲ 샤워믹스

▲ 페퍼민트 ▲ 트리플쌕 ▲ 슬로우진

제5절 커피

1. 커피의 유래

커피의 유래에 관해서는 몇 가지가 꾸준하게 근거있는 설(說)로서 기록이 전해져 내려오고 있다. 커피의 유래에 대해 가장 널리 알려진 설은 약 2,700년 전 에디오피아의 옛 이름 아비시니아(Abyssinia) 고원의 '목동 칼디(Kaldi)와 춤추는 염소'의 설(說)이다.

- **목동 칼디(Kaldi)와 춤추는 염소 설(說)** : 목동 칼디가 키우던 염소들이 초원에서 자라고 있던 키가 작은 관목의 나무에 달려있던 빨간 열매를 먹고 기운이 넘치고 흥분하여 날뛰면서 늦게까지 잠을 자지 않는 것을 목격하고, 칼디 자신도 그 열매를 먹어보았더니 곧 정신이 맑아지고 힘이 솟는 듯한 기분을 느껴 염소들과 같이 춤추며 뛰어놀았다고 한다. 아침에는 다시 멀쩡해지곤 하는 것을 확인한 후, 근처 수도원 원장에게 나무열매의 체험을 알렸더니 "그것은 필시 악마의 장난이다!"라며 나무와 열매를 태우게 했다. 그것을 태우자 나무와 열매로부터 향긋한 냄새가 퍼져 그 냄새에 반한 수도원장이 불에 태우는 것을 중지하고, 불에 탄 열매들을 모아 두었다가 남모르게 수도원장이 직접 먹어본 후 스스로도 엄청난 커피의 위력을 발전하게 되었다고 한다.
- **마호메트의 설(說)** : 이슬람교도들에게서 흘러나온 것으로 추정되는 바 예언자 마호메트가 병에 걸려 앓고 있을 때 꿈에 천사 가브리엘이 나타나 커피의 나무와 열매를 보여주며, 질병치료 효과와 추종자들을 정신적으로 고무시킬 수 있는 힘이 있음을 암시했다. 이에 마호메트가 그 열매를 먹자 병이 나았을 뿐 아니라, 힘이 넘쳐 40명의 여자를 거느리게 되었다는 설이다. 이슬람교와 커피가 아라비아 반도로 건너온 것이 에티오피아가 아라비아 반도의 끝을 지배했던 시기와 일치하므로 커피와 마호메트의 전설은 서로 상관관계가 있음을 추정해 볼 수 있을 것이다.
- **게말레딘 설(說)** : 약 1454년에 아랍사람으로 아덴의 회교 율법사였던 다란 출신

의 게말레딘(Gemaleddin)은 에티오피아 지역을 여행하다가 배가 몹시 고프고 피로하여 바짝 마른 쭈그러진 열매가 잔뜩 달린 나뭇가지를 꺾어 밥을 지었는데, 익은 열매들이 좋은 향기가 나는 것을 알았다. 불에 탄 열매들을 추려 비벼 깨뜨리니 열매에서 더 많은 향기가 퍼져 나왔다. 실수로 마실 물에 그 부서진 가루를 쏟게 되었는데, 별로 깨끗하지 않던 물이 잠시 후 깨끗이 정화된 것을 목격할 수 있었고, 의아하게 여겨 그 물을 마셨더니 물이 향기롭고 신선하여 기분이 좋아졌을 뿐 아니라 잠시 후 피로했던 몸이 이상하게 말끔하게 회복되었다. 힘든 여행여정으로부터 아덴으로 돌아온 후 갑자기 건강이 심하게 나빠져 게말레딘은 에티오피아에서 경험했던 커피를 기억해 혹시나 하는 바람으로 커피를 구해오도록 하였다. 커피를 마신 그는 병에서 회복되었을 뿐 아니라, 그가 체험한 사실을 전하고, 열매를 볶고 물에 우려먹는 방법을 보급하여 회교율법을 공부하는 수제자들에게 커피를 음용토록 해 졸지 않고 기도하고 율법공부에 정진하도록 하는데 효과적으로 사용하였다. 그 후 커피는 율법사, 학생, 작가, 예술가, 그리고 낮의 뜨거움을 피하여 밤에 공부하거나 일하는 많은 사람들이 즐겨 마시는 음료가 되었고, 후에 그 음료는 오래된 아편 흡연중독자를 치료하여 건강을 회복시키기도 했다. 그래서 그 효능에 감사하는 마음으로 그들은 그것을 '카후하(Cahuha)'라고 불렀는데, 카후하는 아랍어로 'force' 즉 힘, 에너지 등을 의미하며, 커피의 어원이 되었다. 당시 의사로 좋은 평판을 가졌던 아라비아 펠릭스(Arabia Felix)의 하드라마우트(Hadramaut) 출신인 무하메드 알하드라미(Muhammed Alhadrami)는 게말레딘을 도와 커피가 음용되도록 널리 보급하는데 일조하였다.

2. 커피의 어원

- 아랍사람들이 커피에 대한 신뢰감과 영험함으로 force(힘, 에너지)를 의미하는 단어로 '카후하(Cahuha), 커피 어원의 하나'라고 일컬었다. 커피 빈을 볶고 물에 우려먹는 방법으로 오래된 아편 흡연 중독자를 치료하여 건강을 회복시키는 효과가 있었다고 해서 그 효능에 감사하는 마음으로 그것을 '카후하(Cahuha)'라고

불렀다.

- 커피 어원은 아랍어 '콰와(Qahwah)'나 터키어 '카베(Kaveh / Kahveh)'에서 왔다.
- 처음 커피가 발견되었을 때 낙타가 커피열매를 먹고 힘이 넘쳐서 모래언덕을 밤새 지치지 않고 뛰어넘어가서 아랍인들에게 커피는 마법의 열매로 불리기도 했다.
- 커피는 에티오피아(Ethiopio)에서 처음 발견되었다. 커피(coffee)라는 단어는 에티오피아의 '카파(Kaffa)' 지방의 이름에서 유래했다고 전해지고 있다. 특히, 에티오피아 동부에서 나는 하라(Harra)는 신맛이 강하고 바디(body; 입안에 머금었을 때의 농도, 밀도)가 풍부한 편이며, 때때로 블루베리 플레버(flavor)의 와인과 같은 상큼함이 느껴진다. 남부 시다모(Sidamo) 지방의 예르가체프(Yergacheffe)는 풍부한 바디에 비해 신맛이 적고 부드럽다. 또한 살짝 풍기는 살구와 박하향이 뒷맛을 개운하게 한다.
- 커피라는 말의 어원인 '카파(Kaffa)'가 터키로 건너오면서 '카붸(Kahve)'로 변하였다.

3. 커피의 발전(보급)

- 원사지인 에디오피아의 아비시니아 고원에서 시작으로 처음에는 음료로 사용하기보다는 곡류나 두류와 함께 혼합해서 식량으로 사용하면서부터 재배에 활기를 띄게 되었다.
- 확대 재배된 시기는 11C 초 아라비아의 의학자인 라제스(A.B. Lazes)와 아비세나(Avicenna)에 의해 뒷받침으로 종전의 커피에 대한 편협한 인식에서 벗어나 주변 각국으로 전차되기 시작했다.
- 커피의 원산지는 아프리카이지만 실제로 음료형태의 커피를 발전시킨 것은 이슬람교도들이다. 그들은 모스크에 예배를 드리러 오는 신도들에게 의식의 일부분으로 커피를 권하고 커피를 종교적 의식에 활용하면서 점차 중동문화의 일부분이 된다. 커피는 이슬람 전체로 퍼지고 종교지도자들은 더 이상 커피의 음용을 제한할 수 없었다. 이슬람에 커피란, 종교적 이유로 술을 마실 수 없던 까닭

에 '이슬람의 와인'이라 불리며 확실하게 술 대신 자리매김하였다.

- 커피는 15세기경 메카까지 도달하였으며, 메카에서 커피는 이슬람군대를 따라 스페인, 인도, 동유럽까지 전파되었다.
- 터키는 1517년 이집트를 방문한 세림1세에 의해서 도입되었으며, 1554년에는 콘스탄티노플(Constantinople)에 '카네스 커피숍(Kanes Coffee shop)'이 출현됨에 따라 이곳을 찾는 관광객들에 의해 전역으로 소개되었다.
- 유럽에는 늦게 커피가 전해졌는데, 이때까지만 해도 커피는 약으로 인식되었다. 커피는 차와 비슷한 시기에 소개되었다. 커피는 이슬람권처럼 유럽에서도 빠르게 퍼져나갔다. 프랑스에선 커피의 등장에 위협을 느낀 와인업자들이 커피에 대한 유언비어를 퍼뜨리며 불매운동을 펼쳤으며, 귀부인들은 커피 한 잔에 혹해 군사기밀을 빼돌렸다고 한다.
- 독일은 1573년 의사인 라볼프(L. Lavolf)의 기행문에 의해 처음 소개되었고, 1616년 아라비아의 모카항구로부터 모카커피가 수출되어 네덜란드에 처음 수입된 것이 유럽에 대량으로 들어온 계기가 되었다. 유럽의 커피숍은 나폴레옹, 카사노바, 바그너, 실레, 베를렌, 랭보, 바이런, 가리발디, 쇼팽, 괴테 등 여러 명사와 예술가들의 단골 장소였다고 한다.
- 영국 런던에서는 1637년에 프랑스로부터 대량의 커피가 수입되어 일반 시민들에게도 널리 애음되었으며, 이를 계기로 전 유럽이 커피문화권이 형성되었다.
- 1820년 프랑스에서는 보다 빨리 커피를 서브하기 위해 에스프레소머신이 고안되었다. 초기 머신은 증기압(독일의 Kessel: 1878 발명)을 사용하여 추출하였으나, 증기압을 사용할 경우 물의 온도가 100도 이상으로(1바 상태에서 약 120도) 올라 조절이 어려워 이상적인 온도(90~95도)에서 커피를 추출할 수 없어 쓰고 거친 맛이 날 수밖에 없었다. 이를 보완하기 위해 현재 사용되는 머신은 보일러 안을 펌프(줄 모터펌프)로 높은 압력으로 물을 통과시키는 방법을 사용하고 있다.
- 오스트리아의 빈은 터키만큼 커피가 인기를 끌었는데, 시민들의 생활은 커피하우스를 중심으로 돌아갔다. 한 블록에 최소 한 개 이상의 커피숍이 있으며, 초기엔 커피를 마시며 카드게임, 체스, 당구 등을 즐기는 남성전용이었으나 19세기

에 여성들에게도 개방되었다. 20세기 초 커피하우스는 보헤미안, 예술가, 지식인들의 휴식처였으며 이들은 커피 한 잔 시켜놓고 하루종일 창가에 앉아있었으나 누구도 뭐라 하는 사람이 없었으며, 오히려 이들을 배려하여 커피와 함께 유리잔에 물을 담아 같이 주었다. 빈 시민들은 대부분 커피애호가이며 각자 자신들이 즐겨 마시는 커피와 자주 가는 커피하우스가 있었다.

- 미국인들은 보스턴 차사건 이후 차 대신 커피를 마시게 되었는데, 보스턴 차사건을 모의한 가게도 '그린 드래곤'이란 커피숍이었다고 한다.
- 동양에서는 1886년경 일본에 들어 온 것이 처음이고, 한국에는 고종32년(1895) 을미사변 때 러시아 공사 웨벨(Webel)에 의하여 전래되어, 고종은 커피 때문에 변을 당할 뻔하였으나(커피에 아편을 탔으나 커피냄새가 이상하다는 이유로 고종은 안마셨고, 황태자 등 다른 커피를 마신 자들은 모두 쓰러졌다고 한다), 그 후로도 커피를 계속 마실만큼 커피애호가였다고 한다. 처음에는 일부 상류층에만 보급되었다가, 해방 이후 커피는 매우 가격이 비싸 커피숍엔 주로 부자들만 드나들었다고 한다. 6·25 전쟁 발발 후 미군이 주둔하면서부터 1회용 인스턴트 커피가 도입된 이래 널리 보급되기 시작한 것은 광복 이후로 '70년대 동서식품이 인스턴트커피를 생산, 한국인의 표준커피(커피 한 스푼, 설탕 3스푼, 크림 2스푼의 커피믹스)를 개발하여, 커피가 대중화되었다. 이전까지만 해도 커피는 비싸서 귀한 손님에게나 주는 지금의 몇 년 묵은 비싼 술 정도의 취급을 받았다. 올림픽 이후 '90년대에 들어오면서 경제가 나아지면서 원두커피가 인기를 끌었는데, 드립식커피(원두를 갈아 가루를 필터에 넣고 온수로 걸러낸 커피)가 큰 인기를 끌었다. 1990년대에는 종이컵에 에스프레소를 담아주는 테이크아웃 커피전문점이 미국을 열풍으로 몰았고, 우리나라에까지 퍼졌다. 1990년대 후반 이후 커피 소비량이 다소 줄고 있지만, 아직도 미국은 세계최대의 커피시장이다. 최근에는 스타벅스가 미국의 커피문화를 대표하고 있다.
- 2000년대 들어 우리나라에서는 스타벅스, 커피빈, Tom&Toms, 할리스커피, 엔젤인어스(Angel-in-us coffee), 에스프레소 전문점 등이 큰 인기를 끌면서 다양화되고, 치열한 경쟁을 이루고 있다.

4. 커피의 용어

국가별 커피를 일컫는 단어는 역사적 배경이나 문화적 배경, 지형적, 인명적인 의미 등으로 너무나 다양하고 독특하다.

국명	커피용어
영어	Coffee
프랑스어	Café
포르투갈어	
스페인어	
이탈리아어	Caffé
독일어	Kaffee
덴마크어	Kaffe
스웨덴어	
러시아어	Kophe
희랍어	Kafeo
아랍어	Qahwah
터키어	Kahveh
페르시아어	Quhvé

5. 커피의 종류

최근 유행하고 있는 커피원두의 컨셉은 최상의 커피 향과 맛을 위해 아라비카(아프리카 & 아라비아) 원두를 선별하여서, 커피의 원두, 로스트(배전), 그라인더, 추출의 단계를 즉석에서 최상의 온도와 압력으로 만들어 유행과 고급스러운 웰빙이미지를 부각시키고 있다.

현재 유럽 국가들이나 미국에서 만드는 커피는 커피원두를 볶아서 만드는 것으로 아라비아와 터키에서 발명된 방법으로 터키의 커피하우스로부터 비롯된 것이다. 알제리와 이집트에서도 터키와 아라비아 관습을 따라 커피를 만들고 마셨다.

1) 드립커피 베리에이션(Drip Coffee Variation)

드립식 커피기계로 전기 열을 가하여 커피를 끓이면 커피 방울을 똑똑 떨어뜨려 만드는 방법이다.

(1) 카페오레(Café au Lait)

드립추출 커피에 뜨거운 우유를 섞은 것이다.

(2) 카페로얄(Café Royal)

커피잔 위에 각설탕을 얹은 로얄 스푼을 걸쳐놓고 브랜디를 부은 후 불을 붙이고 설탕을 녹인 후에 1/3쯤 남았을 때 커피와 섞어주고 마신다. 나폴레옹이 즐겼다는 커피로 유명하며, 푸른 불꽃을 연출하는 어두운 분위기에서 로맨틱한 상황을 연출하는 드립커피 베리에이션으로 명성이 있다.

(3) 아이리쉬 커피(Irish Coffee)

스카치 위스키를 섞은 커피잔에 휘핑크림을 얹은 후 잔 테두리에 설탕을 Rimming 한 것이다. 아이리쉬 커피의 유래는 초창기 유럽, 미국노선에 아일랜드의 더블린 공항에 중간 기착하여 연료를 급유해야 했다. 이 때 기착한 승객들이 쉬면서 약간 음습한 아일랜드의 기후에 따뜻한 커피가 제격이라 커피를 마시는 경우가 많았는데, 위스키를 더함으로써 몸을 따뜻하게 해준 것에서 시작되었다.

(4) 핫 모카 자바(Hot Mocha Java)

커피에 초콜릿시럽을 섞고 이에 휘핑크림을 얹은 것이다. 커피를 에스프레소를 사용하면 카페모카가 된다. 참고로 그냥 모카자바는 예맨코카(혹은 에티오피아 모카)에 자바아라비카를 섞은 브렌딩 커피를 말하며 전혀 다른 것이다.

(5) 커피젤리

커피에 젤라틴을 섞어서 만든 젤리, 일본에서 많은 애음되었다.

(6) 아이스커피(Iced coffee)

커피에 얼음을 넣어서 차게 만든 커피이다. 여름철에 시원하게 해서 마신다. 일명 냉커피라고 부르기도 하는 것으로, 최초의 아이스커피는 알제리 사람들의 발명품인 마자그랑(Mazagran)이라 부르기 시작한 데서 유래된 것이다.

(7) 비엔나커피

커피 위에 휘핑크림을 얹은 것이다.

"이탈리아 비엔나에는 비엔나 커피가 없다" 비엔나 커피의 정체는 '아인스패너(Einspannr) 커피'로 정의할 수 있다. '아인스패너 커피'는 카페로 들어오기 어려운 마부들이 한 손에 말고삐를 잡고, 다른 한 손으로 설탕과 생크림을 듬뿍 넣은 커피를 마차 위에서 마시게 된 것이 시초였다. 우리나라에 비엔나 커피로 알려진 '아인스패너'가 처음 소개된 것은 일본으로부터 건너왔다기보다는 1980년 '더 커피 비너리(The coffee beanery)'를 설립한 미국인 조안샤우가 내한하면서 커피에 생크림과 계피가루를 얹은 아이스크림 형태의 커피를 선보인 것이 효시이다.

2) 에스프레소 베리에이션(Espresso Variation)

최근의 커피원두의 컨셉은 최상의 커피 향과 맛을 위해 아라비카(아프리카와 아라비아) 원두를 선별하여서 커피의 원두, 로스트(배전), 그라인더, 추출의 단계를 즉석에서 최상의 온도와 압력으로 만들어 유행과 고급스러운 웰빙 이미지를 부각시키고 있다.

에스프레소(Espresso=Express)는 단어 그대로 빠르게 만드는 커피를 말한다. 커피변화의 핵심으로 순간적으로 뜨거워진 수증기가 커피가루를 통과하면서 커피를 추출하게 되는데, 증기압을 이용해 커피가루를 압축하여 진한 커피를 추출한 뒤 뜨거운 물과 거품으로 희석시켜 완성하는 방법이다. 커피기계에 높은 압력으로 빠르게 추출하는 향이 살아있는 방법으로, 잘못 뽑으면 쓴맛이 강하게 추출된다.

(1) 에스프레소(Espresso)

이탈리아어로 '빠르다'는 뜻으로, 추출하는 데 걸리는 시간이 22~30초에 불과하다. 이름 그대로 높은 압력으로 빠르게 추출한다. 잘못 뽑으면 쓴맛이 강하게 추출된다(제대로 만든 에스프레소는 쓴 맛이 거의 없다). 기름기 많은 식사(차돌박이, 삼겹살 등)후 마시면 입 안이 개운하다.

(2) 솔로(Solo)

말 그대로 한 잔의 에스프레소 커피를 의미한다.

(3) 도피오(Dopio)

'2배(Double)'라는 의미로써, 에스프레소를 두 배로 마시고 싶거나, 카푸치노 등을 진하게 마시고 싶을 때 '도피오(Dopio)로 해달라' 오더하면 된다.

(4) 룽고(Lungo)

에스프레소를 길(Long)게 뽑는 것을 말한다. 과다 추출된 맛이다.

(5) 리스트레또(Restretto)

에스프레소를 보다 진하게 뽑는 것을 말한다. 에스프레소의 농도는 뽑기 시작하면서 점점 진해지다가 피크를 지난 후 점점 엷어지며 엷어진 부분에서 추출을 하는데 리스트레또는 가장 진한 시점으로 제한(Restrict)해서 뽑는다. 그러므로 양이 적으며 보통 도피오 양을 리스트레또로 뽑는다. 에스프레소를 보다 진하게 해달라고 하면 보통 도피오로 주는 경우가 많다(도피오는 양만 많아 질 뿐 농도는 그대로이다). 진하게 해달라고 하면 리스트레또로 뽑아줘야 한다.

(6) 카페 라테(Caffe Latte)

라테는 '우유'를 의미한다. 갓 볶은 신선한 원두를 에스프레소에 추출하여 부드러운 우유를 첨가한다. 에스프레소와 우유의 비율을 1 : 4로 섞어 부드럽다. 이것은 우유와 에스프레소를 섞어 가장 흔히 마시는 커피와 맛이 유사하다고 보면 된다. 아침식사로 빵과 곁들이거나, 이것만 마셔도 든든하다.

캬라멜 카페라떼 – 카페라떼에 캬라멜 드리즐을 첨가한다.

(7) 카푸치노(Cappuccino)

에스프레소에 뭉글하게 살짝 데운 우유거품을 많이 얹은 것이다. 카페 라테보다 우유가 덜 들어가 커피 맛이 더 진하다.

아침식사 또는 샌드위치 등의 담백한 식사에 좋다. 기호에 따라 시나몬(계피)가루를 뿌리기도 해 한층 더 맛이 고급스럽다. 아랍의 가푸친 수도회 사람들이 쓰는 흰 터번 또는 모자(cap)를 쓴 모습과 비슷한 데서 유래했다고 한다(카푸친 : 흰색 두건이라는 뜻).

바닐라 카푸치노(Vanilla Cappuccino) : 에스프레소에 바닐라 향과 우유거품을 듬뿍 얹은 것이다.

(8) 콘 파나(Con panna)

더미타스 잔의 에스프레소에 휘핑크림을 얹었다. 마키아토와 비슷하지만 더 달다. 뜨거운 에스프레소 위에 휘핑크림을 얹기가 쉽지 않아, 커피를 만드는 종업원(바리스타)들이 꺼끄러워하는 주문 중 하나이다.

(9) 마키아토(Macchiato)

"마키아토(Macchiato)는 점을 찍다"라는 의미로, 더미타스 잔의 에스프레소에 우유거품을 얹어 "점을 찍는다(marking)"는 의미이다. 카푸치노보다 강하고 에스프레소보다 부드럽다.

캬라멜 마끼아또 : 바닐라시럽과 캬라멜 드리즐이 들어가 단맛이 강하다.

(10) 카페 모카(Caffe Mocha)

에스프레소 커피를 초콜릿과 생크림을 듬뿍 첨가하여, 달콤하고 부드럽게 만든 고급커피이다. 카페라테에 초콜릿 시럽을 더한 것으로 이해하면 된다. 모카향의 커피는 초콜릿 향이 난다는 말 때문에 초콜릿을 첨가하고 '카페모카'라는 이름이 붙었다고 한다.

이것은 에스프레소+초콜릿시럽+생크림이 들어간 것이다.

- 화이트 카페모카 – 화이트모카 시럽이 들어가 단맛이 강하다. 뜨거운 것은 휘핑을 추가한다.
- 캬라멜 카페모카 – 카페모카에 캬라멜 드리즐을 첨가한다.
- 헤이즐럿 카페모카 – 헤이즐럿 시럽과 모카 시럽이 같이 들어가 샷이 많이 들

어가고 많이 달다.

(11) 모카치노(Mochaccino)

카푸치노에 초콜릿 시럽을 얹은 것으로 카페모카에서 휘핑크림을 없앤 것이다.

(12) 카페비엔나(Cafevienna)

우리나라에서 만들어진 메뉴로 판단되며, 에스프레소에 커피 위에 휘핑크림을 얹은 것이다.

(13) 에스프레소 레귤러(Regular)

에스프레소에 뜨거운 물을 부어 일반 커피 정도로 만든 것을 말한다.

(14) 카페 아메리카노(Caffe Americano)

에스프레소에 뜨거운 물을 부은 섞어 마시는 커피이다. 레귤러보다 더 연하다. 미국에서 많이 마시는 커피와 비슷하다고 해서 붙은 이름이다.

(15) 노폼(No foam)

무거품(no foam) 커피, 우유거품 때문에 하얀 콧수염이 생길까 신경쓰이는 분들을 위해서 카푸치노 또는 카페 라테 등에 우유만 더하면 된다.

(16) 엑스트라 폼(Extra foam)

우유거품은 커피를 따듯하게 유지해 준다. 커피를 나중에 마셔야 할 때, '엑스트라 폼'으로 주문하면 우유거품을 듬뿍 얹어준다.

6. 커피 관련 용어정리

1) 원두(Coffee Bean)

커피나무에 열리는 열매의 씨를 원두(Coffee Bean)라 부르며, 원두는 다시 생두(Green Bean)와 볶은 원두(Roasted Bean)로 구분한다. 다시 말해, 이 두 가지를 통틀어 커피 원두라 부른다.

2) 크레마(Crema)

신선한 원두로 제대로 에스프레소를 추출했을 경우 표면에 거품이 생긴다. 황금색 거품이 생길 경우 가장 제대로 추출된 것이다.

거품의 주성분은 커피기름, 휘발성 성분(향), 탄산가스이다. 분쇄한지 얼마 안 되고 배전한지 얼마 안 된 신선한 커피라야 황금 크레마(Crema)가 생긴다. 크레마가 없으면 향은 금방 없어져버린다.

3) Tamping과 Tapping

말 그대로 다지기와 두드리기이다. Porta-Filter에 커피를 올려놓고 다지기와 두드리기를 제대로 해줘야 제대로 된 에스프레소를 추출할 수 있다. 만약 이 작업을 제대로 하지 않으면 압력에 약한 부분이 생겨 구분으로 물이 통과해버리는 수로현상이 일어난다.

4) Channel or Water tunnel(수로) 현상

커피에 압력이 약한 부분이 있으면 약한 부분 쪽으로만 물이 통과해버리게 된다. 이럴 경우 커피가 콸콸 나오고 맛이 싱거우면서 물이 통과하는 부분에서 커피가 과다 추출되어 쓰고 텁텁한 맛이 된다. 대부분의 커피전문점에서 에스프레소가 쓴 맛을 내는 이유가 이런 현상 때문이다. 물론, 신선하지 못한 원두사용도 원인 중의 하나가 된다.

5) Porta-Filter

에스프레소 머신에 커피를 다져놓고 솔레노이드 밸브와 연결시키는 손잡이로서, 이것을 항상 연결해 놓아야 식지 않는다. 이걸 떼어놓고 있을 경우 나중에 식은 상태에서 추출을 하면 물의 열을 빼앗기게 되어 맛이 없어진다.

6) 바리스타(Barista)

에스프레소 머신을 다루는 직원으로 커피 고객의 입맛에 맞게 에스프레소를 뽑아

주는 사람을 일컫는다.

7) Frothed(Steamed) Milk

거품(데운)우유

8) Rosetta Art or Designed Coffee

라데를 만들 경우 우유를 사용해서 나무 잎이나 하트모양을 만드는 것을 말한다. 에스프레소의 맛을 생각하면 70도 정도의 온도가 이상적이나 60도 정도에서 서브되기 때문에 맛을 생각하면 그다지 좋은 것은 아니다.

9) Press

많은 손님에게 빠르게 커피를 제공할 때, 배전두(커피볶는 기계)에 힘을 가해 물에 노근 성분을 빨리 추출하는 것

10) Express(=Espresso)

'빠르다'라는 뜻으로, 커피를 즉석에서 빨리 추출하는 기계를 의미한다. 에스프레소 커피는 높은 압력으로 빠르게 추출하는 커피를 말한다.

11) Something prepared especially for you

고객을 위하여 가장 맛있게 "미리 준비된 특별한 커피"

12) 모카포트(Mocha/Mocca Pot)

가정에서 에스프레소를 즐길 때, 사용하는 간단한 직화식 에스프레소 추출기이다. 가정용 전기 에스프레소머신은 대체로 비싼 편이다.

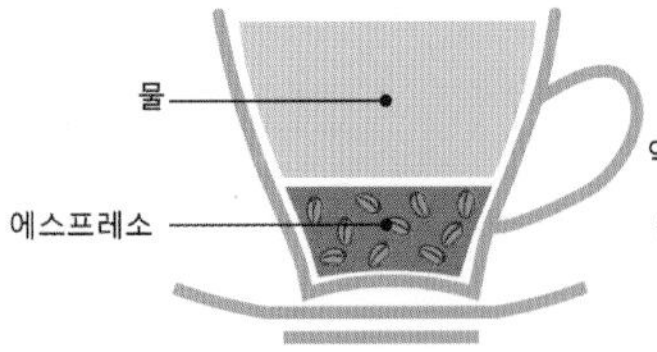

물
에스프레소

▲ Americano

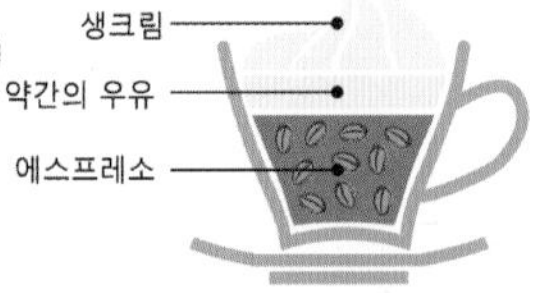

생크림
약간의 우유
에스프레소

▲ Caffe con Panna

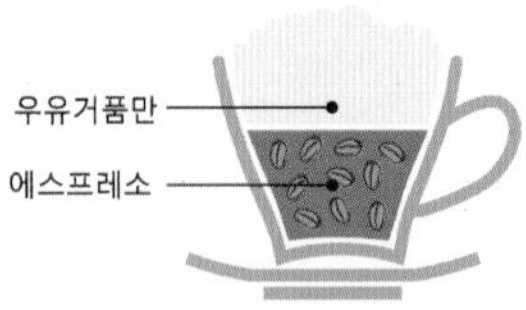

우유거품만
에스프레소

▲ Caffe Macchiato

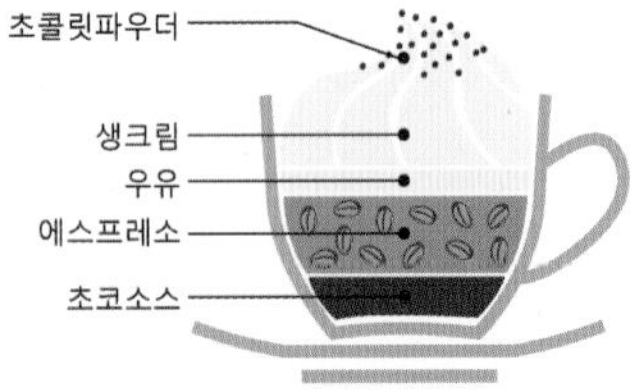

초콜릿파우더
생크림
우유
에스프레소
초코소스

▲ Mokaccino

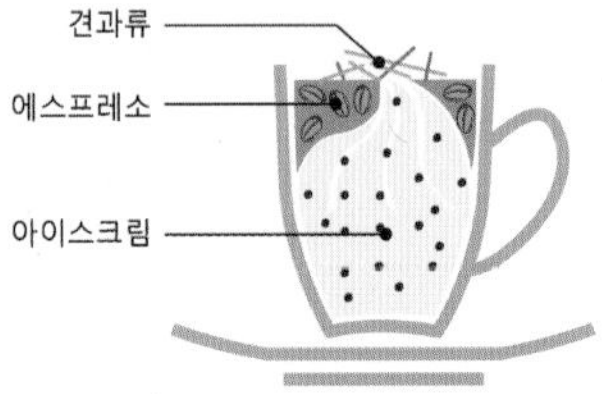

견과류
에스프레소
아이스크림

▲ Affogato al Caffe

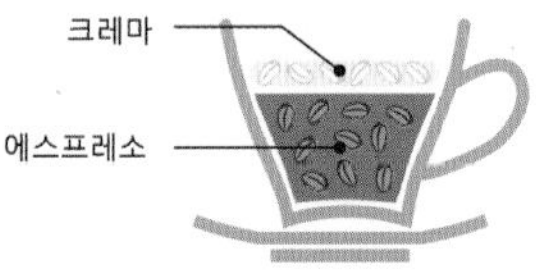

크레마
에스프레소

▲ Espresso

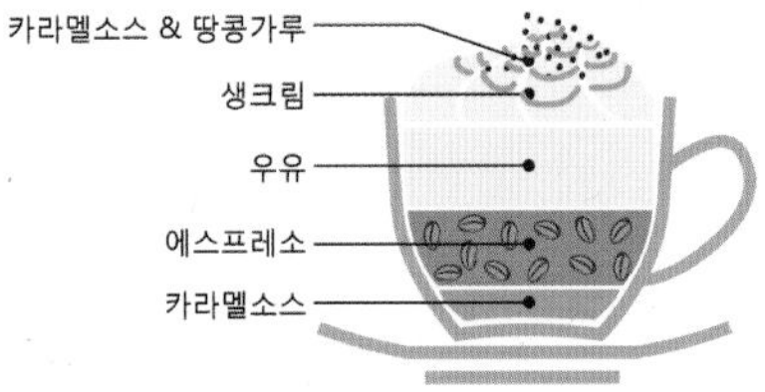

카라멜소스 & 땅콩가루
생크림
우유
에스프레소
카라멜소스

▲ Caramel Mocha

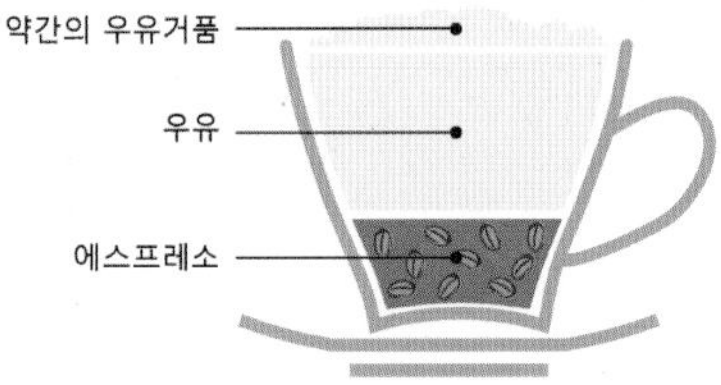

약간의 우유거품
우유
에스프레소

▲ Caffe Latte

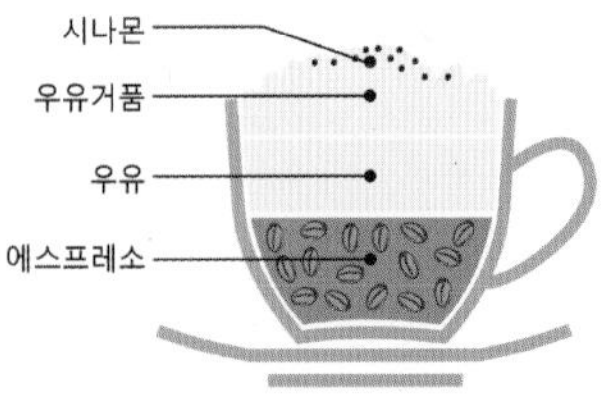

시나몬
우유거품
우유
에스프레소

▲ Cappuccino

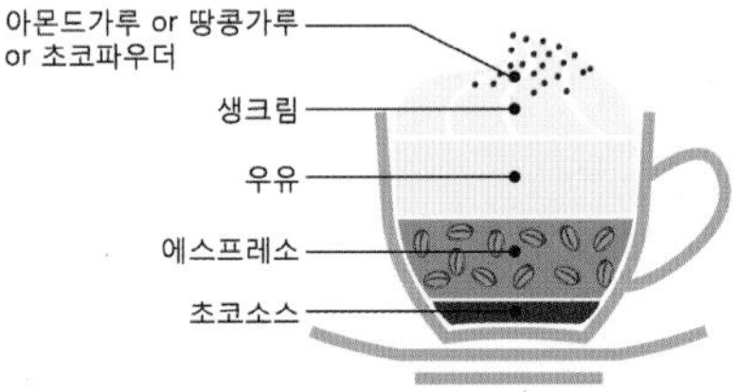

아몬드가루 or 땅콩가루 or 초코파우더
생크림
우유
에스프레소
초코소스

▲ Caffe Mocha

▲ 파크하얏트호텔 코너스톤와 그랜드힐튼호텔 바발루

▲ 메이필드호텔 로얄마일

제6절 차(tea)

1. 한국 차(茶)

1) 한국 차(茶)의 역사

우리나라의 차문화는 2천년의 역사를 가지고 있다. 고조선(古朝鮮) 시대에 시작해서 현재에 이르기까지 오랜 역사 속에서 우리의 차문화는 생활 속에 깊숙히 뿌리를 내려 각계각층의 사람들로부터 사랑을 받았으며, 다만 시대적 상황에 따라 흥망성쇠를 거듭해 왔다.

우리선조들은 차(茶)를 신성하고 성스런 것으로 여겨 하늘에 제사를 지내거나, 산천이나 조상님들 제전에는 꼭 올리는 제수로 삼았다. 그 의식이 성스러우면 더욱 차는 빼놓을 수 없는 것이 된다. 그래서 우리는 명절에 꼭 차례(茶禮)를 올리는 것이다.

이처럼 우리의 차문화는 하늘에 제사를 지내는 제천의식(祭天儀式)으로부터 비록되어, 산천을 거쳐 집안으로 들어와 차례상에까지 올라온 것이다.

그러나 고조선 시대에는 백두산에서 나는 백산차(白山茶)를 사용하였다.

이 백산차는 백두산 주변과 고산지대에서만 자생하는 나무로 철쭉과에 속한다. 봄철이면 연록색의 엷은 잎이 피는데, 이 때 이파리를 따서 차를 만들어 마신다. 이 백산차를 마신 역사는 매우 오래되었다. 이 지역 주변들은 지금도 이 차를 마시고 있는데, 이 차는 동이족(東夷族)의 고야차이다. 그러나 삼국시대 중기 이후에는 당나라에서 가져온 차나무로 만들은 차(茶)를 마시게 되었다. 그 후 우리나라에서 백산차는 밀려나고 그 자리를 중국 녹차가 차지하게 된 것이다. 이후로 우리나라에서는 독자적인 차생활을 창조해가며 차문화는 계승되었다.

(1) 삼국의 차

삼국시대에 주로 차 생활을 한 사람들은 모두가 귀족계급에 속하는 사람들이다. 왕과 왕족들 그리고 사대부의 귀족들과 사원의 고승들, 선랑 또는 화랑들이다.

왕족들은 궁궐 안으로 차를 끌어들여 차 생활을 하였으며, 손님 접대와 예물로 차를 사용하였다. 더욱이 고승들에게 예물을 보낼 때는 차와 향을 보내었다.

귀족들 역시 차생활을 즐겼으며, 손님 접대에는 최고의 대접으로 차를 내놓았다. 그리고 사원의 승려들은 부처님께 차 공양을 올리는 데 사용하였고, 여가에 즐겨 마시는 기호품으로 삼았다. 선랑(仙郞) 또는 화랑(花郞)들은 심산유곡을 찾아 심신수련을 할 때 차를 마시며 하였다. 차는 이와같이 훌륭한 예물도 되고 심신수행의 도반도 되며, 호연지기(浩然之氣)를 키우는 멋의 동반자이기도 하였다. 우리나라의 차문화는 이미 삼국시대에 그 정신적 배경이 정립되어가기 시작한 것이다.

헌안왕(憲安王)이 수철화상(秀澈和尙)의 제사에 올리도록 차와 향을 보낸 것이 효시가 되어 제사에 차 올리는 풍속이 생겨나게 된 것이며, 충담선사(忠談禪師)가 남산 삼화령(三花嶺)의 미륵세존께 올린 차가 헌다의식(獻茶儀式)의 시원이 되었으며, 사선랑(四仙郞: 영랑, 술랑, 남랑, 인상)이 강릉 경포대, 한송정(寒松亭) 등지에서 차 생활을 하면서 심신수행을 하였으며, 설총, 최치원 등 선비들은 차를 호연지기를 기르며, 정신을 맑게 하는 음료로 활용하였다. 이와 같은 차 문화는 고려시대로 이어지면서 더욱 성행하게 되었다.

(2) 고려의 차

고려의 차문화는 네 가지 형태로 나누어 볼 수가 있다. 왕실차, 귀족차, 사원차, 서민차로서, 왕실차는 궁중에서 거행하는 차로서 다방(茶房)이라는 관청을 설치해 두고 왕과 왕비, 태자와 공주 등 왕족들의 차 생활을 돕고, 국가의 중요한 진다의식(進茶儀式) 때에 차를 올리는 의식을 집행하였다. 고려 때는 사례(四禮 : 길례, 흉례, 빈례, 가례)를 지냈는데, 이 때에 모두 차를 올리는 진다의식을 봉행하였다. 공이 많은 신하들이 죽으면 부의품으로 많은 차를 하사하기도 하고 외국에 공물로 보내기도 하며, 왕과 왕비 등의 책봉식(册封式)과 공주를 시집보낼 때 외국사신을 접대할 때, 연등회(燃燈會)와 팔관회(八關會)를 치를 때 모두 진다의식을 했다. 이처럼 왕실차는 지극히 의식적이고 의례적이어서 그 절차가 매우 복잡하였다. 왕이나 왕세자가 차를 마실 때에는 진악(進樂)까지 따랐으니 그 장엄함은 이루 다 말할 수 없다. 또한 궁중에 양이정(養怡亭)이나 모정(茅亭)같은 다정(茶亭)을 지어놓고 많은 시신들을 불러 모아서 다회(茶會)나 시회(詩會)를 하였다. 이와 같은 배경에서 의례음다법(儀禮飮茶法)이 생겨난 것이다. 귀족차(貴族茶)는 나라의 원로나 지방관 등 사대부들이 즐기던 차 생활을 말한다. 귀빈 접대를 할 때나 한가하게 다회를 할 때 하는 음다법이다. 관직에서 물러난 원로들이 모여 만든 강좌칠현(江左七賢)이나, 기로회(耆老會)가 대표적인 차의 모임이다. 이들은 명승지를 찾아다니며 가무(歌舞) 시주(詩酒) 끽다(喫茶)로 풍류(風流)놀이를 하였다. 여기에서 풍류음다법(風流飮茶法)이 생겨나게 된 것이다. 다시(茶時)는 이로부터 발달되었다 사원차(寺院茶)는 사원의 승려들이 부처님께 헌다(獻茶)하거나, 여가에 차를 즐겨 마시는 것을 말한다. 사원에서는 매일 조석으로 삼시때 불전에 차공양을 올린다. 그리고 공덕제(功德祭)가 있으면 임금이 직접 차를 달여 불전에 올렸다. 뿐만 아니라 조사스님들 제전에도 차공양을 올리며, 공양을 마치고 나면 차 마시는 시간이 있고, 참선수행을 하다가 쉴 때에도 졸음을 쫓는 차를 마신다. 또는 손님을 대접할 때는 술 대신 차를 내놓았다. 이처럼 사원에서는 매일 차를 마셨으며, 특히 선승(禪僧)들은 참선하는 중에 차를 즐겼다. 차의 삼매(三昧)에 빠지곤 했는데, 여기에서 삼매음다법(三昧飮茶法)이 생겨난 것이다. 이렇게 마시는 차를 충당하기 위해서 사찰 입구에 다촌(茶村)이라는 마을을 두고 차를 만들어 사원에 물과 함께 바치게 하였다.

서민차(庶民茶)는 일반 서민들이 차세금(茶稅)을 징수하고 난 다음, 끝물을 채취해서 약용으로 만들어 놓았다가 감기, 몸살, 두통이 생기면 약탕관에 차와 물을 넣고 끓인다. 이 때 생강이나 파를 넣고 함께 끓이면 좋은 약차가 된다. 이것을 마시면 감기 몸살이 씻은 듯이 낫는다. 이로 말미암아 약용음다법(藥用飮茶法)이 생겨난 것이다.

고려 때 생겨난 다세(茶稅)제도는 매우 혹독해서 많은 폐단을 낳았다. 지리산 주민들은 남녀노소를 막론하고 관청의 독촉에 못이겨 잔설이 쌓여 있는 산 속으로 들어가 맹수의 위험을 무릅쓰고 어린 차잎을 채취해서 정성을 다하여 만들어 개경(開京)까지 가져다 바쳤다. 이렇게 초봄부터 여름까지 하니 농사철을 놓치고 폐농하기가 일쑤였다. 이 폐단이 차를 산업화하지 못하게 한 큰 원인이 되었다.

고려의 다인(茶人)들을 차도구를 화려하게 만들어 사용하였다. 그래서 고려청자 발달에 큰 영향을 미쳤으며, 금화오잔(金花烏盞), 비색소구(秘色小甌) 등의 찻잔은 절묘한 아름다움을 지녔다. 선승들은 찻잔을 직접 생산하기도 했는데, 계룡산 갑사(岬寺)와 동학사(東鶴寺) 가 대표적이다. 이 찻잔 속에는 선적(禪的)인 무(無)와 공(空)의 정신이 깃들여져 있다.

고려인들이 즐겨 마신 차는 뇌원다(腦原茶)와 대다(大茶)를 꼽을 수가 있다. 뇌원다는 떡차이고 대다는 잎차이다. 이외로 유다(孺茶), 자순차(紫筍茶), 영아차(靈芽茶) 등이 있었다.

특히 고려인들은 차를 선물하기를 좋아하였는데, 차 선물을 받으면 시(詩)로서 답례를 하는 경우가 있었다. 풍류의 멋이 있는 사람은 십여 편씩의 시를 지었다. 이러한 고려의 다풍(茶風)은 조선으로 이어지면서 쇠퇴의 길을 걷게 된다.

(3) 조선의 차

조선의 차 문화는 전기는 고려의 다풍을 이어가고 있었으나, 중기에 임진왜란(壬辰倭亂)과 병자호란(丙子胡亂)을 겪으면서 쇠퇴하기 시작하여 2백년간 공백기를 거치게 된다. 그 후 한국의 다성(茶聖) 초의선사(艸衣禪師)와 다산(茶山) 정약용, 추사(秋史) 김정희가 중심이 되어 일으킨 차 문화 중흥이 계기가 되어 후기에는 다시 차 문화가 일어나게 된다. 그러나 일제의 침략으로 또다시 우리의 차 문화는 빛을 잃게 되었다.

조선이 건국하자 고려의 유신들은 산 속으로 은거하고, 선승들마저 배불숭유 정책에 밀려 산속으로 피해 들어간다. 그래서 조선 초에는 산속에 은거한 선비들과 선승들에 의해 계승된 차 문화가 생겨나게 된다. 그리고 조선의 개국공신들은 관인으로 남아 차 생활을 하게 된다. 그래서 관인 문화와 은둔 문화로 나뉘게 된다. 이것을 관인차와 은둔차라고 한다. 관인차는 다시(茶時)제도를 만들어 내어 하루에 한차례씩 모여 차를 마시면서 정사를 논의하였다. 그리고 사헌부 관원들이 부정한 관리를 발견하면 탄핵할 때 밤에 다시를 했다. 이것을 야다시(夜茶時)라고 한다. 이 때 차를 끓여 주는 일을 담당한 사람을 다모(茶母)라고 한다. 임금의 차 시중을 드는 사람은 상다(尙茶)라고 하고, 고급 관청의 차 시중은 다색(茶色)이라 하고, 하급 관청의 차 시중은 다모(茶母)가 들었다.

임진왜란 이후에는 차 문화가 쇠퇴하여 차를 구하기가 어렵게 되자, 영조(英祖)는 왕명을 내려 차 대신 술(酒)이나 끓인 물로서 대신하라고 하였다. 그 이후에 우리나라에서는 관혼상제(冠婚喪祭)때나 명절 때에 차 대신 술을 올리게 되었다.

그러나 차 문화는 쇠퇴를 했지만 명맥이 끊어지지는 않았다. 궁중에는 궁중의 법도에 맞는 다례의식이 있었는데, 이것을 궁중다례라고 한다. 그 의식은 국조오례의(國朝五禮儀)에 근거를 두고 있다. 일반 사대부들은 관혼상제를 모두 사례편람(四禮便覽)에 의거하여 다례를 지냈으며, 사원에서는 서산대사(西山大師)의 운수단(雲水壇)과 백파선사(白坡禪師)의 구감(龜鑑)에 근거하여 다례를 지내었다. 이처럼 의식만 남고 문화는 쇠퇴한 상태로 계승되었다.

조선후기에 이르러 초의선사는 동다송(東茶頌)을 저술하고 다신전(茶神傳)을 펴냈으며, 다산은 다신계(茶信契)를 조직하여 다신계절목(茶信契節目)을 만들어 차 문화 중흥을 도모하였다. 추사는 다시(茶詩)를 지어 당시에 옛 풍류를 진작시켰다. 이때부터 다시(茶詩)가 많이 창작되기 시작하였다.

다시 중흥의 기미를 보이던 차 문화는 한일합방으로 일제의 식민통치로 말미암아 다시 빛을 잃고 암흑 속에 묻히기 시작하였다. 그러자 일제는 일본의 차 문화를 한국에 심기 위해서 우리나라 차 문화 연구와 교육에까지 손을 대어 의무적으로 여학교에서 일본다도 교육을 실시하였다. 오늘날 우리가 일본 차 문화를 거세게 거부하고 싫어하는 것도 여기에서 기인된 것이다. 최근에 와서는 우리나라에서도 차의 효능,

차의 예절 등 우리의 차 문화가 빠르게 보급되고 있는 추세이다. 우리의 차 문화는 광복이 된 후에 옛 법도와 풍류를 계승하는 차원에서 다시 부흥되어야만 하며, 전통문화는 그 민족의 자존심이자 그 민족이 살아가는데 꼭 필요한 문화유산이기 때문이다.

2) 한국 차(茶)의 종류

(1) 인삼차

인삼을 재료로 하여 만든 차이다. 인삼차는 인삼을 물에 넣고 달이는 인삼탕의 방법과, 인삼가루를 끓인 물에 타서 마시는 방법 등이 있다. 흔히 3년생 이상의 인삼을 사용하는데, 생삼(生蔘)이나 건삼(乾蔘) 어느 것이나 괜찮다. 인삼가루로 된 인삼차는 판매되고 있어 쉽게 구할 수 있다. 인삼을 끓일 경우, 500cc의 물에 10g 정도의 인삼을 넣고 천천히 달인다. 인삼은 예로부터 신비스러운 선약(仙藥)으로 믿어왔고, 특히 강장과 보혈의 효과가 있는 것으로 알려져 왔다.

≪신농본초경(神農本草經)≫에는 인삼의 약효에 대하여, "오장(五臟)을 보하고, 정신을 평정하며, 사기(邪氣)를 없앤다. 눈을 밝게 하고, 오래 복용하면 몸이 가벼워지고 장수한다"고 하였다.

(2) 유자차

유자를 재료로 만든 차이다. 신맛이 많은 유자는 예로부터 관절염 · 신경통 등에 유효하며, 주독을 풀거나 소화에 좋은 것으로 알려졌다. 유자차는 엷게 저민 유자 두세 쪽을 끓은 물 한 잔에 넣어 우려 마시는 경우와 껍질을 달여 마시는 경우가 있지만, 유자청(柚子淸)을 이용한 차가 가장 널리 쓰인다. 얇게 저민 유자를 꿀이나 설탕에 재어 항아리에 담아 습기가 없는 서늘한 장소에 보관하여 2, 3주일이 지나면 맑은 유자즙이 괴는데, 이것을 유자청이라고 한다. 유자청을 만들 때에는 저미지 않고 유자에 구멍을 내어 꿀이나 설탕에 재어두는 방법도 있다. 찻잔에 유자청과 유자편을 약간 담고 잘 끓인 물을 부으면 유자차가 된다. 그 위에 실백 등을 띄워 마시기도 한다.

(3) 대추차

오래 복용하면 안색이 좋아지고 몸이 가벼워져 장수를 한다고 한다(단, 몸이 마른 사람은 많이 먹어도 해가 없으나 비대한 사람은 조금씩 먹어야 한다). 간 기능 회복에 좋아 강장제로 쓰고 신체 허약, 지사제(止瀉劑) 등으로 사용한다. 성숙한 대추를 달여서 먹으면 해열, 진통에 효과가 있다.

(4) 홍차

홍차(紅茶)는 백차, 녹차, 우롱차보다 더 많이 발효된 차(Camellia Sinensis)의 일종이다. 따라서 향이 더 강하며, 카페인도 더 많이 함유하고 있다. 동양에서는 찻물의 빛이 붉기 때문에 홍차(紅茶, red tea)라고 부르지만, 서양에서는 찻잎의 검은 색깔 때문에 'black tea(흑차)'라고 부른다. 서양에서 'red tea'는 보통 남아프리카의 루이보스 차를 의미한다.

(5) 녹차

녹차란 발효시키지 않은, 푸른 빛이 그대로 나도록 말린 찻잎(茶葉), 또는 찻잎을 우린 물을 말한다.

▲ 인삼차

▲ 유자차

▲ 대추차

▲ 녹차

한국 차 예절에 관한 토막상식

- **찻잔 예열하기** : 숙우에 끓는 물을 붓고 다관에 옮긴 후에 다시 찻잔에 옮겨 따르는 방식으로 예열한다.
- **숙우에 물 식히기** : 차는 차의 질에 따라 물의 온도를 잘 조절해야 한다. 물의 온도가 너무 높으면 떫거나 쓴맛이 날 수 있다.

- **다관에 차 넣기** : 차칙을 사용해서 차통의 차를 다관에 넣는데 차칙은 큰 것을 사용해야 하며 차통에 차칙을 넣는 것이 아니라 차를 차칙에 적당량을 부어 다관에 넣는 것이다.
- **숙우에 식힌 물을 다관에 붓고 차 우리기** : 차를 우리는 시간은 차의 종류에 따라 조금씩 다르다.
- **예열한 찻잔의 물을 퇴수기에 버리기** : 퇴수기에 찻잔을 예열한 물을 버리고 다건으로 찻잔의 물기를 닦는다.
- **찻잔에 차 따르기** : 찻잔에 차는 한 번에 따르지 않고 조금씩 왕복하면서 따른다.
- **차 내기** : 차는 찻잔 받침에 받쳐서 손님에게 낸다.

2. 중국 차(茶)

1) 중국 차(茶)의 역사

(1) 동한(東漢) 시대

동한(東漢) 시대의 신농본초(神農本草)에 의하면, 중국의 전설시대에 신농(神農)씨가 하루에 72가지의 풀과 나뭇잎을 씹어 보고 맛보다가 중독이 되었으나 차로써 이것을 풀었다고 한다. 그 뒤로 신농은 사람들에게 차를 마시도록 권하였다고 한다.

이후 차는 오랜 역사를 거치면서 왕실이나 귀족들의 울타리를 벗어나 일반 백성들에게까지 널리 사랑을 받게 되었다. 그래서 차는 시대에 따라서 이름이 달라 다(艸 밑에 余), 가(木변에 賈), 설(艸 밑에 設), 명(茗) 등 여러가지의 이름을 가지고 있었으나, 당나라때 육우(陸羽)의 영향으로 오늘과 같이 차(茶)로 부르는 것이 일반적이 되었다.

사람에 따라서는 여기서의 다를 씀바귀 도로 읽기도 하나, 강희자전(康熙字典)에서는 다(艸 밑에 余)자를 가리켜 옛날에는 다(艸 밑에 余)라 하였으나, 오늘에는 茶라 한다고 하여 다(艸 밑에 余)가 차 다(茶)자의 옛 글자임을 명확히 하고 있다.

차마시기를 즐기는 실제 인물이 등장하는 것은 서기 1세기전 쯤으로 흘러가서의 일이다. 한나라 선제(宣帝) 때의 왕포(王褒)라는 사람이 어떤 과부로부터 노비를 사들이면서 작성한 동약(人+童 約)이라는 문서에는 편료(便了)라는 직책의 노비가 한 명 들어있다. 편료는 바로 차를 끓이는 역할을 맡았던 노비였던 것이다. 그 후 삼국시대에 접어들기 직전에 유비 현덕이 아직 돗자리를 짜고 있을 때 그의 어머니는 현덕에게 루어양(洛陽)의 명차를 죽기 전에 한 번 맛보고 싶다고 하였다. 그의 어머니는 돗자리나 짜서 먹고 사는 아들에게 넓은 세상을 구경시켜 뜻을 키워 주려 했었던 것이라고 후세 사람들은 좋게 설명을 붙이고 있다. 그러나 이같은 이야기의 사실 여부를 떠나서 효자 현덕은 곧 짐을 싸들고 천리길을 떠나 루어양에서 온 상인들에게 가진 돈을 다 바치고 얼마큼의 차를 달라고 사정하였다. 당시의 차값은 오늘날로 치면 보석과도 같은 정도였으므로 시골 청년의 푼돈이 차값을 치룰 만큼 되지는 않았지만, 상인들은 현덕의 효성에 감탄하여 한줌 쥐어 주었다고 전하고 있다. 차는 그만큼 대중들과는 거리가 있던 사치품이었던 것이다.

(2) 삼국시대의 말기

삼국시대의 말기 오나라의 왕 손호(孫晧)는 신하들과 더불어 술을 즐겼는데 일곱되를 한도로 정하였다 한다. 그중의 위요(韋曜)라는 이는 두되밖에 마시지 않았으므로 나머지는 은밀히 차를 주어 대신 채웠다고 삼국지의 오지(吳志)에는 전하고 있다.

그리고 삼국이 끝난 후 서진(西晋)에 이어 동진(東晋)이 들어섰다. 진서(晋書)에 의하면, 사안증(謝安曾)은 손님을 초청하여 다과(茶果)를 내놓았다고 한다.

이런 사실들로 보면, 이때쯤이면 왕실이나 귀족사회에서는 차를 마시는 습관이 상당히 보편화 되었음을 알 수가 있다. 동진까지 망하고 남북조(南北朝)시대가 열린다.

(3) 남북조(南北朝)시대

남북조의 남조란 동진을 멸망시킨 뒤 세운 송(宋)으로부터 제(齊), 양(梁), 진(陳)을 거쳐 수(隋)나라에 이르는 170년간, 창지앙(長江) 유역을 포함한 중국의 중부지방을 지배한 한족들의 왕조를 말하며, 북조란 북위(北魏)로 부터 시작하여 북제(北齊), 북주(北周)를 거쳐 수나라에 통일되는 150여년간, 황하(黃河)로 부터 장안(長安, 창안), 낙양(洛陽, 루어양) 남쪽까지의 화북지방을 다스린 선비(鮮卑)족의 왕조를 말한다.

다시 말해서, 중국의 북쪽은 오랑캐인 선비족이 다스렸고, 남쪽은 한족이 다스린 대립의 시기였다. 이 때 북위(北魏)의 팽성왕(彭城王)은 유호(劉鎬)가 남제(南齊)에서 귀순한 왕숙(王肅)에게 물들어 차마시기를 즐기자, "임금이나 재상이 즐기는 진미요리를 마다하고 하인들처럼 물이나 마시다니"하면서 비웃었다고 한다.

그러니까 5세기 무렵까지만해도 중국의 북쪽에서는 아직 차마시는 것을 그다지 좋게 생각하지 않았던 것이다.

(4) 수나라

남북조시대를 마감하고 중국을 통일한 수나라때는 문제(文帝)가 그를 괴롭힌 두통을 차를 마셔 해결했다는 기록이 있다. 그러나 수나라가 차 문화의 보급에 공헌을 하게 된 것은 운하를 대대적으로 건설하여 남쪽지방의 차를 북쪽으로 손쉽게 운반할 수 있도록 만든 데 있다. 당나라시대에는 차마시는 습관이 장안(長安)의 시중까지 퍼지게 되었다.

이 풍속은 산동(山東)으로부터 장안(長安)에 전해져 장안에는 곧 다관(茶館)이 생겼고 돈만 있으면 모든 이들이 차를 즐겼다고 한다. 이 무렵의 차는 녹차로 만든 고형차(固形茶)가 위주였다. 차잎을 따서 찐 다음 절구에 넣고 빻아 빈대떡 모양으로 굳힌 떡차(餠茶), 즉 고형차는 마실 때에 다시 약연(藥硏)에다 넣고 갈아 가루로 만들어 따뜻한 물에 타서 마셨다. 지금 일본에서 많이 마시는 말차(末茶)는 이 방법이 전해져 내려온 것이라 추측된다.

이 무렵 차를 마실 때는 감초나 파, 생강, 매실, 감귤, 사향 따위를 첨가하여 죽처럼 걸쭉하게 만들어 먹는 습관이 있었는데, 다성(茶聖)으로 일컬어지는 육우(陸羽)는 소금을 넣어 마시면서 다른 것을 넣는 것은 좋지 않은 습관으로 쳤다고 한다. 육우가 다경(茶經)을 쓰고, 글씨로도 유명한 안진경(顔眞卿)이 삼계정(三癸亭)을 지어 차마시는 법도를 세상에 펴낸 8세기 중엽, 중국의 다도는 하나의 체계를 갖추게 되었다.

(5) 당시대

당시대에 있어 다기(茶器)는 다완(茶碗)이 주였지만 급수(急須, 茶壺)나 다탁(茶托)도 등장하였다. 육우는 월주요(越州窯)의 다완을 최고로 쳤다. 이때의 주요 차 생산지로는 절강(折江), 사천(四川), 호남(湖南)이 꼽힌다.

당나라는 차값의 1할을 세금으로 거두어 들였으나, 차츰 이 비율을 높였을 뿐만 아니라 차를 취급하는 상인이 지나는 길목에서 또다시 세를 징수하였기 때문에 밀거래가 늘었다고 한다. 송나라는 차에 대한 세금을 다세(茶稅)라 하지 않고 다과(茶課)라 하였다.

(6) 송나라

송나라는 북쪽으로 요(遼)와 금(金)에 힘겹게 대항하고 있었으므로, 국경지대의 군사력을 유지하기 위한 군수물자의 보급에 골머리를 앓고 있었다. 여기서 나온 아이디어가 일부 상인들에게 차의 전매특권을 부여하는 것이었다. 물론 단기적으로 이 방법도 효과를 보았으나 더 큰 문제를 낳게 되었다. 송은 또한 차의 생산지에 관리를 파견하였고, 그 생산량의 일부는 조세로 충당하고 나머지는 정부가 사들여 고가로 판매케 하였다. 이때는 이미 차가 일반인들에게도 널리 보급되어 생활 필수품이 되고 있었기 때문에 송의 재정수입의 1/4은 차의 전매수입에서 들어올 정도였다. 차의 대중화와 더불어 차의 제조법도 개량되어 당나라 때의 떡차(餅茶)는 사라지고 단차(團茶)가 등장하고 연고차(研膏茶), 연말차(研末茶)로 발전하였다. 연고차에는 용뇌(龍腦)며, 사향(麝香) 따위의 고급 향료가 첨가되어 궁중으로 들어가는 공물로 귀중하게 다루어졌는데, 복건(福建, 후우지엔) 건안(建安, 지엔안)의 연고차가 특히 유명하였다. 송나라 때에는 세계역사상 전무후무한 차장사꾼으로 편성된 군대가 구성되었다.

북송때 차와 소금의 전매법을 어기고 이를 몰래 파는 장사꾼들이 정부의 단속에 반항하여 반란을 일으키는 경우가 있었는데, 정부로서는 이들을 평정할 힘이 없어 어쩔 수 없이 그들을 용서하고 군대로 조직하였다. 이들은 그 뒤 금나라 군대가 쳐들어오자 용감하게 싸워 몇몇 전투에서 승리하기도 하였다. 차의 밀거래 사업이 금나라로 인해 방해받는 것을 그냥 보고만 있을 수가 없었던 것이다. 이 군대를 다상군(茶商軍)이라 한다.

중국을 원이 지배하면서 차마시는 습관은 북방의 유목민족들에게도 전파되었다. 그들은 차에 버터나 밀크를 타서 마시곤 하였다. 오늘날 서양사람들이 커피나 홍차를 마실 때 크림을 넣는 것을 보면 이것이 전해진 것인지도 모르겠다.

(7) 명나라

명나라 때는 주원장이 정권을 쥐면서 그는 지금까지의 차의 제조법이 너무 어려운 것을 감안하여 이를 개량토록 하였고, 이에 따라 나타난 것이 가마에서 덖어내는 방식의 개발이었다. 그래서 이때부터는 잎차가 보급되기 시작하였다.

그리고 남쪽 복건의 단차보다도 절강(折江)이나 안휘(安徽), 강소(江蘇)의 화중 지방이 차의 명산지로 부각되기 시작하였다. 지금도 인기가 높은 용정차(龍井茶), 일주차(日鑄茶), 육안차(六安茶), 황상차(黃山茶), 송라차(松羅茶), 무이차(武夷茶)가 그들이다. 이때까지만 해도 서민들 사이에는 차에 이것저것을 섞어 마시는 습관이 남아있었으므로, 당시의 책에 보면 이것을 악습이라 하며 차만을 마시는(清飮) 방식을 권고하였다. 이때부터 오늘과 같이 뜨거운 물에 불려 마시는 포차(泡茶)방식이 대중화하게 된 것인데, 그 중에서도 다관에 끓인 물을 절반 붓고 차를 넣은 다음 잠시 뚜껑을 닫았다가 다시 물을 부어 또 잠시 기다렸다가 마시는 중투법(中投法)이 유행하였다. 또한 뚜껑이 달린 찻잔에 뜨거운 물을 붓고 차잎을 띄워서 찻물이 우러나면 뚜껑을 비스듬히 하여 틈새로 차만을 따루어 마시는 충다법(沖茶法)도 이때부터 시작한 방법이다. 다기로는 광동(廣東) 조주(潮州, 츠아오저우)의 조그마한 다완(茶碗), 다호(茶壺)가 유명해지고 차잎을 보관하기 위한 엽차호(葉茶壺)도 등장하였다. 차의 온도와 향을 유지하기 위해 다완에 뚜껑을 덮은 개배(蓋杯)며 개완(蓋碗)이 등장한 것은 명이 끝나갈 무렵이다.

(8) 청나라

청나라 때는 쟈스민 따위의 꽃잎을 넣는 화차(花茶)가 유행하기 시작하였다. 이때가 되면 지방도시에까지 다관(茶館)이나 다루(茶樓)가 들어섰다. 명의 말기부터 청의 초기에 걸쳐 명차로 이름을 떨친 차의 하나가 복건(福建) 숭안(崇安, 츠웅안)의 무이차(武夷茶)이다. 특히 무이암차(武夷岩茶)는 생산량이 적어 더욱 귀중한 차로 대접을 받았다. 유럽인들이 차를 처음 알게 된 것은 16세기 초, 즉 명의 초기이다.

아시아의 식민지화와 기독교의 선교과정에서 서양인들도 차마시는 습관을 익히기 시작하였던 것이다. 홍차는 이 때 영국이 복건에서 수입한 오룡차(烏龍茶)에서 푸른 기가 완전히 빠질 때까지 발효시킨 차이다. 19세기가 되면서 영국이 인도에 대규모의 근대적인 다원(茶園)을 열고 대량생산체제로 들어가기까지 중국은 세계 차시장에서 독점적인 지위를 누리고 있었다. 영국상인들이 광주(廣州, 꾸앙저우)를 중심으로 아편무역을 활발히 전개하자, 청나라 정부는 임칙서(林則徐)를 흠차대신(欽差大臣, 임금의 특명을 받은 대신)으로 삼아 광주로 보내었고, 그는 그들로부터 아편 2만여 상자를 압수하여 주강(珠江, 주지앙) 하구의 해변에서 석회를 부어가며 20여일에 걸쳐 바닷속에 가라앉혔다(아편은 석회와 물에 혼합되면 쓸모가 없게 되는 까닭이다). 1840년의 아편전쟁은 이것을 구실로 영국이 청에게 도발한 전쟁으로서 19세기 식민제국시대에 선진국들이 공통적으로 가지고 있던 도덕 불감증을 증명하는 것이었지만, 이 전쟁을 계기로 중국의 청은 몰락하면서 아시아의 늙은 호랑이 중국은 아시아에서 그 주도적 위치를 상실하게 되었다. 그러나 이 전쟁의 원인을 아편무역에서 빚어진 두나라 간의 다툼으로만 보는 것은 그 갈등의 속사정을 모르는 까닭이다.

당시 영국은 중국의 차를 대량으로 필요하였으나 서양의 문물에 그다지 관심이 없던 청은 오로지 은(銀)만을 무역 대금의 결제 수단으로 고집한 반면, 영국으로서는 은의 조달에 한계가 있었기 때문에 영국은 중국인들에게 아편을 팔아 은으로 대금을 받고, 다시 그 은을 차의 수입대금에 충당하였던 것이다. 결국 중국인들은 차를 팔아 아편을 산 셈이 되는 것이다. 1997년 7월 1일 중국으로 되돌아간 홍콩은 아편전쟁에서 진 청나라가 남경조약으로 할양해 주었을 때 결정되었던 것이다.

차로 인한 미국의 독립

미국이 아직 독립하기 전인 1773년, 영국은 동인도회사의 경영난을 덜고자 차법(茶法)을 제정하여 동 회사에 차의 독점판매권을 주었는데, 아메리카 식민지의 백성들은 이것을 악법이라고 하여 광범위한 반대운동을 일으킴과 함께 주요 항구에 있어 차의 양륙을 저지하였고, 보스톤항에서는 급진파가 배를 습격하여 차를 담은 상자 수백개를 바다에 버렸다. 이에 대해 영국정부는 영국의회에 대한 반역으로 간주, 보스톤항 폐쇄 등의 강경한 조치를 취하였다. 이를 계기로 영국정부와 식민지 간의 갈등은 마침내 1775년에 무력충돌로 이어졌고, 1776년 대륙회의는 독립선언을 발표해 본격적인 독립전쟁으로 치달았다. 한낱 차로부터 시작한 갈등이 오늘의 미국이 있게 만든 직접적인 원인이 되었던 것이다.

2) 중국 차(茶)의 종류

① 롱징차(龍井茶)

중국차 중에서도 가장 으뜸으로 치는 차로 청나라 건륭제 때에는 황실에서만 먹을 수 있었던 고급품이다. 항저우(杭州)에 있는 롱징이라는 차밭이 그 특산지이다.

② 우롱차(烏龍茶)

우리나라에서도 많은 사람들이 즐기는 차로 반발효된 것이다. 푸젠성의 우의산에서 나는 것이 가장 고급품이다. 우이산수(武夷山水)라는 상표가 붙어있는 것이 가장 고급품이다.

③ 인쩐바이하오(銀針白毫)

고원이나 고산지대에서만 자라는 진귀한 차 종류로 옛날부터 황제만 마실 수 있었던 것이다 불로장생의 약초로도 유명하다.

④ 윈우차(雲霧茶)

장시성(江西)의 뤼산(盧山)에서 생산되는 것으로 유명한 녹차이다.

⑤ 푸얼차(普孼茶)

윈난성(雲南)의 특산차로 발효시킨 것이 특징이다. 차의 입을 그대로 말려 파는 것과 차입을 쪄서 벽돌모양의 압축시켜 만든 주안차(塼茶) 형태의 두 가지가 있다.

⑥ 모리화차(茉利花茶)

우리나라에서 자스민차로 유명하다. 4분의 1정도 발효시킨 차에다 모리화 꽃을 혼합하여 만든 차다.

⑦ 주안차(塼茶)

차입을 찌거나 발효시켜서 압축하여 벽돌모양을 만든 차를 총칭하는 것으로 주로 몽고인들이 즐겨 먹는 방식이다. 차로는 리우바오차(광동성이나 광시쫭족 자치구 특산), 푸주안차(후난성 특산), 푸얼차 등이 그 대표적인 것이다.

⑧ 쥔산인쩐차(君山銀針茶)

동정호 가운데 떠있는 작은 섬인 쥔산에서 생산되는 것으로, 이 차 역시 옛날에는 황제만이 먹을 수 있었던 명차이다.

⑨ 티에관인차(鐵觀音茶)

우롱차의 일종으로 푸젠성이 특산지이다. 주로 차오저우 요리를 먹을 때 반드시 나오는 차로 특히 소화에 좋다.

▲ 우롱차

▲ 홍차

▲ 롱징차

▲ 푸얼차

중국 다도에 관한 토막상식

- 상대방의 잔에 물이 빌 경우 계속 따라주는 것이 예의이다.
- 찻잔을 오른손으로 감싸 쥐고 바른 자세로 왼손으로는 차의 밑 부분을 받쳐 들고 소리를 내지 않으며 맛을 음미하며 향을 음미하고 조용히 마신다.
- 다호(주전자)가 함께 탁자에 놓여 있는 경우는 주전자 손잡이를 오른손에 잡고 왼손으로 뚜껑을 누르면서 조용히 따른다.
- 차를 더 원할 경우 다호에 차가 없을 경우 뚜껑을 열러 놓던지 뚜껑을 뒤집어 놓으면 접객원이 다시 채워 준다.
- 음식마다 맛을 보면 반드시 입 속의 음식 향과 맛을 제거하기 위해 차를 한 모금마신 후 맛보는 것이 중국음식의 진가를 맛볼 수 있는 것이니 차를 함께 해야 한다.
- 차를 끓이는 차구는 반드시 깨끗이 씻어야 한다.
- 차구는 마시는 차의 종류에 따라 선택하고 차 주전자와 찻잔의 크기와 양식을 잘 배합한다.
- 차를 끓일 때 사용하는 물은 반드시 깨끗하고 아무런 다른 맛이 없어야 한다.
- 차를 대접할 때에는 반드시 뜨거운 물을 사용해야 하며 끓이지 않은 물로 차를 우리는 것은 실례이다. (일반적으로 손님이 도착한 후 물을 끓인다)
- 차를 따를 때에는 70~80%정도 따르는 것이 좋다.

3. 일본 차(茶)

1) 일본 차(茶)의 역사

차를 마시는 습관은 기원전부터 이미 중국에서 행하여지고 있었다.

그러나 중국에서 일본에 전하여진 녹차는 단지 마시는 것에서 예의범절을 가진 다도(茶道)로 '일본차'로서의 발전을 거둔 것이다. 중국의 운남성(雲南省)이 원산지로 알려져 있는 녹차는 처음에는 의약품으로 사용되었다. 기호품(嗜好品)으로 마셔지기 시작한 것은 중국의 당나라 시대(7~9세기)부터 이다. 당시 (육우)陸羽라는 사람이 쓴 [茶經]이라는 책은 녹차의 제법(製法)부터 마시는 방법, 약효에 이르기까지 녹차의 지식집약서(知識集略書)라고 할 수 있다. 일본에 녹차가 전해진 것은 나라(奈良)시대로, 유학승(留學僧)이 중국에서 씨를 가지고 돌아와 사원(寺院)의 경내(境內)에서 재배(栽培)하게 된 것이다.

이때에는 주로 의약품으로 사용되었다. 헤안(平安)시대 말경이 되어 영서(榮西)라는 승(僧)이 다경(茶經)을 중국에서 가지고 들어와 다경양생기(喫茶養生記)를 일본에 소개함과 동시에 녹차의 습관을 전한 것이다. 카마쿠라(鎌倉)시대에 들어와서는 무사(武士)와 선승(禪僧)들 사이에서도 차를 마시는 풍습이 퍼졌다. 그 즈음에는 아직 분말로 된 것에 뜨거운 물을 부어 마시는 말차(抹茶)이었지만, 에도(江戶)시대 중기가 되어 센차(煎茶)가 보급되면서 급속히 차를 마시는 습관이 일반에도 퍼지게 되어 국민적 음료로 된 것이다.

참고로, 약으로 이용되던 때의 중국고전(古典)에는 '주로 부은곳, 방광통증, 가슴알이, 졸음, 갈증해소, 원기회복에 효과가 있대라고 녹차의 약효에 대해 쓰여져있고 [녹차가 번무(繁茂)한 곳은 아주 맑고 고귀한 토지이므로 그곳에서 수확한 녹차는 불로장수(不老長壽)의 약효를 가져 옛 부터 귀하게 여긴 선약(仙藥)이다'라고 말하고 있다.

세계 최 장수 국가인 일본에서도 녹차생산지의 평균수명이 다른 곳에 비해 길다고 한다.

특히 일본 제일의 녹차생산고(약 50%)를 자랑하는 시즈오카(靜岡)현은 소비도 일본 제일을 자랑하있으며, 이 시즈오카현의 평균수명이 전국평균보다 약2살 정도가 높은 것을 보면 알 수 있다. 그 외에 녹차생산지인 미에현(三重), 카고시마현(鹿兒島)도 전국평균수명보다 높은 것을 알 수 있다. 또한 눈에 띄는 것은 이 3곳 모두 암에 의한 사망률이 전국 평균보다 낮다는 것이다.

2) 일본 차(茶)의 종류

(1) 녹차, 전차(료쿠차綠茶, 센차煎茶)

적당히 단맛과 떫은 맛이 조화되어 상큼한 향기가 특징이다. 차 잎의 색을 그대로 지키기 위해 새싹을 따서 바로 증기로 쪄, 산화효소의 활동을 멈추게 한 후 열풍으로 가열하면서 비벼 가늘고 길게 정리한 차이다.

(2) 번차(반차, 番茶)

차 잎을 딴 곳을 고르게 하기 위해 깎아 낸 딱딱한 잎이나 초봄과 늦가을에 커져서 딱딱해진 차 잎을 따서 녹차와 같은 방법으로 만든 차이다. 또한 녹차를 만드는 과정에서 나온 큰 잎과 줄기부분도 번차의 원료가 된다. 카페인 등 자극성 성분과 떫은 맛이 적고 깔끔한 맛이 특징이다.

(3) 옥로(교쿠로, 玉露)

일번차(一番茶 : 4월하순에서 5월에수확)의 새싹이 두 세장 펴졌을 때 차 밭 전체를 갈대나 짚으로 20일 정도 덮어씌워 햇볕을 차단하여 키운 차이다. 빛을 제한하여 새싹을 키웠기 때문에 아미노산에서 카테킨으로의 생성이 억제되어 떫은 맛이 적다.

(4) 말차(맞차, 抹茶)

교쿠로와 같은 방법으로 키운 차 잎을 정성들여 손으로 따서 찐 후, 그대로 말려 줄기와 잎맥을 제거한 것을 맷돌같은 것을 이용하여 가루로 만든 차이다.

(5) 분차(코나차, 粉茶)

교쿠로와 센차의 제조과정에서 발생하는 가루를 선별하여 만든 차이다. 녹차특유의 색과 맛이 진한 차이다.

(6) 카부세차(かぶせ茶)

차의 새싹을 따기 일 이주 전에 위를 덮어 빛을 차단하여 키운 녹차며, 교쿠로의 재배방법을 간략화한 차로 센차와 교쿠로의 중간급이라 할 수 있다. 떫은 맛이 적고 은은한 맛을 즐길 수 있다.

(7) 경차(쿠키차, 莖茶)

교쿠로와 녹차의 제조과정에서 나오는 줄기만을 선별하여 만든 차이다. 그 중에서도 교쿠로와 고급센차의 줄기는 카리가네라고 불리워 귀중히 여긴다. 독특하고 상큼한 향과 은은한 달콤함을 즐길 수 있다. 적갈색의 굵은 줄기는 봉차(棒茶)로서 판매하는 지역도 있다.

(8) 아차(메차, 芽茶)

교쿠로와 녹차의 제조공정에서 새싹의 앞부분(가는부분)과 둥근 새싹부분을 선별한 차이다. 진한 맛을 즐길 수 있다.

(9) 옥녹차(타마료쿠차, 玉綠茶)

제조법은 녹차와 비슷하나 마지막 공정에서 가늘고 길게 정리하지 않고 동그란 모양 그대로 완성시키는 차다. 떫은 맛이 적고 순한맛이 특징이다.

(10) 오룡차(우롱차, 烏龍茶)

차 잎을 가열처리하지 않고 방치해두면 완전 발효가 되어 홍차가 된다. 그러나 도중에 발효를 멈추게 하면 오룡차가 되는 것이다. 녹차와 홍차의 중간 성질을 가진 차라 할 수 있다. 독특한 맛과 향이 특징이다. 주로 생산되는 곳은 중국과 대만이다.

(11) 호지차(ほうじ茶)

번차와 녹차(제조과정에서 나오는 줄기와 큰 잎도 포함)를 강한 불로 볶은 차로 고소한 맛과 향이 특징인 차다. 볶는 과정에서 떫은 맛이 적어지므로 아이들에게도 권할 수 있는 차다.

(12) 자스민차(じゃすみん茶)

녹차의 제조 과정에서 신선한 자스민 꽃잎을 넣은 차이다. 일본에서는 꽃차라고도 한다.

(13) 후카무시차(深蒸し茶)

차 잎을 찌는 시간을 보통의 약 두배 정도 길게 한 차이다. 차 잎의 속까지 증기가 전해지기 때문에 모양은 가루처럼 되지만 차의 색과 맛이 진해며, 차 특유의 풀 냄새와 떫은 맛이 적다. 장시간 찌므로 가늘고 미세해진 차 잎은 물에 잘녹아 다른차에 비해 유효성분도 많이 섭취할 수 있다.

(14) 현미차(겐마이차玄米茶, 맞차이리겐마이차 : 현미차에 맞차를 넣은 차)

찐 현미를 볶아 번차나 녹차에 약 50대 50의 비율로 만든 차로서, 볶은 현미의 고소함과 녹차의 산뜻한 맛이 잘 조화된 차이다. 남녀노소 누구나 쉽게 마실 수 있는 차이다.

▲ 옥로 ▲ 자스민 ▲ 호지차

▲ 현미차

▲ 녹차

일본 차 예절에 관한 토막상식

- 다회(茶會)에 초대된 사람들은 다실 옆에 마련된 대기실에서 기다리고 있다가 주인이 다회의 준비를 마치고 기다리고 있다는 표시로 문을 조금 열어두면 다실로 들어가다 회의 주제가 되는 족자를 감상하거나, 그에 맞게 장식한 꽃을 보며 주인을 기다린다.
- 다실에서는 보통 도코노마(床の間 : 벽면에 장식해놓은 꽃장식)에 가까운 곳에 귀빈이 앉으며 다다미의 가장자리에서 조금 물러나 앉는 것이 상식이다.
- 주인은 다과를 내어 손님이 쓴 차를 마시기 전에 입맛을 돋우도록 한다.
- 주인은 차를 내기 전에 각 다구를 깨끗하게 닦거나 물로 행구는데, 이는 기물만이 아니라 차를 내는 주인의 마음을 청정하게 하는 과정이라고 할 수 있다.
- 주인이 다과를 권하면 손님은 먼저 옆 사람에게 "おさきに(먼저 먹겠습니다)"라고 말하고 접시를 양손으로 들어 감사를 표한 뒤 과자를 집어 자신의 앞에 놓는다.
- 주인은 차사쿠(茶杓 : 다도구로 말차를 덜어두는 숟가락)로 나쓰메(なつめ : 말차를 넣어두는 대추모양의 용기)안에 들어있는 말차를 조심스레 덜어 다와에 넣는데, 이 때에도 둥그런 산 모양으로 담아 둔 말차의 모양이 흐트러지지 않도록 조심하여 뜬다.
- 차 솥에서 히샤쿠(柄勺 : 차 솥에서 끓는 물을 떠서 다완에 붓는 도구)로 물을 떠서 바닥에 떨어지지 않도록 조심스레 다완(茶碗 : 차마실 때 사용하는 차그릇)에 붓는다.
- 손님을 생각하면 온 마음을 집중하여 차솔(茶鼎 : 말차에 물을 붓고 거품을 내는 도구)로 거품을 내며 손님은 이러한 과정을 조용히 감상한다.
- 마지막에는 히라가나의 "の"의 모양을 그리며 완성한다.
- 주인이 차를 내어 주면 다완을 자신과 옆사람 사이에 둔 후 "먼저 먹겠습니다." 따로 양해를 구한 뒤 주인을 향해 "차를 마시겠습니다."라고 인사를 한다. 다완을 왼손위에 올려 놓은 다음 차 한잔이 내 앞에 올 때까지의 과정에 대해 감사하며 다완을 살짝 들고 인사를 한다.
- 그림이 있는 다완의 정면을 피하기 위해 시계 방향으로 두 번 돌린다. 차는 세 번 정도로 나누어 마시되 마지막은 맛있게 마신다는 의미로 소리를 내며 마신다. 입을 댄 곳은 손으로 닦은 후 손은 가이시라는 흰 종이에 닦는다. 다완을 시계반대 방향으로 두 번 돌린다.
- 다완을 다다미의 테두리선 바깥에 놓고 전체적인 모습과 색을 감상하고 바닥의 굽을 살펴본 후 가완을 만든 가마와 유래 등에 대한 대화를 나눈다.
- 첫 번째 손님이 찻자리를 정리해 달라고 하면 주인은 다도구를 정리하는데, 이때 손님이 다도구를 감상하고 싶다고 하면 다시 한 번 다도구를 깨끗하게 닦아 낸다.
- 주인은 차사쿠, 나쓰메 등을 손님 앞에 내고 잠시 물러간다.
- 손님은 주인이 다실에서 물러간 사이 다구를 감상한다.
- 감상이 끝나면 주인에게 나쓰메를 만든 사람, 어떤 다인이 좋아하던 것인지, 차사쿠를 만든 다인과 붙여진 이름을 묻는 등의 대화를 나눈다.
- 주인과 손님이 서로 감사의 인사를 나눈다.

CHAPTER

메뉴관리

Chapter

7 메뉴관리

제1절 메뉴의 개념 및 중요성

1. 메뉴의 개념

오늘날 우리가 일반적으로 사용하고 있는 메뉴(menu)라는 말은 프랑스어로 그 어원은 라틴어의 'Minutus', 영어로는 'minute'의 뜻으로 '축소하다'(diminished)는 의미이다. 이에 기초하여 오늘날 메뉴를 'Small'(작은), 'Detailed List'(상세한 목록)로 부르고 있다(Lendal H. Kotchevar, John Wiley & Sons, 1987). 영국에서는 메뉴의 또다른 표현으로 'Bill of Fare'라고도 하는데, 'Bill'이란 '상품목록'(itemized list)을 의미하고, Fare는 '음식'(food)의 의미이다. 따라서 이를 '음식의 상품목록'이라 부르고 있다.

메뉴는 우리말로 차림표 또는 식단이라는 말로 사용되고 있다. 「웹스터사전」(Webster Dictionary)에 의하면 메뉴란 "A detailed list of the foods served at a meal," 즉 식사로 제공되는 음식의 상세한 목록, 「옥스포드사전」(Oxford Dictionary)에서는 "A detailed list of the dishes to be served at banquet or meal," 즉 "연회 또는 식사에 제공되어지는 음식들의 상세한 목록"으로 각각 설명되어 있다. 위에서 언급된 내용을 종합해 볼 때 메뉴는 "식사로 제공되는 요리를 상세히 기록한 목록"이라 정의할 수 있다.

2. 메뉴의 중요성

호텔식음료를 포함한 외식산업이 점차 전문화 · 상업화 · 대형화됨에 따라 경쟁과 차별화 정책이 절실히 요구되면서 메뉴의 중요성은 더욱 높아지고 있다. 따라서 레스토랑마다 독특한 컨셉에 따른 디자인과 내용은 물론 구성도 다양하게 개발되고 있다. 앞서 설명한 바와 같이 메뉴는 레스토랑의 경영방침과 이미지를 전달하는 대표적 도구로서 중요한 위치를 차지하고 있으며, 그 외에 메뉴의 중요성을 살펴보면 다음과 같다.

1) 최초의 판매수단

레스토랑을 극장이라 하면, 메뉴는 프로그램이라 할 수 있다. 또한 조리사와 서비스직원은 배우이며, 실내장식은 무대라고 할 수 있다. 프로그램이 좋으면 많은 관객들이 연극을 보기 위해 극장을 찾게 된다. 연극의 관객과 마찬가지로 많은 고객들이 레스토랑을 찾는다. 고객의 방문행위가 반복되면 고객은 경험을 갖게 되며, 그 경험 중에서도 첫 번째로 만나게 되는 상품이 바로 메뉴이다. 즉 메뉴는 고객과 커뮤니케이션하게 되는 최초의 판매도구로서 강력하고도 중요한 판매수단이 된다.

메뉴가 라디오 · TV · 신문, 구전(word of mouth, 口傳)으로 전달될 때 많은 고객들이 레스토랑을 찾게 된다.

2) 마케팅 도구

레스토랑의 모든 것은 메뉴와 함께 시작한다. 메뉴는 문구로 표현된 레스토랑의 그 어떠한 활동보다 중요한 것으로 성공적인 레스토랑경영의 기초가 되는 핵심요소이다. 메뉴는 레스토랑에서 생산되는 품목을 표시하고, 또한 그것을 읽는 고객에게 상품을 전달하고자 하는 인쇄물이다. 음식의 메뉴와 음료 리스트를 고객이 볼 수 있도록 비치하는 것은 고객이 상품을 선택할 수 있도록 일목요연하게 알리기 위함이다. 그러나 메뉴는 단순히 품목과 가격을 기록한 것이 아니라 고객과 레스토랑을 연결해 주는 무언의 전달자이며, 판매를 촉진시키는 마케팅도구로서 중요하게 활용된다.

3) 고객과의 약속

레스토랑의 상품은 고객이 직접 눈으로 모든 것을 확인하고 음식을 구매하는 행위가 어렵다. 레스토랑이라는 상품을 대표적으로 표현하는 도구가 바로 메뉴이며, 고객은 메뉴를 통하여 자신이 구매하고자 하는 가치를 확인하고 주문하게 된다. 또한 메뉴는 레스토랑에서 판매하는 상품에 대하여 고객에게 그 가치를 보장한다는 고객과의 중요한 약속의 매개수단이기도 하다.

4) 내부통제수단

메뉴는 판매에 있어 심장과도 같은 역할을 맡고 있으며, 레스토랑의 모든 영역에 커다란 영향을 미친다. 특히 식재료의 구매 · 저장 · 재고 등의 식재료관리는 물론, 이와 연관된 가격정책과 그에 따른 원가관리와 깊은 관련을 맺고 있는 내부통제수단으로 활용되는 도구가 된다.

제2절 메뉴의 기능 및 구성요소

1. 메뉴의 기능

고객을 정확히 알고 있다는 것은 레스토랑경영에서 뿐만 아니라 그 어떤 사업에서도 중요한 요소이다. 만일 레스토랑에서 고객이 마음 속에 원하고 있는 상품으로 구성된 메뉴를 판매하고 있다면, 고객은 그 가치에 대한 대가를 분명히 지급하게 될 것이고, 그 결과 레스토랑은 성공적인 경영을 할 수 있게 된다.

1) 메뉴의 기본적 기능

메뉴의 기본적 기능은 상품을 고객에게 전달하는 것이다. 외부적으로는 판매 가능한 음식 · 가치 · 가격을 고객에게 전달하고, 내부적으로는 레스토랑에서 생산하는 상품이 무엇인가를 직원에게 전달하는 것이다. 그러나 메뉴의 진정한 의미는 단순히 알리는 것 그 이상의 기능을 하고 있다.

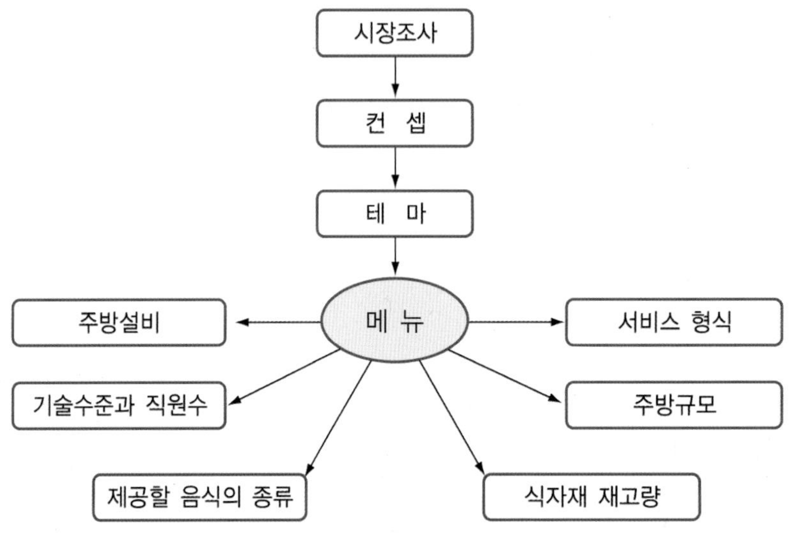

ǀ그림 7-1ǀ 메뉴의 기능

2) 메뉴의 기능

메뉴는 레스토랑 경영에서 가장 기본이 되는 도구로서 경영의 청사진과 같은 기능을 한다. 메뉴의 기능을 대표적으로 살펴보면 첫째, 음식을 고객에게 제공하기 위한 활동을 제시하고 둘째, 레스토랑경영의 영업과정을 조정하고 통제하는 기능을 지니고 있다.

① 레스토랑 컨셉의 표현

② 조리 및 서비스인력의 정보 제공

③ 주방 및 업장의 시설

④ 주방기기 및 기물, 서비스 기물 및 비품

⑤ 필요한 식재료의 파악과 구매 및 공급시기

⑥ 서비스의 절차 및 방법

⑦ 원가관리

⑧ 음식문화의 흐름 및 외식산업의 추세 반영

① 메뉴는 레스토랑경영의 상징적 사명을 갖고 있다.
　㉠ 레스토랑의 운영상태는 메뉴를 보면 알 수 있다.
　㉡ 메뉴의 역할은 기업의 경영순환과 같다.
　　ⓐ 경영정책
　　ⓑ 판매계획
　　ⓒ 분석
　　ⓓ 판매
　㉢ 레스토랑경영은 메뉴가 지닌 사명에 의해서 구현된다.
　　ⓐ 메뉴는 레스토랑의 얼굴이다.
　　ⓑ 메뉴는 레스토랑의 수준을 결정한다.
② 메뉴의 사명은 레스토랑의 근원이다.
　㉠ 상품의 모든 판매는 메뉴로부터 시작된다.
　㉡ 메뉴는 무언(無言)의 판매자이다.
　㉢ 메뉴는 가장 중요한 판매수단이다.
　㉣ 메뉴는 고객으로 하여금 식욕을 직접 불러일으키게 하여 판매의 효과를 준다.
　㉤ 메뉴는 고객이 무엇을 어떻게 원하는가를 파악하여 구입욕구를 충족시켜 주지 않으면 안된다.
③ 메뉴는 그 레스토랑의 개성과 분위기를 창출하는 도구이다.
　㉠ 개성과 분위기가 없는 레스토랑은 기업으로 성장할 수가 없을 것이다.
　㉡ 고객에게 친절한 인상을 주어 분명한 판매의식을 가져다 주어야 한다.
④ 메뉴는 레스토랑의 실내장식과 큰 조화를 이룬다.
　㉠ 메뉴의 선택
　㉡ 메뉴의 색채
　㉢ 메뉴의 문자구성

2. 메뉴의 구성요소

메뉴는 구매하여야 할 식재료를 지시한다. 메뉴는 서빙되는 식음료의 영양분 내용을 지시한다. 메뉴는 주방 및 업장 종사원의 기술수준을 의미한다. 메뉴에 따라 구입해야 할 주방기기가 결정된다. 메뉴는 주방 및 업장의 디자인과 설계에 영향을 준다. 메뉴는 업장에서 필요한 종사원을 결정한다. 메뉴에 따라 업장의 실내 디자인 및 인테리어가 결정된다. 메뉴는 원가통제 절차를 결정한다. 메뉴는 생산에 필요한 상황을 지시한다. 메뉴는 서빙방법을 지시한다.

제3절 메뉴의 종류

1. 식사의 구성(내용)에 의한 분류

1) Table d'hote restaurant(정식 식당)

정식(Full Course)은 정해진 메뉴(Set Menu)에 의해 제공되는 것으로써 전채 → 수프 → 생선요리 → 야채 → 육요리 → 후식 등의 순서로 되어 있다.

일명 풀코스요리를 제공하는 식당으로 정해진 메뉴를 일정한 순서에 의해 제공하는데 그 구성은 다음과 같다.

▲ 바비큐 폭립 스테이크

appetizer	전채요리	smoked salmon, snail
soup	스프	cream soup, consomme
fish	생선요리	halibut, trout, salmon
main course	육류요리	beef, pork, lamb, veal
poultry	가금류	chicken, turkey, duck
salad	샐러드	green salad, tossed salad
dessert	디저트	ice cream, fruits, cake
coffee or tea	커피, 홍차	irish, vienna, lemo

일반적으로 위와 같은 정식코스를 다 갖추어 제공하기는 흔하지 않으며 상황에 따라 한두 가지 음식코스를 생략하여 메뉴를 구성한다.

일례로 미식가협회의 만찬을 보면 대게는 다음과 같이 구성된다.

아래의 미식가협회(美食家協會)와 같은 만찬은 대개 theme party 형식으로 이루어지며, 코스마다 event를 가미하여 환상적인 분위기를 연출하고, 최고의 food decoration으로 장식되어 제공된다.

cold appetizer	first white wine
soup	
hot appetizer	second white wine
sherbet	입 안을 시원하고 개운하게 하여 다음 코스인 main course를 새롭게 즐길 수 있도록 배려
main course	first red wine
salad	
dessert	cheese course를 추가하기도 한다.
coffee or tea etc.	
cigar service	brandy service

일반적인 레스토랑에서의 table d'hote menu 특징을 살펴보면,

첫째, 가격이 고정되어 있으며, 대체로 같은 양의 a la carte menu보다 가격이 저렴하다.

둘째, 원가가 절약되고, 조리과정이 일정하여 효율적이다.

셋째. 신속하고 능률적인 서브(Serve)를 할 수 있다.

넷째, 고객의 입장에서 선택이 용이하고, 전체매출에 대한 기여도가 높다.

다섯째, 조리과정이 일정하여 인력이 절감된다.

여섯째, 회계처리가 쉽다.

일곱째, 메뉴구성에 있어서 중복되는 재료, 중복되는 소스, 중복되는 조리방법 등은 없는지 세심히 고려해야 한다.

2) a la carte restaurant(일품요리 식당)

품목별로 가격이 정해져 있어 고객의 주문에 의해 개별로 요리를 제공하는 식당을 말한다.

▲ 일품 장어요리

일품요리는 보통 전문식당에서 제공되고 있으며, 고객이 자신의 기호에 맞는 음식을 자유로이 선택할 수 있다는 장점이 있는 반면, 가격이 정식에 비해 비싸고 서비스가 다소 복잡하다.

3) 뷔페(Buffet)

뷔페는 찬 요리와 더운 요리 등으로 분류하여 진열해 놓은 음식을 고객이 일정한 가격을 지급하고 직접 자기의 기호에 맞는 음식을 운반하여 양껏 먹는 식사로서 일명 스모가스 보드(Smorgas Bord)라 한다. 'Smor'는 빵에 버터를 발라먹는다는 뜻, 'Gas'는 Goose로 거위 가금류 등의 요리를 제공한다는 뜻, 'Bord'는 Board, 즉 식탁의 뜻이다. 다시 말해, 육류를 비롯해 빵, 버터 등 여러 가지 음식을 식탁 위에 진열한다는 의미를 지니고 있다.

뷔페의 유력한 설은 스웨덴에서 유래되었는데, 원래 원정생활을 하며 지내는 나라였지만 크리스마스 만큼은 고향으로 돌아와 온 동네 식구들과 어우러져 육류, 해산물을 훈제하거나 절여 만든 수십 가지의 요리와 함께 축제를 즐기는 데서 비롯되었다고 한다. 노르웨이에서는 '콜보드', 덴마크에서는 '데 스토어 콜보드'라고 하는데, 미국으로 건너가 뷔페라는 말로 바뀌었다. 이런 연유로 한국에서 일명 '바이킹요리'라고 부르는데, 스칸디나비아 3국은 바다에 접하고 있어서 청어 · 고등어 · 연어 같은 생선을 이용한 요리가 발달했지만, 회는 먹지 않고 훈제나 절여서 먹는다. 이들이 즐기는 술은 '아쿠아비트'라고 하는데, 소주와 비슷하지만 향이 독특하고 진하며 쓴

맛이 별로 없다. 도수는 45도 정도이다. 청어는 6달~1년 정도 절인 각종 양념과 식초로 만든 청어 샐러드로 감자와 달걀과 함께 먹는다. 소의 간을 익힌 '리버 패스트'는 피부미용에 좋아 유럽의 젊은 여성들이 홍당무와 함께 즐겨 먹는다.

일반적으로 뷔페라는 말은 스모가스 보드보다는 규모가 작으며, 준비내용에 따라 찬(Cold) 뷔페, 더운(Warm) 뷔페, 디저트로 나뉘며, 고객의 주문에 의해 일정한 고객숫자에 맞춘 Close 뷔페와 일반적인 Open 뷔페가 있다.

2. 식사의 시간에 따른 분류

1) 조식(Breakfast)

(1) 미국식 조식(American breakfast)

미국식 조식은 계란요리와 주스(Juice), 토스트(Toast), 커피(Coffee)를 비롯해서 핫케이크(Hot Cake), goa(Ham), 베이컨(Bacon), 소시지(Sausage), 프라이드 포테이토(Fried Potato), 콘플레이크(Comflake), 우유(Milk) 등을 선택해서 먹는 식사의 한 종류이다.

(2) 유럽식 조식(Continental breakfast)

구라파식 조식은 계란요리와 곡류(Cereal)가 포함되지 않고 주스, 빵, 커피, 우유 정도로 간단히 하는 식사이다. 유럽에서 성행되고 있는 식사로서 호텔 내에서는 객실요금에 아침식사요금이 포함되어 있다.

(3) 영국식 조식(English breakfast)

American breakfast와 같으나 생선요리나 양고기, porridge 등이 추가되는 격식을 갖춘 heavy breakfast이다.

영국식 조식은 일반적으로 생선요리가 추가되는 것을 말하는데, 제공되는 음식은 다음과 같다. 과일과 야채, 샐러드, 오트밀, 토스트, 오렌지잼, 버터, 차(요즘은 커피나 카카오도 포함), 생선, 계란요리, 잼, 소시지, 그릴된 송아지요리 등이다

(4) 비엔나 조식(Vienna Breakfast)

비엔나 조식은 계란요리와 Roll 정도의 간단한 메뉴와 함께 커피와 같이 제공되는데, 일반적으로 Croissant, Melange(1/2 Coffee+1/2 Milk), Soft Boiled Egg 등이 제공된다.

(5) 스칸디나비아식 조식

스칸디나비아식 조식은 다른 나라의 조식과는 달리 여러 다양한 종류의 차거나 따뜻한 생선류, 구워 만든 과자류나 딱딱한 빵(Knaeckebrot) 등이 제공된다.

(6) 스위스식 조식

스위스식 조식은 우유로 만든 음식이 주류를 이루는데, 여러 종류의 치즈와 더불어 우유로 만든 음식들 그리고 과일이나 오트밀 및 우유와 설탕으로 만든 뮈슬리(Muesli) 등이 제공된다.

▲ 구라파식(유럽식) 조식(continental)

2) 브런치(Brunch)

브런치는 아침과 점심식사의 중간쯤에 먹는 식사이다. 현대의 도시생활인에 적용되는 식사형태로써 이 명칭은 최근 미국의 식사에서 많이 이용되고 있다. 아침과 점심 사이에 먹는 식사로 어원은 Breakfast의 'Br'과 Lunch의 'unch'를 복합하여 만들었다. 밤늦게 도착하는 고객이나 주말에 늦잠을 자서 아침이 늦은 고객 혹은 아침을 먹지 않는 고객을 위하여 아침 11시부터 오후 2시까지 제공되는 식사이다. 제공되는 음식으로는 아침 뷔페, 수프와 안심 스테이크나 뜨거운 야채(Morning Steak) 등의 작은 메뉴들 그리고 야채인 샐러드와 케이크와 같은 단맛이 나는 음식이 제공된다.

▲ 브런치 정식

3) Lunch(eon)

아침과 저녁사이에 먹는 것을 영국에서 일컫는 말이다.

미국에서는 시간에 관계 없이 먹는 것을 lunch라 말한다.

"Light lunch, heavy dinner"라는 말이 있듯이 가볍게 먹는 것이 보통이다.

요즘은 특별히 luncheon special menu를 많이 개발하여 많은 고객을 유치하고 있다.

▲ 런천(Luncheon) 정식

4) Afternoon tea

영국의 전통적인 식사습관으로, 유명한 milk tea와 melba toast를 함께 하여 점심과 저녁식사 사이에 먹는 간식을 말한다. 지금은 영국뿐만 아니라 세계 각국에서 정오에 티타임(Tea Time)이 보편화되고 있다. 주로 coffee shop과 lobby lounge, cafe 등에서 제공한다.

▲ Afternoon Tea 전문점 Pancake House

무료해지고 나른해지며, 무언가 먹고 싶은 충동을 느낄 때 먹는 것으로 오후의 남은 일과를 효율적으로 일할 수 있게 해준다는 의미에서 요즘은 어디에서나 볼 수 있는 삶의 한 형태이다.

독일의 jause(야우제), 미국의 pancake house 등이 성업 중에 있다.

5) Dinner

동 · 서양을 막론하고 저녁은 질이 좋은 음식을 충분한 시간적인 여유를 가지고 즐길 수 있는 식사이다. 보통 저녁식사 메뉴는 정식(Full Course)이 보편화되고 있다. 식당경영자는 저녁메뉴의 식사를 좀더 품질 좋고 풍성하게 하여 그 날의 영업을 가늠하는 중요한 시간으로 삼고 있다.

저녁식사는 메뉴를 대체로 정식으로 선택하며, 주류의 판매가 전체 이익에 공헌하는 비율이 높으므로 이 부분에도 각별한 신경을 써야 한다.

▲ Main(Dinner) Steak

▲ 한식 정찬

6) Supper

본래 격식 높은 정식 만찬의 의미로 쓰였으나, 요즘은 그 의미를 달리하여 늦은 시간의 가벼운 식사를 일컫는다. 늦은 음악회나 오페라 후에 가볍게 먹는 식사로 크림 수프, 계란, 스테이크와 더운 야채, 팬케이크, 커피나 차 등이 제공된다.

▲ 가벼운 고기와 식사

3. 특별메뉴

특별 메뉴는 원칙적으로 매일 시장에서 특별한 재료를 구입하여 주방장이 최고의 기술을 발휘함으로써 고객의 식욕을 돋우게 하는 메뉴이다. 이것은 기념일, 명절과 같은 특별한 날이나 장소에 따라 감각에 어울리는 특별한 메뉴이다. 계절에 따른 계절 메뉴(Seasonal Menu)도 있다.

제4절 메뉴계획

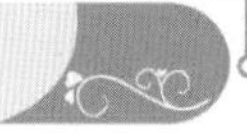

1. 메뉴계획 시 고려해야 할 기본적 사항

1) 업소의 형태

메뉴계획에서 제일 먼저 고려되어야 할 사항은 업소의 형태이다. 각 메뉴의 초점은 먹는 사람에게 맞추어야 한다.

2) 식당경영의 목표와 목적

식당경영의 궁극적인 목표는 가능한 모든 자원을 합리적으로 이용하여 경제적으로 고객을 만족시키고, 비용을 최소화하며, 이윤을 극대화하는 데 있다는 것을 명심하고 계획한다.

3) 고객(시장조사)

메뉴계획의 가장 중요한 요인은 고객이며, 성공적인 경영을 위하여 어떠한 메뉴라도 고객을 만족시켜야 한다. 경영자는 경영자 자신이 판매하고자 하는 품목이 아니라 고객이 구매하고자 하는 품목을 제공하기 위하여 항상 노력해야 하며, 이를 위해 세부목표시장을 선택하고 이 시장고객의 필요 욕구를 메뉴계획에 있어서 첫 번째 고려사항으로 해야 한다. 따라서 메뉴계획의 대상고객이 누구이며, 그들이 원하는 것이 무엇인지를 가장 먼저 알아야 한다. 그러기 위해서는 시장조사가 선행되어야 하는데, 이용고객층에 대한 연령, 성별, 직업 및 경제적인 상태 등을 파악하여 알아두어야 한다. 왜냐하면, 이러한 복합적인 요소들이 고객이 어떤 음식을 좋아할 것인가를 판단해 주기 때문이다. 또한 고객의 식문화는 전통적인 식문화, 지역적인 문화 차이, 윤리적인 배경 등이 복합적으로 작용하여 제약되는 경향이 있다. 예를 들면, 힌두교인들은 쇠고기를 먹지 않으며, 회교도인들은 돼지고기를 금기하고, 미국인들은 말고기와 개고기를 금기로 규정하고 있다. 유태인들은 물고기 중에서도 비늘을 가진 것만 먹지만, 호주의 원주민들은 비늘을 가진 물고기 먹는 것을 금하고 있다.

이와 같이 고객의 입맛에 맞추려는 노력이 필요하고, 고객의 욕구를 찾아내어 충족시키는 것은 매우 중요하다.

4) 원가의 수익성

고객의 요구가 파악되면 고객이 원하는 식음료상품의 이익과 비용을 고려해야 한다. 많은 식품들이 계절성을 지니므로 어떤 식품들은 신선한 상태로 또는 연중 적절한 가격으로 구매할 수 없다. 따라서 메뉴별 식재료 파악과 그에 따른 구매가능 여부를 파악해야 하며, 공급원을 확보해야 한다. 이런 절차를 거친 후 메뉴품목들이 판매력과 이익을 가지는지 확인해야 하는데, 식음료부문에 있어서 이익은 생산비용 만큼 손실을 회복하고 매상액에 대한 차익을 가져오기 위하여 책정된 메뉴의 가격에 의해서 얻어진다. 적절한 수익성과 동시에 매출을 늘리기 위해서는 원가의 목표율을 염두에 두고 계획한다.

5) 식자재의 공급시장

메뉴계획자는 메뉴에 사용되는 식재료가 무엇인가를 알고 구입이 가능한 품목과 현재 보유하고 있는 재고품목을 활용할 수 있도록 하며, 재료를 구입하는 사람은 시장조건에 대한 정보를 메뉴계획자에게 제공하여야 한다. 원식자재의 공급시장과 시장의 위치 등 시장조건에 대한 정보를 충분히 확보하여야 한다.

6) 저장고 및 재고상황

한국의 경우 수입 식자재의 의존도가 높기 때문에 원식자재를 보관할 수 있는 저장고의 필요성이 강조되기 때문에 메뉴계획 과정에서 공급시장의 상황과 저장고의 재고상황을 반드시 고려해야 한다.

7) 시설과 장비

메뉴 아이템의 선정은 현재의 조리시설과 종업원의 기술수준에서 가장 신속하고 경제적으로 생산할 수 있는 아이템을 선정하여야 한다. 이러한 점을 고려할 때 메뉴 계획 과정에서 시설과 장비의 고려는 절대적이다.

8) 인원 및 숙련도

조리사라고 해서 메뉴에 있는 모든 요리를 제대로 만들어 낼 수는 없다. 그렇기 때문에 주방 조리사의 수와 그들의 숙련도를 감안하여 생산할 수 있는 아이템이 선정되어야 한다.

9) 음식의 다양성과 매력성

고객선택의 폭을 넓히기 위해 다양한 품목을 갖추어야 하며, 호기심과 식욕을 촉진시킬 수 있는 매력이 있어야 한다. 고객에게 일년 사계절 동안 동일한 메뉴를 제공하면 단골고객은 메뉴에 대하여 식상함을 느끼게 된다. 메뉴품목에 있는 상품이 구매의욕을 갖기 위해서는 계절감 · 색깔 · 모양 · 향기 · 서비스방법 · 온도 · 장식 등으로 고객에게 호기심과 매력을 주도록 계획하고, 다양한 조리방법과 일정한 시간별로 메뉴에 변화를 주어야 한다. 고객의 선택의 폭을 넓히기 위해 다양한 아이템을 갖추어야 하며, 호기심과 식욕을 촉진시킬 수 있는 매력이 있어야 한다.

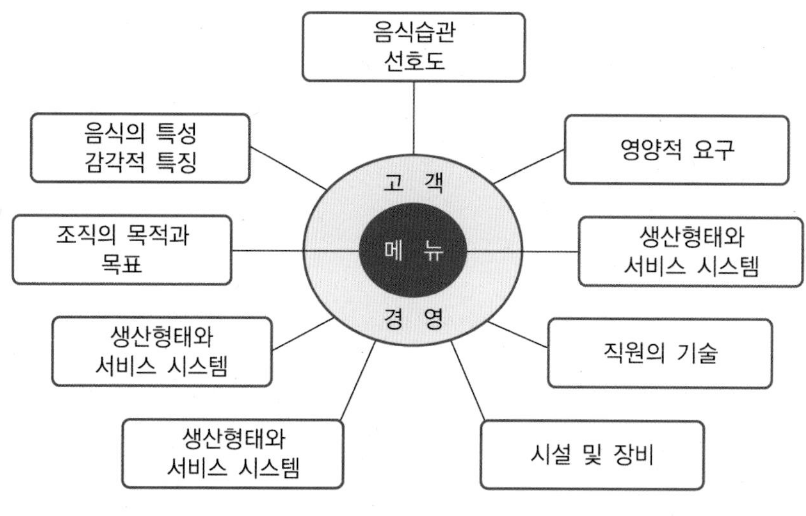

┃그림 7-2┃ 메뉴의 특성

10) 영양적인 배려

영양적 요소에 대한 고객들의 관심이 점점 높아지므로 건강식에 대한 깊은 배려가 있어야 한다. 질적 서비스향상의 차원에서 고객의 영양적 측면을 고려하여 기본적인 영양소인 단백질, 탄수화물, 지방, 무기질, 섬유소가 골고루 충분히 함유되도록 건강식 · 영양식 위주의 메뉴를 고려한다. 특히 채식주의자나 건강식에 관심이 많은 고객을 위한 메뉴도 준비하는 것이 좋다. 음식의 균형과 다이어트, 신선도와 영양 및 양에 관한 사항 등은 메뉴계획 시 중요한 요인이다.

메뉴계획(menu planning)은 근본적으로 호텔레스토랑이나 고급 및 전문 레스토랑의 영업 전반에 영향을 미치기 때문에 각 업장의 입지조건과 판매표적시장 및 고객의 동향을 철저히 분석한 후 고객의 욕구충족과 경영전략차원에서 이루어져야 한다. 메뉴의 구성은 그 주방의 책임자 또는 요리장의 책임 하에 경영주와 총지배인의 의사를 존중해서 시장조사 후에 이루어져야 하며, 조리사들은 이 메뉴에 의하여 그때그때의 요리를 조리하도록 만들어내는 것인데, 특히 잊어서 안 되는 것은 재료재고의 유무와 조달가능성을 잘 검토해서 메뉴를 구성해야 한다. 또한 메뉴작성자는 메뉴계획에 많은 시간을 소비하게 되는데, 영양학이나 식품위생법에 대한 지식을 가지고 있어야 하며, 메뉴개발을 위한 새로운 아이디어를 얻기 위하여 다양한 조리책과 식음료업계 출판물 등 여러 가지의 경로를 통하여 끊임없이 연구하여야 한다. 더불어 준비과정 및 음식생산의 기술에 능숙해야 하며, 식재료부터 완성된 식사까지의 특징을 모두 알고 있어야 한다. 따라서 메뉴작성자는 창조적이고 성공적인 메뉴를 만들어 내기 위해서는 계속적인 연구와 다양하고 오랜 기간의 경험이 필요하다.

2. 메뉴작성 시 원칙

① 같은 재료의 요리를 중복시키지 않는다.

② 같은 색의 요리를 반복시키지 않는다.

③ 비슷한 소스(Sauce)를 중복해서 사용하지 않는다.

④ 같은 조리방법을 두 가지 이상 같은 요리에 사용하지 않는다.

⑤ 요리 제공의 순서는 경식(Light Dish)에서 중식(Heavier Dish)으로 균형을 맞춘다.

⑥ 요리와 곁들여지는 요리(Garniture)와의 배합과 배색에 유의한다.

⑦ 계절감각과 용도별 성격, 특산물을 고려하여 작성한다.

⑧ 메뉴의 표기문자는 요리의 내용에 따라 각국의 고유문자를 사용하나, 양식인 경우부터 표기를 원칙으로 하여 나라명, 지명, 사람의 이름 등 고유명사는 대문자로 표기한다.

3. 메뉴작성 절차

메뉴를 작성하는 절차는 레스토랑의 여건에 따라 다양하다. 그러나 일반적인 메뉴작성의 절차는 첫째, 기존의 레스토랑에서 성공하고 있는 품목 또는 경쟁레스토랑에서 판매하고 있는 품목들을 인력 · 기술 · 시설에 관계없이 가능한 종합하고, 둘째, 레스토랑의 컨셉에 맞는 품목을 선별하는 것이다.

① 메뉴품목을 조리할 수 있는 능력과 기술이 있는가?

② 책정된 원가기준에 크게 초과하지 않는가?

③ 조리방법과 절차가 어렵지 않은가?

④ 서비스하는데 어려움은 없는가?

⑤ 맛과 품질의 변화가 빠르게 일어나지 않는가?

⑥ 주방기기 및 기물을 새로 구입해야 하는가?

올바른 메뉴 작성 가이드	
• 음식분비의 표현	• 브랜드(상호)명의 표현
• 시각적 · 언어적 표현	• 음식의 정체성 표현
• 건강 및 영양적 요소의 표현	• 식재료 생산지의 표현
• 질의 표현	• 식재료 구매의 표현
• 가격의 표현	• 식재료 보관수단의 표현

CHAPTER

연회예약관리

Chapter

8 연회예약관리

제1절 연회예약 의의

연회예약은 연회행사를 주최하고자 하는 최초의 고객 의사표시이다. 행사를 상담하는 과정에서 제안견적서가 필요하고, 확정이 되면 예약전표와 계약서를 작성하게 된다. 또한 이렇게 예약된 행사는 최소 일주일 이내에 행사지시 서를 행사관련 부서로 전달하여 행사가 진행되는 과정을 거치게 된다. 본 장에서는 견적서를 제외한 예약과정에 필요한 것을 다루도록 하겠다.

1. 연회예약의 개념 및 의의

1) 연회예약의 개념

호텔내의 각종 연회는 예약에 의해서 접수되고 제안견적서에 의해 계약이 성립되며 행사지시서(event order 혹은 Function sheet)에 의해서 분비-진행-마감되는 절차를 따르고 있다. 이처럼 연회가 예약에 의해 개최되고 그에 따라 준비가 이루어지기 때문에 연회예약은 연회행위를 하기 위한 최초의 고객의 의사표시로 받아들여지고 있다. 일반적으로 연회예약실은 호텔의 얼굴과도 같아 상담하기 좋은 분위기와 연회장의 접근이 좋은 위치에 있는 것이 보통이다.

2) 연회예약의 의의

오늘날 호텔예약은 고객으로부터 예약을 기다리는 시대는 과거의 일이 되어버렸다. 고객은 다양한 채널을 통해 호텔에 관한 정보를 수시로 제공받기 때문이다. 이에 호텔 측에서는 까다롭고 변덕이 심한 고객의 취향을 맞추는데, 남다른 전략을 세워 대응하도록 해야 함은 물론이고, 호텔 예약담당자와 판촉사원은 고객과 밀접한 협력체제를 갖추어 적극적인 판촉활동을 통하여 고객확보와 유지에 최선의 노력을 기울여야 한다. 또한 경쟁업체보다 우위를 차지하려면 최고의 시설, 특징 있는 요리, 품위 있는 장식, 최고의 서비스를 지속적으로 개발하여 최상의 상품으로 판매될 수 있도록 유도해야 한다. 특히 친절한 예절과 정중한 언어구사, 상품지식 등을 습득하여 고객에게 좋은 이미지를 심어 주는 것은 연회 행사를 상담하는 담당자와 기본적인 자질이기도 하다. 현실적으로 체계적이며 전문적인 예약절차 및 행사진행은 고객으로부터 요청되는 다양한 요구를 만족시키고 고객창출과 고객창출 화에 크나큰 영향을 미치므로 전문적이고 고도의 숙련된 기술을 가진 예약운영이 중요하고 필요하다고 볼 수 있다.

BANQUET CONTRACT
연회계약서

Company 회사명	
Organizer 담당자	Telephone 전화
Address 주소	
Date of Function 연회일자	Venue 장소
Type of Function 연회종류	No. of Guarantee 최저인원수

ITEM / 구분	MENU & PRICE PER PERSON / 메뉴 & 단가	AMOUNT / 금액
FOOD 음식		
Beverage 음료		
F&B Sub-Total 식음료합계		
10% Service Charge 10% 봉사료		
10% VAT 10% 부가세		
F&B Total 식음료총계		
Room Rental 대실료		
Decoration 장식		
AV Equipment 시청각 기자재		
Outside Vendor 협력업체		
Corkage Charge 주류반입료		
Other 기타 선택사항		
Sub-Total 소계		
10% V.A.T 10% 부가세		
Total 합계		
Grand Total 총합계		
Deposit Paid 계약금		

Signed in agreement of the above and subject to the terms and conditions on the backside of this contract

Date CLIENT GRAND INTER-CONTINENTAL SEOUL

▲ 인터콘티넨탈 호텔 연회 계약서 샘플

제2절 연회예약부서의 조직과 직무

1. 연회예약부서 구성원의 직무

호텔연회예약부서의 직무분담은 예약직원의 자질향상과 예약담당의 조직을 강화하여 슈퍼 엑설런트(Super Excellent)한 예약업무로 고객의 재창출 및 매출액 증대에 기여하기 때문에 효율적으로 나눠져야 한다.

대규모 호텔 연회예약부서의 직무분장은 거의 대동소이한 것으로 나타났다. 연회예약이 호텔 기능상 중요한 위치에 점하게 된 것은 국제회의, 연회, 가족모임 등이 대중화되어 호텔을 이용하면서부터였다.

연회예약부서의 기본적인 운영방침은 대략 다음과 같다.

① 대 고객 서비스의 평등화

② 고객의 재창출 및 매출액 증대

③ 연회판촉 조직구성원과 협조체계 강화를 통한 업무효율화

④ 고가격, 고품질 상품 및 고품질 서비스화

⑤ 예약직원의 대 고객 서비스의 자질향상

⑥ 경쟁호텔 우위 확보

연회예약부서는 크게 연회예약담당지배인, 코디네이터, 예약사무원으로 3등분 된다.

1) 연회예약 지배인의 직무

(1) 직무개요

연회행사를 판매하며, 각종 연회행사, 컨벤션, 미팅, 기타 행사를 조정하는 업무를 담당한다. 그리고 판매문의에 대해 사내 판매의 대표자이며, 행사예약 장부의 컨트롤에 대한 최종 책임자이다. 도한 연회행사가 원만히 준비되어 진행될 수 있도록 모든 연회장 준비에 대한 조정을 담당한다. 그리고 연회예약부서 구성원들의 지휘·감독업무와 타 관련 부서와의 업무상 협의에 대한 책임을 진다.

연회예약지배인은 고객으로부터의 예약을 접수하여 연회를 창출하는 업무를 책임지고 있는 직책으로서 예약을 받을 때 파티의 종류, 인원, 날짜, 메뉴를 정하고 연회에 필요한 시설과 장소를 고객에게 상세하게 설명해 주어야 한다.

식음료에 관한 지식을 완벽하게 습득하여 연회 수익의 산출능력을 갖추고 고객에 대한 연회행사의 판매, 세미나, 가족모임, 기타 행사의 조정 및 모든 연회장의 준비에 대한 조정을 담당하는 직무를 지니고 있다.

연회예약지배인은 고객의 요구에 대한 즉각적인 답변을 할 수 있는 능력을 소유하고 있어야 하며, 차질 없는 연회행사의 진행을 위해 각 부서와 유기적인 관계를 유지할 수 있는 원만한 성격의 소유자여야 한다. 연회예약지배인의 구체적인 직무는 다음과 같다.

(2) 구체적인 직무와 책임

① 연회예약과 관련된 모든 업무에 대한 총괄적인 지휘· 감독 관리업무
② 타부서와의 협조 관계
③ 연회 예약의 메뉴 및 가격 결정
④ 연회 예약 접수에 따른 관리 및 결재
⑤ 연회 예약 대장의 관리
⑥ 직원의 교육 및 근무 관리 등 기타 업무

- 연회행사와 객실 필요에 대한 예약과 관련된 개인 및 단체와 교섭한다.
- 음식과 함께 하는 연회를 계획하고 행사장내의 모든 준비사항에 관한 요구에 대해 고객과 함께 연구한다.
- 행사에 필요한 모든 장비를 고객에게 공급할 수 있도록 한다.
- 통합판매체제의 증진을 위해 연회과장, 판매과장과 긴밀하게 협조한다.
- 연회예약업무에 대한 총괄적인 진행에 대한 관리와 책임을 진다.
- 모든 감독들에게 공통된 직무와 그리고 할당되는 기타의 직무를 수행한다.

2) 연회 예약 부 지배인의 직무

(1) 직무개요

연회행사의 판매, 컨벤션, 미팅, 기타 행사의 조정판매와 문의에 대한 사내 판매의 부대표자로서 연회과장과 연회예약지배인의 업무보조, 행사 예약 장부의 컨트롤 및 모든 연회장 준비에 대한 조정을 담당한다.

(2) 구체적인 직무와 책임

① 연회회의 및 객실예약에 관한 개인 또는 단체고객을 면담한다.
② 연회장 내의 모든 연회, 회의, 기타 행사를 고객과 직접 계획한다.
③ 시청각 기자재를 준비하고 관리한다.
④ 컨벤션, 회의, 연회에 관한 서류를 유지/ 관리한다.
⑤ 예약 접수 내용 관리 및 연회 예약 대장을 기록/ 유지한다.
⑥ 견적서를 작성한다.
⑦ 행사 명령서를 작성한다.
⑧ 행사장 배치도를 기록하고 관리한다.
⑨ 연회장에 대한 각종 안내문을 준비하고 점검/ 확인한다.
⑩ 통합 판매체계의 증진을 위해 연회과장, 연회예약지배인, 판촉부서와 긴밀히 협력한다.
⑪ 기타 공통된 업무와 직무를 수행한다.

3) 연회예약사무원의 직무

① 각종 서식 및 메뉴 비품 관리
② 구매 요구서 발송
③ 우편물 접수 및 발송
④ 인쇄물 의뢰 및 수령
⑤ 각종 타이핑 및 메뉴 프린팅
⑥ Function Sheet 의 배포

⑦ 예약금 관리

⑧ 기타

2. 연회예약담당의 조건

연회를 유치하기 위한 경쟁은 고객확보를 위한 전략이다. 따라서 연회 유치를 위한 연회요원은 연회상품지식은 물론 호텔상품(A.C.S)에 대해서도 풍부한 지식을 습득하여야 한다.

- Best Accommodation(좋은 시설 - 연회장)
- Best Cuisine(맛있는 요리)
- Best Service(좋은 서비스 - 인적 서비스)

또한 연회예약담당(Reception Clerk)으로서 보다 중요한 사항은 풍부한 상품지식은 물론이고 아울러 "고객에게 인간적으로 신뢰받을 수 있는 인간성"을 확립하는 것이다.

"호텔○○에게 부탁하면 틀림없다"라는 믿음과 신뢰를 쌓아야 한다. 온화하고 공손한 마음으로 고객을 접하며 일단 응낙한 사항은 실천하도록 최선을 기울이고 고객에게 행사 진행에 있어서 편안한 마음을 줄 수 있도록 응대하여야 한다. 또한 자기계발을 위하여 끊임없이 노력하고 연구하는 마음자세로 업무에 임해야 한다.

3. 예약담당의 업무

예약업무는 고객에게 예약을 수주하는 리셉션(Reception)업무와 관계부서에 발주하는 발주업무로 대별할 수 있다.

1) 예약실의 주요담당(Reception Clerk)의 업무

① 내방고객의 연회상감 및 예약접수

② 전화 상담과 예약접수

③ 연회장 안내(룸 쇼잉)

④ Control Chart 관리(룸 판매 관리)
⑤ 예약 취소, 변경 시 관계부서 통보
⑥ 예약금 취급 및 관리
⑦ 연회관련 정보 접수 시 판촉사원에게 정보 제공
⑧ Function Sheet(Event Order)작성
⑨ Menu, 견적서, 도면 작성
⑩ 판촉지배인 부재 시 대리 상담
⑪ 전 사원 캠페인 교육 및 실적 집계
⑫ 조리부에 메뉴제출의뢰서 발송
⑬ 가족모임 실적 집계
⑭ 고객관리카트 작성 유지
⑮ 호텔연회상품 홍보물(DM) 발송 등등

2) 관계부서 발주업무

① 연회일람표 작성 및 통보
② Menu, Name Card, 좌석배치도 제작
③ Function Sheet의 관계부서 배로
④ 외주업무의 발주(Flower, Photo, Banner, Placard, Musician Menu 등등)
⑤ Sign-Board, Seating Arrangement 제작 및 설치 의뢰
⑥ 고객관리가트 작성 및 보관
⑦ 감사편지 발송
⑧ Function Sheet의 보관
⑨ 각종 연회 Sales Kit 보관
⑩ 행사에 필요한 각종 인쇄물의 고안 및 발주
⑪ Ice Carving Logo 의뢰 및 담당자에게 송달

3) 예약업무에 관련 각종 서식

① Control Chart (연회예약 현황 표)

② Quotation(견적서)

③ Reservation or Reservation Sheet (연회예약전표)

④ Function Sheet or Event Order (연회행사 지시서)

⑤ Daily Event Order (금일 연회행사 통보서)

⑥ WeeklyEvent Order (주간행사 통보서)

⑦ Monthly Event Order (월간행사 통보서)

⑧ VIP Report (금일 VIP 방문 통보서)

⑨ Price Menu (메뉴 가격 표)

⑩ Price Information(가격안내표)

⑪ Floor Lay-out (각층 연회장 도면)

⑫ Function Room Lay-out (연회장 도면)

⑬ Program (각종모임 안내표와 식순 표)

⑭ Revises Memo or Adjustment (정정 통보지시서)

제3절 연회예약업무

1. 연회예약의 접수절차

연회예약 그 자체는 예약의 신청과 함께 시작되나, 고객은 예약을 신청하기 이전에 요리, 음료, 연회시설, 요금 등에 대하여 호텔에 문의하는 것이 보통이다. 이와 같은 고객의 문의에 대한 응답은 예약사원이 담당하게 되므로 예약사원은 연회세일즈를 담당하고 있는 셈이다. 그리고 이와 같은 문의가 예약저수의 제일보이기도 하다. 예약접수의 업무는 다음과 같은 순서로 진행된다.

1) 예약 문의

연회예약에 대한 문의사항은 연회실이 비어 있는지의 여부 · 요리 · 음료, 회의장 등의 요금, 요리의 내용, 고객 측에서 주최하는 행사가 고객이 희망하는 기획 또는 연출 등에 부응할 수 있는지의 여부, 연회장의 규모 및 설비 등이 있을 것이다. 이러한 고객으로부터의 문의에 정확하게 답변하기 위하여 연회예약담당자는 연회장의 시설, 설비(면적, 연회실형태), 고객의 요청에 부응할 수 있는 기능의 범위, 요리, 음료에 관한 지식, 테이블 레이아웃의 방법 및 요금 등에 대해서 완벽하게 알고 있어야 한다. 고객의 문의가 있다는 것은 연회판촉이 어느 정도까지 침투되어 있다는 결과인데, 이 문의의 응대는 연회장 세일즈의 첫걸음이다. 연회 예약에 관한 문의는 전화로 해오는 경우가 많으나 대형의 연회, 회의 등의 경우에는 연회장을 답사하기 위하여 또 연회가 회의에 관한 상세한 사전협의를 위하여 그 연회 및 회의의 담당자가 직접 호텔로 찾아오는 경우도 있다. 이와 같은 경우에 연회 예약 담당자는 고객을 연회장으로 안내하여 필요한 설명을 하고 또한 고객의 요구 사항에 대하여 자세하게 설명을 한다. 이 경우 연회 판매의 세일즈에 관계될 뿐만 아니라 그 호텔의 서비스에 대한 인상을 심어주게 되므로 예약 담당자의 태도에는 충분한 주의가 요구된다.

2) 예약접수순서

예약의 신청에는 다음의 두 가지가 있다. 전화, 팩시밀리, 편지 등의 매체에 의한 신청과 호텔에 직접 찾아와서 하는 신청이다. 특히 전화에 의한 신청은 상대방을 잘 알 수 없으므로 請約(청약)의 상황에서부터 상대방을 파악함과 동시에 담당자의 설명에 불충분한 점이 없게 유의한다.

(1) 예약 컨트롤 북(Reservation Control Book) 확인

연회예약에 대한 문의를 받게 되면 예약직원은 가장 먼저 희망하는 일시에 고객의 연회조건에 알맞은 적당한 연회장이 비어 있는가를 연회예약컨트롤 북에서 확인한다. 연회장은 오전과 오후, 야간으로 2회 또는 3회로 예약을 받을 경우에는 연회의 내용과 연회와 연회와의 시간간격을 고려해서 받지 않으면 안 된다.

컨트롤 북의 양식은 호텔에 따라 다른데, 대별하면 월별 알림표와 일별 알림표로 나눌 수 있다.

(2) 예약 접수처(예약 전표)의 작성

희망하는 일시와 인원을 고객에게 물어보고 예약컨트롤 북을 확인하여 적당한 연회장을 사용할 수 있다는 것을 알게 되면 그 뜻을 고객에게 전달하고 제반조건에 관한 합의가 이루어지면 예약접수 서를 작성한다. 예약접수서는 다른 말로 예약 수배 서라고도 한다. 연회예약이 성립한 단계에서 그 연회에 대한 모든 필요조건을 이 예약접수 서에 기입한다. 연회예약접수서는 보통 일반연회의 것과 가족모임의 것으로 분류된다. 가족모임의 연회는 일반연회의 것보다 기입해야 할 사항이 많기 때문이다.

연회예약은 간단한 회식이나 정례적인 모임정도라면 전화만으로도 예약을 마칠 수 있으나, 대규모의 연회, 회의 또는 전시회, 가족모임 등에서는 주최자 측의 담당자와 연회예약직원이 직접 만나서 요리나 음료 그 밖의 행사 등에 관한 구체적인 협의를 갖게 되고, 어떤 경우는 그 횟수도 2회, 3회로 반복된다. 상담이 이루어져 결정된 사항은 모두 연회접수 서에 기입된다. 대규모 연회의 성공여부는 사전에 상호 면밀한 협의와 제반사항을 정확히 기입하고 관계부서에 틀림없이 연락하는 데 달려 있다. 따라서 연회직원과 고객 측 담당자 사이에 업무추진용으로 사용하는 체크리스트를 준비해 두는 것도 필요하다.

(3) 예약 컨트롤 북의 기입

예약신청을 접수하고 예약접수서의 기입을 완료하면 즉시 예약컨트롤 북에(연회장 알림표)에 시간, 인원, 연회명칭 등을 기입한다. 연회가 결정되지 않았는데도 예약컨트롤 북에 기입하는 경우가 있다. 이를 가 예약이라고 하는데 다음의 경우에는 고객의 편의를 도모하기 위하여 가예약이 이루어진다.

첫째, 고객이 연회의 개최를 완전히 결정하지 못하고 아직 협의단계에 있지만 그러나 그대로 놓아두면 연회장이 겹치게 될 때, 둘째, 연회일시는 결정되어 있으나 견적을 뽑고 있거나 다른 연회장과 비교를 하고 있는 경우, 셋째, 고객이 희망이 일시에는 연회장을 확보할 수 없으나 다른 날이면 연회장을 제공할 수 있는 경우 그런데,

그 다른 날도 그대로 놓아두면 곧 겹치게 될 우려가 있을 때 등이다.

이러한 가계약의 경우 컨트롤 북에는 가예약이라는 것, 언제까지는 가부간의 확답이 있을 것이라는 것과 상대방의 성명 및 연락처를 정확하게 기입해둔다. 가 예약의 기간은 보통 2~3일 이며 그 기간이 경과하였는데도 아무런 연락이 없는 경우에는 자동적으로 효력이 상실되나 사전에 호텔 측에서 고객에게 연락을 취하는 것이 친절한 서비스 자세이다.

3) 예약확인서의 작성

예약접수를 완료하면 예약의 확인서를 작성하고 이를 고객에게 보내는데 확인서의 내용은 예약 접수서에 기입되어 있는 사항 가운데서 집회 명, 기일, 시간, 사용하는 연회장 명칭, 인원수, 기타사항을 옮겨 적는다. 호텔에 따라서는 더 자세하게 기입한 확인서를 작성하여 연회지배인이 서명하고, 고객에게 증명의 서명을 요구하는 방식을 취하고 있는 곳도 있다.

4) 견적서(Quotation) 작성

대규모의 연회, 회의, 전시회 등의 행사의 경우 고객이 예산을 짜기 위하여 또는 한정된 예산범위 내에서 연회를 열기 위하여 경적을 요구해 오는 경우가 있다. 최근에는 이러한 연회의 견적을 각 호텔에서 취합하여 비교한 후 연회 또는 전시회를 결정하는 일이 늘어나고 있다. 연회견적은 문의 단계에서 고객으로부터 견적서를 제시하도록 하는데 유의한다.

5) 예약의 취소

연회예약이 취소되었을 때에는 즉시 예약컨트롤 북을 정정한다. 취소를 통보해왔을 때 가능하면 취소의 이유 등에 대하여 알아두는 것이 다음의 연회 유치에 도움이 된다. 컨트롤 북의 정정 후 예약 접수 서에도 취소의 고무인을 누르고 취소일시, 취소를 통보해온 고객의 성명, 취소를 접수한 담당자의 이름을 표기하며 예약접수서는 취소파일에 철하고 필요관계부서에 취소연락 통보서를 배부하며 예약의 취소를 알린다. 호텔 사이에서 연회유치 경쟁이 치열해지고 있으므로 가능한 한 취소가 된 이유를 정확하게 파악해두고 취소가 되었다고 해서 방치해 두는 것이 아니라 다음 기회의 연회를 획득할 수 있도록 계속적인 판촉노력을 펴나가야 한다.

예산(견적)서

단체명: 일사일시:

구분	항목	단가	수량	금액	비고
식음료	한·양·중·일 정식				
	뷔페				
	칵테일				
	와인				
	샴페인				
	맥주				
	음료수				
	아이스 카빙				
소계 ①					
10% 봉사료 ②					
10% 세금 ③					
식음료 합계 ④					
기타	대여료				
	롤케이지 요금				
	꽃장식				
	사진				
	비디오				
	음악연주가				
	배너				
소계 ⑤					
10% 세금 ⑥					
기타 합계 ⑦					
총계 ⑧					

상기 내용으로 견적을 드립니다.

20××년 월 일

연회견적 담당:

▲ 연회 견적서의 샘플 1

Banquet Reservation Sheet/Sgreement

Name of Otganization : ①

Conact peaon : ② Tel : ③

□ Defnite : ④ □ Tentative ⑤

Depceit : ⑥ Payment : ⑦

Date(Day)	Time	Room	Function/Menu	Person		Price
				Guarantee	Expeted	
⑧	⑨	⑩	⑪	⑫	⑬	⑭

Bevege : ⑮

Other : ⑯

Sign Boacd & Wording : ⑰

20 . . ⑱

Ouest Sigratute : ⑲ Booked bt : ⑳

▲ 연회 견적서의 샘플 2

2. 연회예약의 접수방법

1) 예약접수방법

예약접수방법은 연회의 Flow Chart에 나타난 바와 같이 5가지로 구별된다.

① 판촉에 의한 예약접수

② 고객의 내방에 의한 예약접수

③ 전화에 의한 예약접수

④ 이 메일, 팩스에 의한 예약접수

⑤ 직원의 소개에 의한 예약접수

이상과 같은 방법으로 연회가 접수되는데 Reception Clerk에 의하여 접수되는 경우에는 주로 고객의 내방에 의한 예약과 전화에 의한 예약으로 구분된다. 직원의 소개에 의한 예약도 소홀히 해서는 안 된다.

(1) 판촉에 의한 예약접수

판촉사원이 거래 선에 가서 예약을 수주하는 경우이다. 판촉사원의 출타 중에 거래 선에서 전화가 걸려오거나 긴급을 요하는 경우에는 Reception Clerk이 직접 거래 선에 가서 예약을 접수하기도 한다.

Sales Man이 세일할 수 있도록 Sales Kit을 준비하여 주면 세일즈맨의 예약접수에 대해서와 같이 Follow up Service를 해준다. 판촉에 의한 예약접수는 연회판매촉진에서 자세히 다루기로 한다.

(2) 고객의 내방에 의한 예약접수

호텔에 직접 찾아오는 고객은 그만큼 그 호텔에 대해 잘 알고 있으며 또한 그 호텔을 이용하고자 하는 마음의 결정을 한 고객이라고 할 수 있다. 따라서 내방은 99% 그 호텔을 이용할 고객으로 볼 수 있다. 판촉에 의한 예약은 그만큼 경비와 인력이 들고 경쟁이 심한데 비해 내방객은 훨씬 수월한 편이다. 때문에 올바른 자세와 단정한 용모, 고운 말씨로 손님을 맞이하여 풍부한 상품지식으로 고객에게 신뢰감을 주어야 한다.

고객으로부터 날짜, 시간, 인원 등을 확인하고 적절한 연회장을 소개한 후 예약상담에 들어간다. 예약절차가 끝나면 고객에게 Room Show를 시켜 확인할 수 있도록 한다.

예약전표를(예약접수) 기록하고 고객으로부터 예약금을 받아서 행사에 차질이 없도록 하고 Control Chart에 기록하도록 한다.

전화예약 시 유의사항

① 일시, 예상인원, 행사형식 등을 알아보고 장소 사용여부를 확인한다.
② 장소, 행사규모에 따른 예상되는 예산을 말한다.
③ 자세한 사항을 요구할 때는 판촉사원을 파견하거나 예약사무실로 내방하여 줄 것을 정중히 권한다.
④ 상기의 통화내용(시간, 장소, 일자, 요일, 인원)을 고객에게 주지시켜 확인한 후 예약담당자의 직책, 성명, 전화번호 등을 알려준다.
⑤ 예약업무담당자는 항시 자신의 이름이나 직책이 많이 알려지도록 노력하며, 고객이 전화만 하면 많은 도움을 받을 수 있게 된다는 인식을 갖게 하도록 노력한다.

(3) 전화에 의한 예약접수

예약접수방법 중 가장 신중을 기해야 하는 것이 전화접수이다. 고객과 직접 대면하고 있지 않기 때문에 혹 소홀히 할 우려가 있으며, 또한 고객은 예약담당자의 말만으로 음식, 장소, 행사 전반에 걸친 안내를 받아야 한다. 때문에 충분한 상품지식과 예의바른 전화응대법으로 고객을 설득하여 행사를 유치하도록 해야 한다.

전화예약접수 시 꼭 지켜야 될 사항

① 전화벨은 3번 울리기 전에 받는다.
② 표정은 미소를 머금고 목소리는 밝고 부드럽게 한다.
③ 통화 시 홀딩(Holding)은 가능한 하지 않고 대화를 이어 나간다.
④ 상품지식을 숙지하여 행사전문가로서 신뢰가 가게 한다.
⑤ 전문용어(특히 외국어)는 가급적 쓰지 않는다.
⑥ 고객의 사소한 질문에도 친절히 대답해 준다.
⑦ 전화는 절대 먼저 끊지 않는다.
⑧ 상품가격은 봉사료와 세금이 포함된 가격으로 알려준다.
⑨ 행사 문의전화에 대한 사항은 판촉부에 통보하여 방문토록 한다.

(4) FAX, 이 메일에 의한 예약접수

FAX, 이 메일에 의한 예약접수는 예약의 가부를 정확히 고객에게 통보해 주어야 한다. 고개에게 메뉴, 도면, 견적서 등을 동봉해 주어서 고객이 서류만으로도 행사를 결정할 수 있도록 자세한 자료를 보내 주어야 하며, 또한 예약을 접수하는 과정에서 차후 행사시에 문제가 발생하지 않도록 정확한 예약이 되도록 한다. 특히 이메일 계정을 매시간 체크하여 신속하게 업무가 진행될 수 있도록 한다.

(5) 직원의 소개에 의한 예약접수

전 사원을 판촉사원 화함으로써 사원들의 세일즈의식도 고취시키고, 호텔매출액도 높이는 차원에서 각 호텔에서는 여러 가지 방법으로 전 사원 판촉캠페인을 실시하고 있다. 이것은 사원들의 지연, 혈연 등을 통해서 연결될 수 있는 연회행사를 유치하는데 그 취지가 있다. 따라서 매 분기별로 실적을 집계해서 시상이 이루어지도록 해야 한다.

2) 예약접수 시 유의사항

연회행사 예약은 구체적으로 받아야하기 때문에 다음과 같이 6하 원칙(5W1H)에 의거하여 정확하게 접수한다.

① WHO : 행사 주최자, 예약자, 전화번호, 주소, 참석자(특히 VIP)

② WHEN : 예약일자, 행사일자, 시간, 끝나는 시간

③ WHERE : 행사장명(연회장명), 출장연일 경우에는 장소와 위치를 구체적으로 확인한다.

④ WHAT : 행사내용(가장 중요), 행사의 성격 및 내용을 정확히 파악해서 차질이 없도록 한다.

⑤ WHY : WHAT과 동일

⑥ HOW : 지불조건(현금지불, 회사지불, 카드지불). 악성 거래처 및 거래중지 업체를 체크한다.

① Data and Time
② Organization and Organizer and Telephone No.
③ No. of person
④ Price of per cover
⑤ Venue
⑥ Decoration
⑦ Food and Beverage Menu
⑧ Table Plan and Seating Arrangement
⑨ Payment
⑩ Others

3. 장소예약 및 예약전표 작성

1) 연회장 예약(Control Chart Booking)

어떤 연회를 어느 장소에 예약해야 하느냐 하는 것은 효율적인 연회장 관리와 함께 연회예약을 담당하는 담당자로서 매출을 증대시킬 수 있는 수단이 된다. 따라서

Reception Clerk은 연회장의 수용능력과 연회장 구조에 맞는 행사를 제공해야 한다. 또한 행사시 옆방에 VIP행사가 있는가, 회의가 있는 행사인가, 가족모임인가 등을 고려해서 접수해야 한다.

2) 장소(연회장) 예약 시 유의사항

① 행사내용, 성격 등을 판단해서 예약을 한다.

② 연회장 수용능력을 항상 숙지하여 행사인원과 내용에 가장 적합한 연회장을 예약한다.

③ 연회장 옆 다른 연회장의 행사와 서로 방해되지 않는 행사를 예약하도록 한다.

④ 동일한 연회장에서 동일 날짜의 행사종료시간을 고려해서 예약 받도록 한다.

⑤ Control Chart Booking은 반드시 연필로만 한다(정정, 변경, 취소 등을 고려).

⑥ Control Chart에 예약사항을 기록할 때에는 반드시 예약전표(Banquet & Convention Reservation Sheet)에 의한다.

3) 연회예약전표의 작성

고객과 상담할 때는 반드시 예약전표를 작성해 가며 상담에 응하는 습관을 가져야 한다. 또한 예약전표에 의하여 Quotation(견적서)을 뽑아서 고객에게 준다. 메모지에 메모하면서 예약을 받는 것은 좋은 이미지를 주지 못하므로 주의해야 한다.

예약전표는 연회장 Control Chart를 정리하는 기본이 되고 행사내용을 파악하는 자료가 되며, 예상매출액을 계산하는 기초자료도 되기 때문에 정확히 작성해야 한다. 예약전표는 1조 2매로 되어 있으며, 작성 후에 원본은 Reservation Clerk에 제출하며 사본은 예약한 Sales Man 또는 고객이 보관토록 한다.

Reservation Clerk은 당월분의 예약전표는 해당 일자 보관함에 넣고 두고 익월분은 별도의 파일에 보관토록 한다.

CHAPTER

연회서비스

Chapter

9 연회서비스

제1절 연회서비스의 의의

1. 연회서비스의 개념

연회서비스는 연회예약에서 넘겨준 연회행사지시서의 내용을 현장에서 집행하는 부서이다.

연회서비스는 일반 레스토랑과는 달리 고객의 요구사항에 따라 사전에 테이블세팅 등을 통하여 고객이 식사 또는 회의를 할 수 있도록 연회장을 꾸며야 하고, 고객이 참석하면 식사 등의 서비스를 해야 하며, 행사가 끝나면 다시 연회장을 깨끗이 치워야 하는 등 한 번의 고객 서비스를 위하여 많은 시간과 노력이 필요한 부서이다.

또한 연회서비스의 직원은 연회장에서 모든 종류의 식사가 가능하다는 점에서 한 · 중 · 일 양식의 테이블 세팅 및 서비스가 가능해야 하고, 연회장의 기물 및 장비는 물론 회의에 필요한 각종 기자재를 다룰 줄도 알아야한다. 이와 같이 연회장 직원은 무에서 유를 창조하고, 식음료를 비롯한 토탈 서비스를 수행하는 전문가로서 연회서비스 지배인을 중심으로 일사불란한 팀워크를 구축하여 행사 준비에서부터 마무리까지 완벽을 기해야 한다.

일본의 경우에는 행사의 연출에만 호텔직원이 담당을 하고, 연회의 서비스는 거의 아르바이트를 고용하고 있다. 우리나라도 현재 연회행사시 아르바이트를 고용함으로써 고객으로부터 불평을 사고 있는 경우도 종종 발생한다. 이로써 서비스의 질 저하가 우려되고 있어 회사 및 정부 관계부처의 종합적인 전문 아르바이트의 고용정책도 요구되고 있는 실정이다.

2. 연회서비스의 직무

1) 연회서비스 지배인

연회지배인이 연회업무를 잘 수행하기 위해서는 식음료 지식, 각 부서와의 유기적인 관계 정립, 통솔력과 지도력, 투철한 고객환대정신 등이 절실히 요구된다. 주요 직무는 다음과 같다

① 연회장의 고객서비스를 책임진다.

② 연회예약 및 연회판촉과 유기적으로 연락 및 회의를 하여 행사준비 및 진행에 차질에 없도록 한다.

③ 연회행사 지시서를 토대로 주간, 월간 준비계획을 수립하고 직원들의 근무 스케줄 작성 및 업무분장을 한다. 스케줄을 짤 때에는 가능한 한날에 휴무일이 몰리지 않도록 한다.

④ 연회장의 캡틴, 웨이터/웨이트리스, 실습생 등의 부하직원을 관리 감독 하고 교육훈련을 시킨다.

⑤ 고객을 영접 및 환송하고 불편사항을 처리한다.

⑥ 주방과 연회장 직원사이에 업무협조가 잘되도록 조정역할을 한다.

⑦ 청소, 수선 등 관련부서와의 업무협조가 잘 되도록 조정역할을 한다.

⑧ 연회장을 유지 · 관리한다.

2) 연회장 캡틴

연회행사에 따른 서비스계획에 의거 식탁배열과 테이블 세팅 및 연회고객서비스

와 행사 후 행사대금 계산에 책임을 지며 개별 연회장의 실제적인 서비스 업무를 수행한다. 주요업무는 다음과 같다.

① 연회서비스지배인을 보좌하고 부하직원을 지휘한다.

② 연회행사 지시 서를 토대로 행사준비 및 서비스에 만전을 기한다.

③ 연회서비스를 주도적으로 담당한다.

④ 행사 후 고객의 계산을 처리한다.

⑤ 행사 후 뒤처리와 사후 행사 스케줄에 따라 행사장을 준비한다.

⑥ 일일 매출과 업무일지를 작성한다. 업무일지는 당일 영업상황과 특이사항을 기록하여 부서장에게 문서로 보고하는 것이다.

3) 연회장 웨이터/웨이트리스

접객조장을 도와 테이블 배열 및 세팅을 하며 접객조장이 지정해 준 테이블에서 직접 고객서비스를 담당한다. 주요 직무는 다음과 같다.

① 지배인이나 캡틴의 지시에 의하여 행사장 준비를 한다.

② 연회행사 지시서에 의하여 테이블 배치 및 세팅 등을 한다.

③ 고객에게 식음료 서비스를 한다.

④ 글라스, 도기류, 은기류 등을 닦고 정리정돈 한다.

⑤ 연회 기물 및 비품 등의 파손에 대해서는 보고를 하고 적절하게 대처한다.

⑥ 연회장의 테이블 및 의자 등의 기물을 정리정돈 한다.

⑦ 테이블클로스 등의 리넨을 비롯한 물품을 수급한다.

⑧ 음료를 적정재고만큼 신청하여 보충한다.

제2절 연회테이블 배치 및 좌석배치

연회행사에 있어서 의자 및 테이블의 배열은 장소와 분위기에 알맞게 해야 하며, 특히 연회장의 공간을 최대한 활용하여야 한다. 연회의 성격에 따라서 의자와 테이블의 배치가 달라지므로 어떻게 하는 것이 가장 적합하며 효율적인가를 서비스 담당자는 판단을 하여야 한다.

1. 연회테이블 배치

1) 세미나 · 포럼 스타일

(1) 극장식 배치(Theater Style)

위치가 극장식으로 배열될 경우 의자와 의자 사이를 공간이라 부르며, 의자의 앞줄과 뒷줄 사이를 간격이라 한다. 연살자의 테이블위치가 정해지면 의자의 첫 번째 줄은 앞에서 2m 정도의 간격을 유지하고, 400명 이상의 홀 좌석 배치는 통로 복도가 1.5m 넓이의 간격을 유지하도록 하며, 소연회일 경우는 복도 폭이 1.5m가 되도록 하나, 의자의 배치를 똑바로 하 기 위해서는 긴 줄을 이용하여 가로, 세로를 잘 맞춘다.

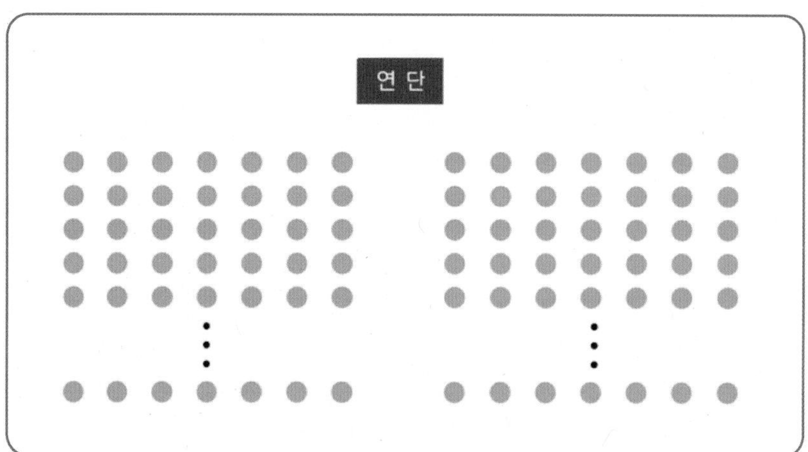

▲ 비스타 워커힐 연회

(2) 강당 식 반원형 배치

무대의 테이블은 일반 배열과 동일하나 의자를 배열하는데 있어서는 무대에서 최소 3.5m 간격으로 배열하고, 중앙 복도는 1.9m 간격을 유지하여 놓고 의자를 양쪽에 한 개씩 놓아서 간격을 조절하여야 한다. 이러한 의자 배열은 큰 공간을 차지하기에 많은 인원을 수용하는데 어려움이 따른다.

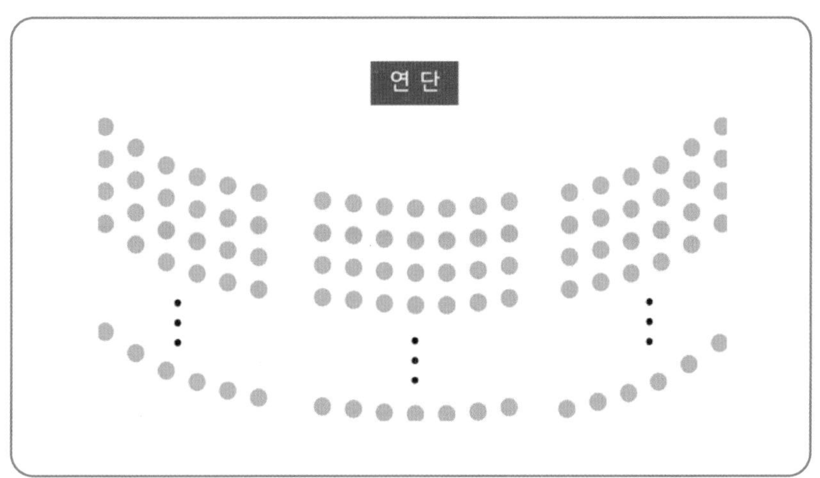

(3) 강당 식 굴절형 배치

강당 식 반월형 배치와 같으나 옆면을 굴절시킨다. 맨 앞 가운데 테이블은 나란히 배열하여 홀 내의 의자 8~9개로 배열하며, 양측 복도는 1.2m 간격을 유지토록 한다.

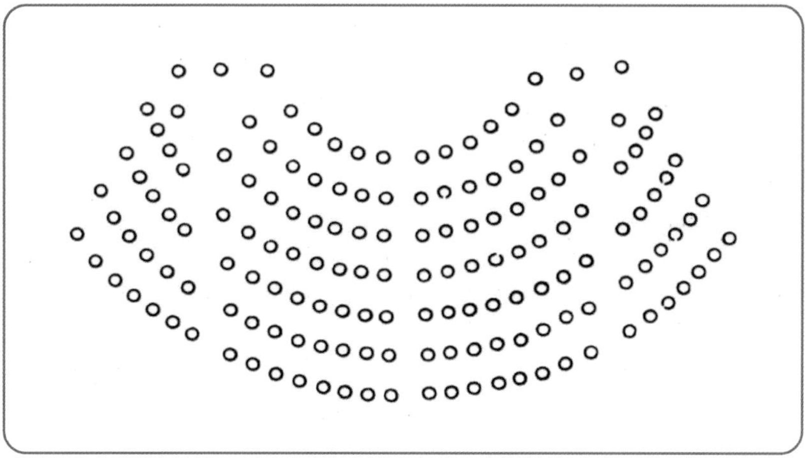

(4) 강당 식 V형배치

첫 번째 2개의 의자는 무대 테이블이 가장자리에서 3.5m 간격을 유지하여 의자를 일직선으로 배열하고 앞 의자는 30°각도로 배열하여야한다. V자형의 강당식 회의 진행은 극히 드문 편이나, 주최 측의 요청에 따라 배열한다.

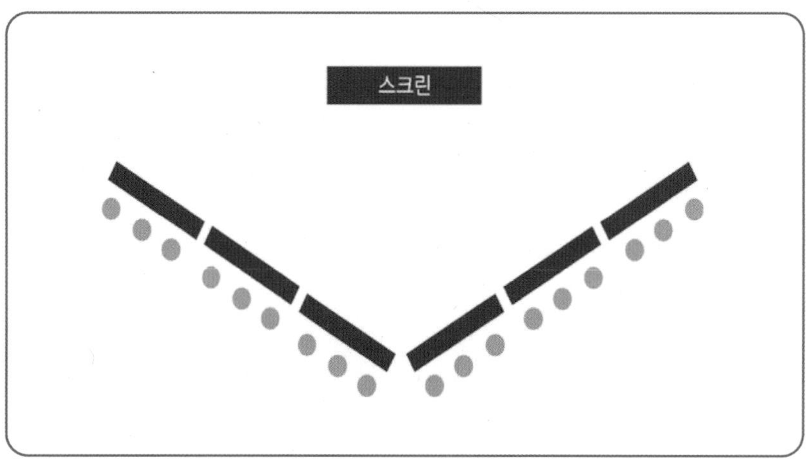

2) 원형 테이블(Round Table Shape)

많은 인원을 수용하여 식사와 함께 제공하는 디너쇼나 패션쇼 등의 테이블을 배치할 때 많이 쓰이며, 테이블과 테이블 간격은 3.3m 정도, 의자와 의자 사이의 간격은 90cm 정도로 하고, 양쪽 통로는 60cm 공간을 유지하도록 한다. 테이블은 무대를 중심으로 중앙 부분을 고정한 뒤 앞줄부터 맞추면서 배열하면 되나 뒷줄은 앞줄의 중앙 부분이 보이도록 지그재그식으로 맞춘다. 원형 테이블은 2~14인용까지 있다.

▲ JW메리어트 연회

3) Buffet 및 Cocktail Reception Table 배열

- 타원형(Circular)
- 양머리 형(Lamb's Head)
- 멍에 형(Yoke)
- 목걸이형(Necklace)
- 들뿔소 형(BIson's Horns)
- 심장형(Heart)

상기와 같은 형식이 있으나 무엇보다도 연회장에 가장 잘 맞는 이상적인 형태를 사용하는 것이 제일 좋은 방법이다.

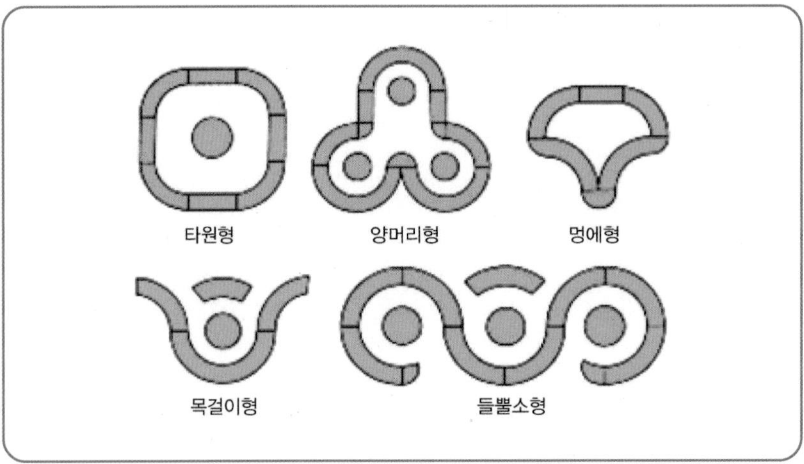

4) 기타 테이블 배열

(1) U자 배열

U형에서는 일반적으로 60″× 30″의의 직사각형 테이블을 사용하는데, 테이블 전체 길이는 연회행사 인원수에 따라 다르며, 일반적으로 의자와 의자 사이에는 50~60cm의 공간을 유지하며 식사의 성격에 따라서 더 넓은 공간을 필요로 할 경우도 있다. 테이블클로스는 양쪽이 균형 있게 내려와야 하며, 헤드 테이블 앞쪽에는 테이블스커트를 쳐서 다리가 보이지 않게 하여야 한다.

(2) E형 배열

U형과 똑같은 배열방법을 취하나, E형은 많은 인원이 식사를 할 때 이용되며 테이블 안쪽의 의자와 뒷면 의자의 사이는 다니기에 편리하도록 120cm 정도의 간격을 유지하여야 한다.

▲ JW메리어트 연회

(3) T형 배열

이 형은 많은 손님이 Head Table 에 앉을 때 유용하다. Head Table을 중심으로 T형으로 길게 배열할 수 있으며 상황에 따라서 테이블의 폭을 2배로 늘릴 수 있다. T형 배치도 V형 배치와 마찬가지로 Head Table 앞부분에 테이블 스커트를 쳐서 다리를 가리도록 한다.

(4) I형 배열

예상되는 참석자 수에 따라 테이블을 배열하며, 60″×30″, 72″×30″ 테이블을 2개 붙여서 배치하는데 의자와 의자의 간격은 60cm의 공간을 유지하도록 하며 특히 고객의 다리가 테이블 다리에 걸리지 않게 유의한다.

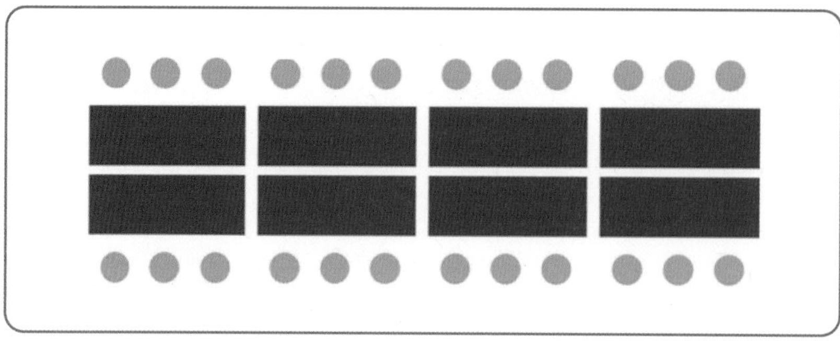

(5) Oval형 배열

I형 테이블 모형과 비슷하게 배열하나, Oval형은 양쪽에 Half Round를 붙여 사용한다.

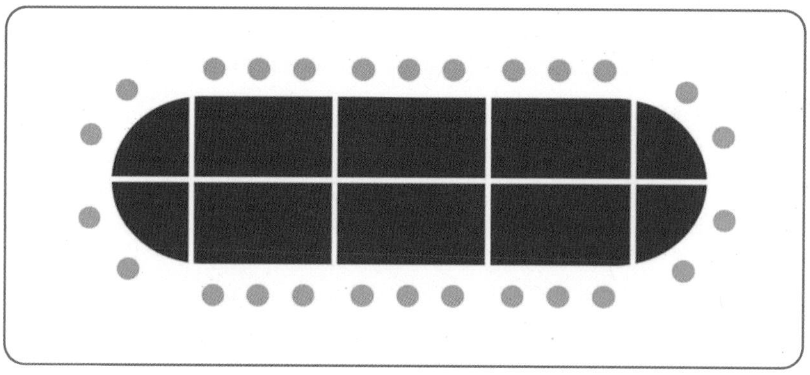

(6) 공백 사각형 배열

U형 테이블 모형과 비슷하게 배열하나 테이블 사각이 밀폐되기 때문에 좌석은 외부쪽에만 배열하여야 한다.

(7) 공백 식 타원형 배열

이 테이블은 Horse Shoe형과 같게 배치하며, 끝부분만 2개의 Serpentine으로 덧붙여 양쪽을 밀폐시킨다.

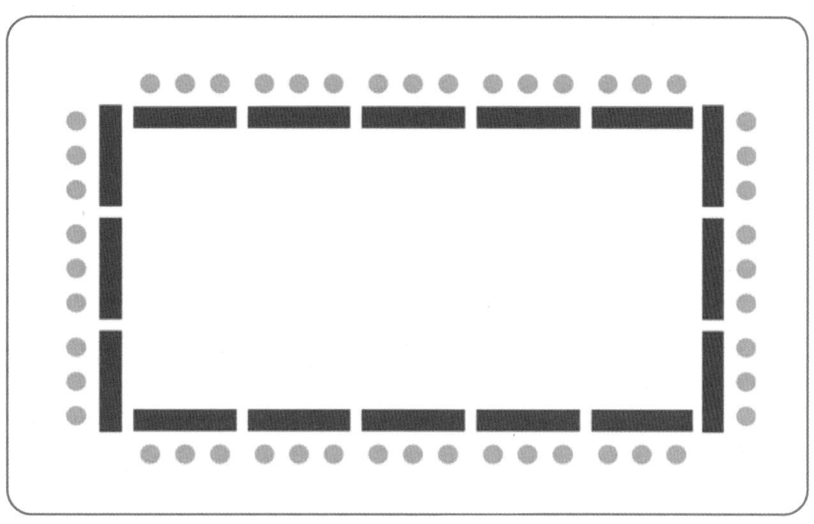

제3절 연회메뉴

호텔연회장에서 제공되는 메뉴는 연회의 꽃이라 할 만큼 중요하다. 호텔연회장을 찾는 고객은 음식의 맛과 정성은 기본이라고 생각하는 것이 가장 일반적인 생각이기 때문에, 연회의 성격에 적합한 메뉴를 추천하고 준비하는 것이 가장 바람직하다. 또한 정성껏 준비된 음식을 정확한 시간에 제공하는 스킬과 적합한 인력에 의해 서빙하는 인력운영이 필요하다.

1. 메뉴

1) 메뉴의 개념

메뉴의 어원은 라틴어의 'Minûtûs'와 영어의 'Minute'에서 온 말로 '작다(Small)' 또는 '작은 목록'의 뜻과 '상세히 기록하다' 또는 '아주 작은 표'의 의미를 가지고 있다. 웹스터사전(Webster's Dictionary)에 의하면 'A detailed list of the foods served at a mael',

옥스퍼드사전(Oxford Dictionary)에서는 'A detailed list of the dishes to be served at banquet of meal'로 설명하고 있다. 즉, 식사로 제공되는 요리를 상세히 설명하는 표를 말하는 것이며, 메뉴는 제공 되어지는 음식의 목차인 것이다. 19세기 초 프랑스 파리의 Palais-Royal이라는 식단에서부터 현대적인 메뉴가 일반화되어 사용한 것이 오늘날까지 이르고 있다고 한다. 본래는 주방에서 요리의 재료를 조리하는 방법을 설명하는 것이라고 하였으며, 이것이 최초로 식탁에 선보인 것은 1498년 프랑스의 어느 귀족의 착안이라는 설이 있다. 하지만 1541년 프랑스의 앙리 8세 때 부랑위그 공작이 주최한 연회석상에서 요리에 관한 내용, 순서 등을 메모하여 자기 식탁 위에 놓고 증기는 것을 보고 초대되어온 손님들의 눈에 들어 손님이 무엇이냐고 묻자 "이것은 정찬의 요리표입니다" 라고 대답한 것이 메뉴의 유래가 되었다고 한다. 그 당시 귀족들 간의 연회에 유행하여 차츰 구라파 각국에 전파되어 정찬, 즉 정식식사의 메뉴로서 사용하게 되어 온 것이 오늘날에 이르고 있다.

메뉴는 우리말로 '차림표' 또는 '식단'이라고 부르며 '불어의 Carte' 영어의 'Bill of Fare', 스페인어의 'Minuta', 일어의 '곤다데효', 중국의 '차이단즈', 독일에서는 '슈페이제카르테' 등으로 불리나, 메뉴(menu)란 말은 세계 공통어로 통용되고 있는 것이 사실이다. 이렇듯 메뉴는 고객에게 식사로 제공되는 요리의 품목, 명칭, 순서, 형태 등을 체계적으로 알기 쉽게 설명해 놓은 상세한 목표로. 차림표, 또는 식단표로 정의할 수 있다. 식당에서의 메뉴의 목적은 식당을 찾는 손님을 위해 음식과 음료를 정형화하여 제공함으로써 손님에게는 메뉴의 선택권을 부여하는 즐거움을 주고 운영자에게는 지속적인 고객을 창출하기 위함이라고 할 수 있고, 호텔연회에서는 메뉴의 목적은 주최자가 그 날 연회에 참석하는 하객을 위해 내놓는 식단으로 연회주최자와 하객에게 즐거움을 주는 음식이라고 할 수 있다.

우리나라에서의 서양요리 보급과 현대식 메뉴판 등장

우리나라에 서양요리가 보급되기 시작한 것은 19세기 말쯤으로 보인다. 한국에서의 서양요리가 선보였던 시기는 고종 19년(1882)에 한·미 수호조약이 체결된 후 미국의 전권대사가 서울에 주재되면서 보급되었고, 일반인에게 소개된 계기로는 고종 20년(1883)에 주미전권대사인 민영익의 수행원 유길준의 「서유견문」에 의해서다. 「서유견문」에서는 서양의 문화와 함께 요리가 소개되었다. 그리고 현대식 메뉴판이 등장하게 된 것은 러시아공사 웨베르의 처형인 손탁이 1897년 손탁호텔을 경영하면서부터라고 보고 있다.

2) 연회메뉴의 개념

일반적으로 연회를 "축하나 위로 및 석별 등의 뜻을 위하여 여러 사람이 모여 주식을 베풀고 가창무도 등을 하는 일"로 정의한다면, 연회메뉴는 본 연회에 제공되는 메뉴를 말하는 것으로 받아들일 수 있다. 또한 연회메뉴에 대한 개념은 제 1~2장에서 연회에 대한 정의에 의하여 정리될 수 있다. 즉, 호텔연회가 "고객의 장소 예약에서부터 행사에 대한 연회계약에 의해 체결이 이루어지면 메뉴가 결정되고 인원에 따라 구매량을 산출해 식재료를 구매하고 식탁과 의자도 행사성격에 알맞게 배치하는 등 다양한 행사를 수행하는 영업행위의 일종이다"라고 정의를 내린다면, 연회메뉴는 연회가 이루어지기 전 고객의 예약과 계약의 체결에 의하여 메뉴가 결정됨을 알 수 있다. 또한 이는 행사의 성격과 인원, 규모에 따라 메뉴의 종류와 질, 순서가 결정됨을 알 수 있다. 이와 같은 개념을 가지고 정의를 내린다면 연회란 "연회를 준비하는 고객에 의하여, 고객이 원하는 요리를 사전에 정하고. 연회에 제공되는 요리의 차림표로 고객에게 즐거움을 주어야한다"고 할 수 있다.

2. 연회메뉴의 종류

호텔연회장에 제공되는 메뉴는 요리에 따라 정찬(식) 메뉴(Dinner Set Menu), 뷔페메뉴(Buffet Menu), 칵테일파티 메뉴(Cocktail Menu)로 구분되고 , 제공되는 시간에 따라 크게 조찬(Breakfast), 오찬(Luncheon), 디너(Dinner)로 구분된다. 좀 더 자세히 살펴보기로 하겠다.

1) 정찬 식 메뉴

(1) 한식메뉴

호텔의 한정식코스는 전통의 한상차림으로 인해서 발생하는 음식의 남용을 억제하는 차림 법으로 찬 음식은 차게, 뜨거운 음식은 뜨겁게 바로 대접할 수 있도록 한국음식의 세계화를 위해 우리음식을 서양음식과 같은 코스상차림으로 바꾸어 놓은 것이다.

이러한 한정식 코스 상차림은 대체로 입맛 돋우는 음식 → 채소음식 → 어패류나 육류가 주된 음식 → 주식 및 국물음식과 기본반찬 → 후식과 음료의 순서로 서비스하여 질리지 않고 음식의 맛을 즐길 수 있는 메뉴들로 구성되어 있다. 가격과 질에 따라 요리가 5코스, 7코스로 제공된다. 한국식 요리는 우리가 생각보다 복잡하고 서빙하기가 어렵다. 도한 한정식 연회가 자주 일어나는 것이 아니기 때문에 호텔에서는 많은 기물을 구입하여 보관하려 들지 않고 있으며, 특히 한식전문 조리사가 없는 관계로 한정식을 기피하는 경향이 있다. 하지만 외빈들을 초대하는 행사에는 한국의 음식으로 연회를 갖고자 하는 경향이 늘어나고 있는 추세이다.

	메뉴 A	메뉴 B
'5' 코스 요리	타락죽	말쌈
	양송이 피망볶음	해물겨자생채
	콩 부침	닭 양념구이
	오색불고기	생감자 부침
	대합구이	섭산적
기본 찬과 밥 또는 면	배추김치, 밥, 미역, 홍합국	만둣국, 부추깍두기
후식	식혜, 송편	수정과, 삼색경단

	메뉴 1	메뉴 2
'7' 코스 요리	무말이 강회 삼계선 수삼채 머위대나물 전복찜 갈비구이 버섯산적	야채진미죽 쇠고기 채소말이 겨자채 느타리버섯나물 대하찜 떡갈비굽이 섭산삼
기본 찬과 밥 또는 면	삼색나물, 오이소박이, 밥, 시금치된장국	편수, 명란젓, 보쌈김치
후식	유자차 삼색경단	오미자화채, 약과

▲ 한식코스의 예시

▲ 반상차림

▲ 쉐라톤 워커힐 호텔의 온달 한식당 궁중 상차림

(2) 양식메뉴

정찬연회는 어느 나라를 막론하고 프랑스 요리로서 거행하는 것이 일반적인 관례로 되어 있다. 이는 유럽의 왕조시대부터 유래가 되는데 그 당시 어느 궁중에서도 초청된 요리장이 프랑스 사람으로 주된 구성을 이루고 있었으므로 자연히 프랑스요리는 정식연회의 대명사처럼 되었다. 이러한 전통은 확고하여져서 오늘날 세계적으로 메뉴를 프랑스어로 표기하는 경향이 많은 것은 프랑스 요리가 세계적인 요리로 명성을 떨치고 있기 때문이며, 오늘날의 명성을 가지게 된 것이다. 실질적으로 우리나라의 특급호텔 연회장에서 가장 많이 제공되는 정찬의 메뉴는 양식코스임은 자타가 다 인정하는 사실이다. 현재 국내 특급호텔에서 주로 제공되는 양식의 코스는 5코스, 7코스, 9코스로 이루어져 있다. 그 외에 추가되는 코스에 따라 그 수는 증가하게 된다.

5 Course	전채 → 수프 → 주요리 → 후식 → 음료
7 Course	전채 → 수프 → 생선 → 주요리 → 샐러드 → 후식 → 음료
9 Course	전채 → 수프 → 생선 → 샤벳 → 주요리 → 샐러드 → 후식 → 음료 → 식후 생과자

① 애피타이저(Appetizer)

식사 전에 먹는 가벼운 요리의 총칭으로 불어로는 오르되브르(Hors D'oeuvre), 우리말로 전(前菜)요리라도 불린다. 그 특징으로는 짠맛 또는 신맛이 있어 위액의 분비를 돕고 식욕을 촉진시키는 역할을 하며 분량이 작아 한 입에 먹을 수 있으며, 계절감이나 지방색이 풍부한 재료를 주로 사용한다. 세계 4대 애피타이저로는 거위 간(foie gras), 캐비아(Caviar), 달팽이(Escargot), 송로버섯(Truffle)을 들 수 있다.

▲ 거위 간(foiegras)

② 수프(Soup)

입안을 촉촉하게 적셔주고 위장을 달래주어 식욕을 촉진시켜 주는 역할을 하며 에피타이저가 제공되지 않을 때는 첫 번째 음식에 해당되기도 한다. 수프의 종류에는 맑은 수프와 걸죽한 수프로 크게 구분된다.

주요 각국의 대표수프로는 야채와 크림을 넣어서 만든 이탈리아의 미네스테론수프(Minesterone Soup)과 양파크림수프인 프랑스의 오니언수프(Onion Soup), 조갯살과 해산물을 넣어서 만는 미국의 크램차우더수프(Clam Chowder Soup)이 대표적이라 할 수 있다.

▲ 콘 크림 수프

▲ 크램차우더 수프

- 맑은 수프에는 스톡에 쇠고기와 야채를 넣어 끓인 다음 기름을 걸러낸 맑은 국물상태의 콘소메(Consomme)가 대표적이다.
- 걸죽한 수프에는 스톡에 밀가루를 버터로 볶아 우유를 넣어 만든 크림수프(Cream Soup)와 야채수프로서 야채를 익혀서 걸러낸 퓌레(Puree)가 대표적이다.

③ 생선요리(Fish)

수프 다음으로 제공되는 요리로 지방이 적고 단백질이 풍부하여 여성들이나 종교인들이 육류를 대신하여 메인 요리로 즐겨 선택하기도 한다.

구분	종류
바다생선	대구, 청어, 도미, 농어, 참치, 혀가자미, 넙치 등
민물고기	송어, 연어, 은어 등
갑각류	왕새우, 새우, 바닷가재, 대게 등
패류	전복, 홍합, 가리비, 대합, 굴 등
연체류	오징어, 문어 등

▲ 생선요리

④ 메인요리(Main dish)

일반적으로 소고기로 만든 스테이크를 말하는데 Steak란 지방 및 힘줄 등 못먹는 부위를 정리하여 두터운 살코기를 구운 음식을 일컫는다. 비프스테이크(Beef Steak)의 종류에는 안심부위로 만든 안심스테이크와 등심부위로 만든 등심스테이크, 갈비

등심 부위(Rib)의 T-born 스테이크가 대표적이다. 그 외에도 돼지의 등갈비로 만든 백립 스테이크(Back rib steak), 양고기로 만든 램 찹(Lamb chop steak), 가금류 종류들이 있다.

▲ 샤토 브리앙 스테이크

▲ 바베큐 백립

굽기 정도	특징
레어(rare)	자르면 붉은 육즙이 흐르는 정도
미디엄(medium)	자르면 속이 붉은 상태이며 육즙은 흐르지 않는 정도
웰던(well done)	속까지 완전히 익은 상태

⑤ 샐러드(Salad)

육류요리에 제공되는 신선한 야채의 종류로 그 부위는 과실류, 열매류, 야채류로 구분되며 주로 드레싱을 곁들어 먹는 것이 일반적이다. 산성인 육류와 함께 알칼리성 샐러드를 섭취함으로써 영양의 균형을 도모할 수 있다. 드레싱의 종류에는 thousand island, blue cheese, vinegar, french, honey mustard, pepercorn,

▲ 가든 샐러드

mayonnaise, lanch 등이 일반적으로 사용되며 최근에는 달콤한 과일을 주원료로 한 드레싱들이 인기가 있다.

⑥ 후식(dessert)

식사를 마무리하는 단계에서 입안을 개운하게 해주려는 목적으로 제공되는 음식으로 디저트의 어원은 프랑스어의 'desservir'에서 유래(치우다, 정돈하다)되었으며 sweety한 맛을 위주로 하기 때문에 주로 pudding, cake, jellies, cookies, fruits, ice-cream 등 단맛이 나는 음식으로 주로 구성이 되며 이외에도 치즈, 과일류 등이 제공되기도 한다.

▲ 초코케익

차가운 디저트에는 아이스크림 셔벗이나 무스케익, 과일 등이 제공되며, 뜨거운 디저트에는 크렙수젯, 푸딩 등이 있으며, 치즈종류로는 치즈비스킷, 치즈 수플레 등이 제공된다.

▲ 트러플 치즈케익

▲ 모듬 과일 디저트

⑦ 음료(Beverage)

모든 식사가 끝나고 마지막 코스에 제공되는 차와 음료의 종류로 주로 커피 또는 차, 쥬스류를 선택할 수 있다.

▲ 망고주스

양식요리의 서브순서와 방법

① 고객입장 : 고객입장 시 정중히 인사드리고 착석하도록 도와 드린다.
② Wine Serve : Head Waiter의 신호에 의해서 Host Taste가 끝난 후 White Wine을 서브한다.
③ Appetizer Serve : 처음 동작은 Head Table과 같이 보조를 맞추어 서브한다.
④ Bread Serve : Bread Basket & Tray를 준비하여 고객의 왼쪽에서 서브한다.
⑤ App-plate Pick-up : App-plate를 고객의 왼쪽에서 뺀다.
⑥ Soup Bowl or Cup Set-up : 뜨겁게 데워진 Soup Bowl or Cup을 고객의 오른쪽에서 Set-up 한다.
⑦ Soup Serve : Soup Tureen & Ladle을 사용하여 왼쪽에서 서브한다.
⑧ Salad Serve : 고객의 왼쪽 공간에 서브한다.
⑨ Soup Bowl or Cup Pick-up : 샐러드 서브 후 Pick-up한다.
⑩ Main dish Serve : Main dish를 고객의 오른쪽에서 서브하며 「맛있게 드십시오」라고 인사한다.
⑪ Main dish, Salad Bowl Pick-up : 고객의 오른쪽에서 Tray를 이용하여 소리가 나지 않게 조용히 뺀다.
⑫ Dessert Serve : Dessert를 고객의 오른쪽에 서브한다.
⑬ Coffee or Tea Serve : Speech가 없을 때는 디저트 서브 후 Beverage 서브를 가급적 빨리한다.

양식요리 서브 시 참고사항

① Back Side Mis-en-place 및 Table Set-up은 행사 1시간 전까지 완료 한다.
② Table Set-up 및 기타 사항은 고객의 원하는 방향대로 하되, 주최측과 협의하여 한다.
③ Normal 행사인 경우 Ice Water와 Bread 등은 사전에 준비하여도 되나, 고객 수보다 Table Set-up이 많은 경우 고객 입장 후 서브한다.
④ Back Side에서는 Dish, 각종 Sauce류, Serving Gear, Hand Towel, Service Tray, Soup Ladle, Coffee Pot, Water Pitcher 등을 충분히 준비한다.
⑤ 서브 도중 고객의 요청사항은 즉시 실시한다.
⑥ 담당지배인 및 캡틴은 사전에 행사 스케줄을 체크하고 행사준비에 만전을 기한다.

▲ 양식(Full Course) : Russian Service

서브순서와 방법

① 예행연습 : 2테이블을 1개 조로 편성하여 각 조의 서브(Serve)동선 및 서비스 예행연습을 실시한다.
② 고객입장 : 담당구역 내 Place Card를 확인하여 고객에게 자연스럽게 착석을 권하며 도와준다.

③ White Wine Serving : Host Taste 후 Head Waiter 신호에 의하여 일제히 서브한다.

④ Appetizer Serving :Head Waiter 신호에 의하여 동시에 입장하여 서브한다.(Plate Serve). 계속하여 서브한 후 White Wine을 추가로 서브한다.

⑤ App. Plate Pick-up : 다 드신 후 App. plate를 Tray를 이용하여 고객의 오른쪽에서 뺀다.

⑥ Soup Cup or Bowl Set-up : 메뉴에 따라 따뜻하게 데워진 Soup Cup이나 Soup Bowl(Cup은 Tray사용, Bowl은 손으로)을 갖고 고객의 오른쪽에서 Set-up 한다.

⑦ Soup Serve : 고객의 왼쪽에서 Soup Tureen과 Ladle을 사용하여 Soup를 서브한다. 수프는 뜨거우므로 조심해서 서브한다.

⑧ Bread Serve : Hard Roll, Soft Roll French Bread 등 사전에 준비한 Bread를 고객의 취향에 맞게 서브하고 남은 것은 테이블 위에 놓고 나온다.

⑨ Soup Cup or Bowl Pick-up : Soup Cup or Bowl을 고객의 오른쪽에서 뺀다.

⑩ Fish Plate Set-up Fish Serve : A조는Fish Plate를 고객 수만큼 Set-up하고 B조는 Escoffier에 담겨진 Fish를 10인분씩 서브한다.

⑪ Fish Plate Pick-up : 고객의 오른쪽에서 뺀다.

⑫ Sherbet Serving : 더운 물을 Dry Ice Bowl에 부어서 김을 낸 후 서브한다.

⑬ Sherbet Bowl Pick-up : 고객의 오른쪽에서 뺀다.

⑭ Red Wine Serving : Host Taste 후 Head Waiter 신호에 의하여 일제히 서브한다.

⑮ Main Plate Set-up and Main Dish Serving : A조는 Main Plate를 고객 수만큼 Set-up하고 B조는 Escoffier에 담겨진 Steak를 왼쪽에서 서빙 한다.

⑯ Salad and Salad Dressing Serving : A조는 고객의 왼쪽에서 샐러드를 서빙하고 B조는 고객의 왼쪽에서 샐러드드레싱을 서브한다.

⑰ Main Plate, Salad Bowl, B/B Plate, Better Bowl Pick-up : 「맛있게 드셨습니까?」라고 여쭙고 고객의 오른쪽에서 조용히 뺀다. 이때 기물소리가 너무 시끄럽지 않도록 주의한다. Water Goblet과 Wine Glass를 제외한 모든 기물을 전부 뺀다.

⑱ Table Cleaning : Crumb Sweeper를 사용하여 테이블 위의 빵가루, 기타 오물 등을 청소한다.

⑲ Dessert Serving : 고개의 오른편에서 서브한다.

⑳ Champagne Serving : 샴페인은 Host의 Tasting을 하지 않으면 Twist도 하지 않으므로 H/W의 신호에 의하여 동시에 서브한다.

㉑ Speech Time : Host의 Speech가 시작되면 H/W, Captain을 제외한 전 직원은 조용히 Back Side에서 대기한다.

㉒ Coffee of Tea Cup Set-up and Serving : A조는 따뜻한 커피 컵을 고객 수만큼 Set-up하고 B조는 Coffee Pot를 사용하여 Coffee of Tea를 서브한다.
㉓ 대기 : H/W, Captain 및 일부 직원을 제외하고는 Back Side에서 정리 정돈한다.
㉔ 환송 : 전 직원이 입구에 도열하여 고객에게 감사함을 표시한다.

양식 Full Course 서브 시 참고사항

① Back Side 준비 및 진행사항은 Normal Party 준비와 동일하다.
② Table Set-up시 Ashtray, Toothpick은 Set-up하지 않고 Main Dish Pick-up 후 Passing 한다.
③ 소규모 연회, VIP행사인 경우 Double Underline을 사용한다.
④ 특히 VIP행사시는 Side Table을 활용하여 신속한 서비스를 할 수 있도록 한다.

▲ 테이블 세팅

(3) 일식 메뉴

호텔연회에서 일식 코스요리는 거의 드물다. 왜냐하면 한정식 코스만큼이나 많은 기물과 조리사의 손길을 요구하기 때문에 매우 제한적으로 제공된다. 주로 일본인들을 상대로 하는 비즈니스 모임이나 일본인 상사가 주최가 되어 준비된 행사 등 특별한 경우에 제공된다. 특급호텔의 경우 자체 일식당을 운영하는 경우가 많아 자체인력으로 충당하기도 하지만, 규모가 큰 연회의 경우는 기물과 서빙 인력의 부족으로 기피하는 경향이 있다. 일식코스 요리는 주로 회석요리(會席料理)로 에도시대(1603~1866)부터 이용된 연회용 요리이며 일즙 3채(一汁三彩), 일즙 5채(一汁五彩), 이즙 5채(二汁五彩) 등이 있다.

주요코스의 명칭과 용어로는 다음과 같다

① 고바치(小鉢) - 담백하고 술안주로 할 수 있는 재료 선택, 양이 적어야 한다.
② 젠사이(前菜 : 전채) - 식용촉진제 역할을 충분히 할 수 있고 생상이 아름다우며 3품, 5품, 7품으로 담는다. 어류, 야채, 알류, 육류 등을 다양하게 사용할 수 있다.
③ 스이모노(吸物 : 맑은국) - 주재료, 향신료, 고명으로 분류하여 계절감을 최대한 살리고 일본 다시나 곤부 다시에 소금과 간장으로 엷게 간을 한다.
④ 오쓰쿠리(御作り : 생선회) - 생선은 물론 소고기 곤약 등도 사용이 가능하며 다양한 생선 썰기로 모양을 낸다. 소스는 폰즈나 와사비 간장, 생강 강장 등을 사용한다.
⑤ 니모노(煮物 : 조림요리) - 다양한 생선류와 어패류 야채 등을 사용한다.
⑥ 무시모노(蒸物 : 찜요리) - 재료는 여러 가지를 사용할 수 있으나 불 조절에 의한 시간조절이 중요하다.
⑦ 야키모노(焼物 : 구이요리) - 생선류를 구워 내는데 간장구이, 소금구이, 된장구이 등 다양한 방법이 있으며 불 조절과 꼬챙이 꿰는 방법, 굽는 순서가 중요하다.
⑧ 아게모노(揚物 : 튀김요리) - 스아게, 가라아게, 고로모 아게 등의 튀기는 방법이 있다. 가장 중요한 것 은 온도 조절이다.
⑨ 스노모노(酢の物 : 초회) - 식초를 가미한 소스가 많이 활용되므로 색상에 유의해야 한다.
⑩ 구다모노(果物 : 과일) - 과일은 계절에 맞게 낸다.

▲ 회석요리

위의 회석요리(會席料理) 외에도 무로마치 시대(1338~1549)에 차를 즐기는 풍토가 유행하였는데, 차를 마실 때 간단한 식사를 곁들여 공복감을 해소시킬 정도의 음식을 제공했던 회석요리(會席料理)와 국물요리 하나에 3가지 요리, 즉 일즙 3채(一汁三彩), 일즙 5채(一汁五彩), 이즙 7채(二汁七菜) 등의 상차림으로 수성된 혼젠요리(本膳料理), 불교식의 절 요리로 동물성 식재료나 어패류를 사용하지 않고 야채, 해초, 두부, 곡류 등을 사용하여 조리하였으며, 식물성 기름과 감자나 고구마 등의 전분을 많이 사용한 정진요리(精進料理)가 있다. 역사적으로 일본요리는 고대 중국으로부터 한반도를 통하여 전래되어 온 문물과 함께그 효시가 이루어졌으며, 문화가 발달함에 따라 일본인의 기호와 지역적 특성에 맞는 생상, 향, 맛을 위주로 하면서 고유한 특성을 지닌 요리로서 발전해왔다. 이러한 일본요리는 지역별로 고유한 특성이 있어서 도쿄지방의 관동(關東)풍 요리와 오사카 지방의 관서(關西)풍 요리가 있다. 또한 일본요리는 상차림으로 구분하여 모모야마(桃山) 시대에서 에도(江戸) 시대로 내려오는 본선요리와 에도시대의 대명사처럼 불렸던 회석요리, 다도를 전문적으로 하는 일가에서 내려오는 차회석요리 등의 상차림이 있다.

일본요리는 북동에서 남서로 길게 뻗어 있고 바다로 둘러싸여 있어서 지형과 기후의 변화와 사계절에 생산되는 재료가 다양하여 계절에 따라 맛도 달라지며 해산물이 매우 풍부한 특징을 가지고 있다. 이러한 조건 속에서 일본요리는 쌀을 주식으로,

농산물, 해산물을 부식으로 형성되었는데, 일반적으로 맛이 담백하고 색채와 모양이 아름다우며 풍미가 뛰어난 것이 특징이다.

주요 특징으로는

① 사계절 감을 중요시한 재료의 선택
② 기물의 선택 : 생김새, 색상, 계절
③ 메뉴는 조림, 구이, 튀김, 초회, 찜 요리 등의 다양한 조리법
④ 그릇에 담을 때에는 공간미
⑤ 생선 류는 주로 생식하기 때문에 주재료의 특성을 최대한 살림
⑥ 양의 조절과 섬세함

지역별 요리의 특징을 살펴보면 다음과 같다

① 관동(關東)요리의 특징
관동요리는 도쿄지방을 중심으로 발달한 요리로서 무가 및 사회적 지위가 높은 사람들에게 제공되기 위한 의례 요리로 맛이 진하고 달며 짠맛이 특징이다. 당시에는 설탕이 귀했는데, 설탕을 사용한 것으로 보아 그만큼 고급요리였다는 것을 보여준다. 니기리 스시 등의 생선 초밥과 튀김 민물장어 등 일품요리가 발달하였다.

② 관서(關西)요리
오사카, 교토, 나라지방 등을 중심으로 발달한 요리이다. 관서요리는 재료 자체의 맛을 살리면서 조리하는 것이 특징이다. 다라서 관서요리는 재료의 외형과 색상이 거의 유지되기 때문에 모양이 아름답다. 관서요리의 대표적인 것으로 교토요리와 오사카요리가 있는데, 교토요리는 양질의 두부, 야채, 밀기울 말린 청어, 대구포 등을 이용한 요리가 많으며, 오사카요리는 양질의 생선, 조개류를 이용한 요리가 많다. 최근의 관서요리는 약식이 많으며 회석요리가 중심이 된 연한 맛이 특징이다.

일본요리의 기본조리법으로는 다음과 같은 특징을 가지고 있다

① 오색(五色), 오미(五味), 오법(五法)을 기초로 하여 조리한다.
② 오색 : 빨간색, 청색, 검정색, 흰색, 노란색
③ 오미 : 쓴맛, 매운맛, 단맛, 짠맛, 신맛
④ 오법 : 구이, 찜, 튀김, 조림, 날것

요리를 그릇에 담을 때에는 다음과 같은 것을 기준으로 한다

① 기물의 선택과 무늬가 있을 때 전면이 어디인가를 구별한다.
② 한 마리의 생선일 경우에는 머리가 왼쪽 배 족이 앞으로 오게 한다.
③ 몸통, 머리, 꼬리가 분류되어있는 경우에는 야마모리를 하고 부재료로 마무리한다.
④ 종류가 다양할 대는 3, 5, 7, 9 등 홀수로 담는다.
⑤ 일본요리의 기본적인 계절감을 살려서 담는다.
⑥ 고객이 먹기 편하고 아름답게 장식하여 낸다.
⑦ 곁들임 요리는 3가지 정도를 사용함이 좋다.
⑧ 화려한 기물은 주 요리를 어둡게 만들기 때문에 주 요리를 돋보이는 기물을 사용한다.

(4) 중식메뉴

중국식 코스요리는 양식코스와 비교하여 주로 러시안 식 서비스 형태로 이루어진다. 수프와 디저트, 상어지느러미,식사류와 같은 요리를 제외하고는 모든 요리는 본디쉬(Bone Dish)와 같은 작은 접시에 러시안 식으로 제공된다. 일부 연회 식에서는 테이블 중앙의 턴테이블에 요리를 올려놓고 손님이 직접 순서대로 돌아가면서 음식을 본디쉬(Bone Dish)에 덜어먹기도 한다. 중국 코스요리는 냉채와 디저트를 제외하고는 뜨거운 요리로 제공된다. 또한 뜨거운 불에 많은 기름을 사용하여 음식을 조리하기 때문에 홀에서는 서브하는 시간을 잘 파악하여 신속한 서빙을 요구한다. 중국요리의 특징으로는 일본요리나 서양요리처럼 색채와 배합을 중시하지 않아서 얼핏 보기에 화려하지는 못하나 미각의 만족에 그 초점을 두고 있어서 오미(五味)[달다(甘味), 짜다(鹽味), 시다(酢味), 쓰다(苦味), 맵다(辛味)]의 배합이 조화를 이루어 백미향(百味香)이라고 했으며, 농후한 요리든 담백한 요리든 각각의 복잡한 미묘한 맛을 지니고 있다. 동식물유지(動植物油脂)를 잘 활용하여 식단에 있어서도 농· 담의 배합이 잘되어 있고 식재료를 다양하게 고루 사용하고 있어 맛뿐만 아니라, 영양상으로도 재료의 특성을 살리면서 동시에 영양소의 손실을 적게 하고 있다. 요리를 담는 품도 한 그릇에 수북이 담아서 풍성한 여유를 느끼게 하고 한 그릇의 것을 나누어 먹음으로써 친숙한 분위기를 만들며 인원수에 다소의 융통이 있어 편리하다. 이렇게 풍부하고 변화 많은 중국요리는 젊은이로부터 노인에 이르기까지 좋아하는 맛, 합리적이며 간단한 조리법, 거기에다 경제적이며 영양가가 높다는 점으로 인하여 세계 각국에서 점차 대중화가 되어 가고 있다.

중국은 4천년의 유구한 역사와 광대한 대륙 동서남북에 따라서 상이한 기후풍토와 생산물을 가진 각 지방에 따라서 각각 특징 있는 요리가 발달되어 왔는데, 지역적으로 크게 북경요리(北京料理), 남경요리(南京料理), 광동요리(廣東料理), 사천요리(四川料理)가 분류되어 그 지역의 특유한 풍미를 자랑하고 있다.

북경요리(北京料理) : 징차이(京菜)

① 지역 : 북경을 중심으로 타이완 섬까지를 말한다.
② 기후 : 한랭기후
③ 요리의 특징 : 북경은 오랫동안 중국의 수도로서 정치, 경제, 문화의 중심지였고 고급요리가 발달하였다. 또한 호화스러운 장식을 한 요리가 발달한 것도 하나의 특징이다.
④ 재료 : 화북 평야의 광대한 농경지에서 생산되는 농산물로서 소맥과물(果物) 등의 풍부한 각종 농산물이 주재료였는데, 정치 및 권력의 중심지로서 지역의 희귀한 재료들이 집합되어있다.
⑤ 조리법 : 북방인 만큼 연료로써 루매이라는 화력이 강한 석탄을 사용하여 짧은 시간에 조리하는 튀김요리 "짜차이"나 볶음요리 "챠오차이" 등 농후한 요리가 특히 발달되어 있다.

남경요리(南京料理)

① 지역 : 중국의 중심지대로서 장강에 임한 비옥한 곳으로 북경이 북부를 대표한다면 남경은 중부를 대표하는 도시이다.
② 기후 : 온대성 기후
③ 요리의 특징 : 19세기부터 유럽 대륙의 침입으로 상하이가 중심이 되자 남경 요리는 구미 풍으로 발전, 동서양 사람들의 입에 맞도록 변화, 발전되었는데 이를 상해요리(上海料理)라 한다.
④ 재료 : 이 지방은 비교적 바다가 가깝고, 양쯔강(楊子江)하구 난징(南京)을 중심으로 하였기 때문에 해산물과 미곡이 풍부하여 이를 바탕으로 한 요리가 중심이 된다.
⑤ 조리법 : 간장과 설탕을 많이 써서 달고 농후한 맛을 내며, 요리의 색상이 진하고 선명한 색채를 내는 화려한 것이 특징이다.

▲ 고기볶음요리

▲ 백숙

광동요리(廣東料理) : 난차이(南菜)

① 지역 : 중국 남부의 광주를 중심으로 한 요리를 총칭

② 기후 : 더운 열대성 기후

③ 요리의 특징 : 일찍부터 구미문화(歐美文化)에 접한 관계로 그 영향을 받아 구미풍이 섞이어 국제적인 요리관이 정착하여 독특한 특성을 만들었다.

④ 재료 : 쇠고기, 서양채소, 토마토케첩 등 서양요리의 재료와 조미료 및 해산물과 생선을 바탕으로 함.

⑤ 조리법 : 자연이 지니고 있는 맛을 살리기 위하여 살짝 익혔고 싱거우며 기름도 적게 사용한다.

⑥ 기타 : 특수한 요리로는 뱀 요리, 개 요리 등이 있다.

▲ 딤섬

사천요리(四川料理)

① 지역 : 중국의 서방 양쯔강(楊子江) 상류의 산악지방과 사천을 중심으로 윈난, 구이저우 지방의 요리를 총칭함.
② 기후 : 여름에는 덥고, 겨울에는 추우며 낮과 밤의 기온 차가 많은 악천후의 기후
③ 요리의 특징 : 김치가 유명하며 전채로서 몇 종류씩의 김치를 내는 것이 특징이다. 토지가 비옥하여 채소가 풍부하고 바다가 멀어서 저장식품인 소금, 절임생선을 많이 쓰며, 습기가 많아서 매운 고추, 마늘, 생강, 파를 사용하여 자극적인 것이 또한 특징이다.
④ 재료 : 파, 마늘, 고추, 마른 해산물 및 소금에 절인 농산물이나 해산물, 작채(作菜), 암염(소금), 두부, 지방질이 많은 고기 등이 있다.
⑤ 조리법 : 주로 자극적인 조미료를 사용하며 강한 향기와 신맛, 톡 쏘는 매운 맛을 낸다. 주로 고추와 마늘을 많이 사용한다.

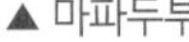

▲ 마파두부

▲ 어항육사

2) 뷔페메뉴

뷔페의 어원은 스웨덴의 Smorgasboard에서 비롯된 것으로 smor란 빵과 버터를, gas는 가금류 구이를, board는 영어의 board를 각각 의미한다. 8~10세기경 스칸디나비아 반도의 해적단들은 며칠씩 배를 타고 나가 도적질을 하고 나면 커다란 널빤지에 훔쳐온 술과 음식을 한꺼번에 올려놓고 식사를 하며 자축을 했다고 한다. 뷔페는

이러한 바이킹들의 식사방법에서 유래한 것으로 이 때문에 일본에서는 아직도 뷔페 식당을 바이킹식당이라고 부른다.

뷔페는 정찬과 다르게 일정한 격식을 차리지 않고 간편하게 손님을 접대할 수 있는 음식으로 초청하는 사람이나 초청받는 사람 모두 가벼운 기분으로 식사를 할 수 있으며, 자신이 직접 음식을 덜어다 먹기 때문에 자기가 선호하는 요리위주로 먹을 수 있다는 특징을 가지고 있다. 이에 최근 호텔연회에서는 가족모임이나, 송년회와 같은 가벼운 사교모임들은 대체로 뷔페식으로 제공되는 경우가 대부분이다. 뷔페는 형식에 따라 크게 착석뷔페(Sitting Buffet : 테이블에 앉아서 식사)와 입식뷔페(Standing Buffet : 선 채로 식사), 칵테일 뷔페(Cocktail Buffet : 식사보다는 음료와 안주 위주의 간단한 뷔페)로 나눌 수 있으며, 좀 세분하여 나눈다면 다음과 같다.

뷔페음식 먹는 요령

뷔페요리를 먹을 때에는 우선 뷔페 테이블 위에 있는 접시를 들고, 요리를 취향대로 담은 후 포크와 냅킨을 가지고 지정된 테이블로 간다. 일반적인 방식처럼 전체, 수프, 생선, 육류, 디저트 순으로 먹는데 음식을 덜 때에는 시계도는 방향으로 나아가는 것이 원칙이다.

(1) 착석 뷔페(Sitting Buffet : Full Buffet)

일반적으로 착석뷔페(Sitting Buffet)는 고객이 주문량을 사전에 정해 놓고 주문량만큼만 제공하는 클로즈뷔페(Closed Buffet)가 있다. 주로 호텔연회장에서는 클로즈뷔페(Closed Buffet)가 제공되나 일부 호텔에서는 세미 오픈뷔페(Semi Open Buffet)가 제공되는 경우가 종종 있다. 이는 일정한 개런티(Guarantee)를 설정해놓고 추가로 지급하는 형태를 취하고 있다.

착석뷔페(Sitting Buffet)는 먼저 고객이 전부 앉을 만한 테이블과 의자를 갖추어야 하고 접시와 잔(Glass Ware), 포크, 나이프, 냅킨 등을 테이블에 세팅해 놓아야 한다.

그리고 조리사들이 갖은 솜씨를 내어 장식하고 구색을 갖추어 꾸며낸 요리를 뷔페 테이블에 가지런히 진열해 놓는다. 이러한 뷔페 테이블 외에도 스페셜메뉴를 제공하는 카빙(Carving) 요리와 일식조리사가 직접 생선초밥을 만들어 제공하는 스시(생선초밥)코너, 향긋한 디저트를 직접 조리하여 제공하는 요리 등이 메뉴의 가격과 행사의 성격에 따라 준비될 수 있기 때문에 별도의 테이블과 장식을 필요로 한다.

(2) 입식 뷔페(Standing Buffet)

착석뷔페(Sitting Buffet)가 참석자를 위한 테이블과 의자를 갖추고 접시와 잔(Glass Ware), 포크, 나이프, 냅킨 등을 요구하는 반면에 입식(스탠딩) 뷔페(Standing Buffet)는 서서 먹기에 편리한 음식과 기물로 구성되어져 있어야 한다. 음식의 구성은 착석뷔페(Sitting Buffet)와 비슷하지만 초청객이 담소를 나누면서 음료와 함께 작은 접시에 덜어서 먹을 수 있도록 그 모양과 장식이 요구된다. 음식 테이블(Food Table)의 형태에서 칵테일 리셉션(Cocktail Reception)과 비슷하나 칵테일 리셉션(Cocktail Reception)이 칵테일을 위한 안주형태에 가까운 메뉴형태를 갖추었다면 스텐딩 뷔페(Standing Buffet)는 식사 위주의 메뉴로 구성되었다는 것이다. 최근 호텔에서는 혼용하여 쓰는 경우가 있다.

CHAPTER

의전

제1절 행사와 의전
제2절 자리와 예우

Chapter

10 의전

제1절 행사와 의전

호텔연회에 있어서 행사장 무대의 좌석배열과 식사를 하는 식탁에서의 좌석배열에 관한 의전은 매우 중요하고 행사주최 측인 고객으로 하여금 자주 질문을 받기 때문에 호텔연회담당자는 최소한의 의전에 관한 기본적인 예는 숙지할 필요가 있다. 따라서 본 장에서는 의전에 관한 일반적인 관례와 호텔연회에서 필수적으로 숙지해야 할 것에 대하여 알아보도록 하겠다.

1. 행사

우리가 자주 입에 오르내리고 있는 행사라는 단어는 누구나가 쉽게 이해하고 자신 있게 사용하는 말이지만 그 뜻과 내용을 정의하기란 쉽지 않다. 사전적 정의에 의하면 행사란 "일정한 계획에 의해 어떤 일을 진행하는 것, 또는 그 일" 이라고 한다. 박재택(2002)에 의하면 행사란 " 뜻을 같이하는 다수의 사람들이 한 자리에 모여 특정한 목적이나 이익을 위하여 함께 이루어지는 일" 이라고 정의하고 있다. 즉 행사에는 특정한 목적을 위하여 다수의 사람이 한자리에 모이는 것으로 행사주최자와 참석자들의 공동의 이익을 위해서 거행됨을 말하고 있다. 이러한 이익을 정부와 민간부문으로 나누어 보면 정부행사는 대체로 정보의 정책을 홍보하거나 설명하기 위하여, 민간행사는 통상적으로 특정집단의 공동의 이익과 관심을 집중을 위하여 개최된다.

행사는 행사의 성격, 주관기관이 정부기관이냐 민간기관이냐, 또는 행사장소가 옥외인가 옥내인가 등 그 기준에 따라서 그 종류를 다양하게 분류할 수 있다. 행사를 그 성질별로 나누어 본다면 의식행사, 공연행사, 전시행사, 체육행사, 각종연회, 각종회의 및 기타 행사로 나누어진다.

① 의식행사는 특별히 경사스러운 일을 경축하거나 특정한 날을 기념하는 행사, 외교사절 등 손님을 영접 환송하는 행사 등 특별히 의식과 절차를 갖추어 행사의 의의를 드높이는 행사이다. 의식행사에는 의전절차가 중시되며 행사의 내용은 전례전차와 연설로 구성되는 것이 일반적이다.나라의 경사스러운 날을 기념하기 위하여 행하고 있는 4대 국경일 행사, 근로자의 날, 조세의 날 등 각종 기념일 행사, 각종시책 홍보행사, 촉진대회, 기공식, 준공식, 시무식, 종무식, 정기조회 등이 의식행사에 해당된다.

의식행사의 특징은 모든 행사의 기본이 된다는 것이다. 즉 의식행사가 독자적으로 독립하여 거행되기도 하지만, 성질이 다른 공연행사, 전시행사, 기타 어떤 행사를 할 때에도 행사의 전반부에 의식행사를 하는 것이 일반적인 관례이다.

② 공연행사는 주로 문화예술행사가 대부분이다. 이 행사는 일반대중을 대상으로 공연물을 연출하는 행사이다. 음악회, 영화제, 연극제, 무용발표회, 각종 쇼프로그램 등이 여기에 해당된다.

③ 전시행사는 역사적 기록물, 예술작품, 자연물산 및 공업생산품, 등의 전시등과 같이 과거의 발자취는 물론 현재의 정신적 창조활동의 결과 및 물질적 생산활동의 결과물들과 미래에 예상되는 인류생활의 모습 등을 일반에게 보여주는 행사이다. 전람회, 박람회, 품평회, 각종 전시회 등이 이에 해당된다.

④ 각종 연회는 식사를 하는 조찬, 오찬, 만찬행사가 있고, 간단한 음료와 다과를 들면서 환담에 중점을 두는 리셉션(연회)이 있다. 리셉션은 의식행사의 후반부

에 본행사의 부대행사로서 행하는 것이 보통이다.

⑤ 각종 회의에는 발표회, 토론회, 심포지엄, 포럼, 세미나 등과 같은 정책, 학술회의와 전국 농촌후계자 대표회의와 같은 의식행사 성 회의가 있고 그 외에 기간 내부 또는 외부와의 업무협조를 위한 단순한 회의가 있다. 기타행사로는 축제 행사, 퍼레이드 등이 있다.

2. 의전

호텔연회장에서 개최되는 의전행사에는 대통령과 국무총리가 주빈으로 참석되는 행사가 종종 있으며, 이외 대사관이나 각국의 원수(元首)가 주최 또는 주빈이 되어 참석되는 경우도 자주 보게 된다. 이와 같은 경우 주빈이 호텔의 로비에 도착하는 시점부터 시작된 예(禮)는행사장까지의 최단으로 도착하는 동선을 확보해야 하고, 주빈이 메인 석에 참석하는 위치 안내 및 착석보조와 다시 배웅하는 예(禮)까지를 말한다. 현행법상 정해진 의전에 관한 사항은 「국경일에 관한 법률」, 「국장 · 국민장에 관한 법률」, 「각종 기념일에 관한 규정(대통령령)」, 등이 있으며, 이 규정에는 단지 나라의 경사스러운 날과 기념일의 일자를 정하고 있는데 지나지 않다. 이 외에 절차와 방법에 관한 규정으로는 「대한민국 국기에 관한 규정(대통령령)」과 「군예식령(부령)」 정도가 있다.

이와 같이 의전례는 특히 의식절차와 방법 등에 관해서는 법으로 정하여지지 않고 관행에 중심을 이루고 있다. ≪예기≫의 〈곡례(曲禮)〉편에 '예(禮)는 때에 따라 마땅한 바에 좇고 남의 나라에 가서는 그 나라의 풍속에 좇는다'라는 말이 있는데, 이 말은 의정의 원칙이 시간과 장소에 따라, 혹은 주어진 상황에 따라 변화될 수 있음을 나타내는 것으로, 의전의 중점을 어디에 두느냐에 따라 의전례가 달라질 수 있음을 의미한다.

3. 주최와 주관

흔히 행사장에서는 초청장이나 대형 현수막에 공식적인 행사명 외에 '주최 : ○○○기관',주관 : ○○○'이라는 말을 볼 수 있다. 행사주최기관은 행사를 주최하여 여는 기관을 뜻하며 행사 주관기관은 행사를 책임지고 관리하는 기관을 말한다. 즉, 주관보다는 주최가 더 포괄적이며 상위 개념이다. 주최기관은 행사의 기본계획 수립 등 골격에 관한 일을 하며, 주관기관은 행사를 직접 집행하는 일을 맡는다. 즉 주최기간을 상급기관, 정부기관 또는 행사를 의뢰한 기관이라고 한다면, 주관기관은 하급기관, 공공단체 또는 민간기관 등 행사를 의뢰받은 기관이 된다. 예를 들면 경부고속도로 준공식의 경우 건설교통부는 주최기관이 되고 시공회사가 주관이 된다.

'협찬'과 '후원'의 차이

① 협찬(協贊) : 어떤 일을 협력하여 돕는 뜻으로, 특히 어떤 행사에 금전적인 것을 제공하여 돕는 것을 말한다. 협찬사는 현물이나 금전을 제공한다.
예) 대기업의 협찬을 얻어 육상대회를 개최한다.

② 후원(後援) : 일반적으로 어떤 행사에 상업적인 목적이나 금전을 매개로 하지 않고 도와주는 행위를 말한다. 또 다른 의미로는 어떤 사람이나 일을 뒤에서 도와주는 의미로 사용된다. 예) ㅇㅇ신문사가 주최하고 문화관광부가 후원하는 전국 어린이 글짓기대회.

제2절 자리와 예우

역사가 생긴 이래로 우리 인류가 만들어낸 예의기준은 나이가 적은 사람과 나이 많은 사람, 아랫사람과 윗사람, 사람과 사람과의 상호 존중관계에 관한 준거 기준에 있다. 일반적으로 의전상의 예우기준은 위의 기준과 같은 시간의 선후와 자리의 위치에 관한 개념에 의해 그 방법과 예우순서가 결정된다. 조선시대 재상의 서열을 보면 영의정, 좌의정, 우의정 순으로 되어 있고, 자리를 기준으로 할 때에 가장 우선이다. 즉 본인이 있는 자리에서 우측이 상석이라고 보면 된다. 호텔연회에 있어 일반적으로 좌석배치에 관한 서열에 일정한 기준은 없다. 하지만 직위의 높고 낮음, 나이, 직위가 같을 때는 정부조직법상의 순서 등에 의한다는 것과 각종 행사에서 특별한 역할이나 주최자가 될 경우에는 서열에 관계없이 자리배치가 달라질 수 있다.

1. 주요 인사에 대한 예우

1) 일반기준

정부의전행사에 있어서 참석인사에 대한 의전예우기준은 헌법 등 법령에 근거한 공식적인 것과 공식행사의 선례 등에서 비롯된 관례적인 것으로 대별할 수 있다.

공식적인 예우기준은 헌법, 정부조직법, 국회법과 법원조직법 등 법령에서 정한 직위순서를 예우기준으로 하는 것을 말하고, 관례적인 예우기준은 정부 수립 이후부터 시행해 온 정부의전행사를 통하여 확립된 선례와 관행을 예우기준으로 하는 것을 말한다. 현재 정부의전 행사에서 적용하고 있는 주요 참석인사에 대한 예우기준은 다음과 같이 하고 있으나, 실제 공식행사의 적용에 있어서는 그 행사의 성격, 경과보고, 기념사 등 행사의 역할과 본 행사의 관련성 등을 감안하여 결정된다.

(1) 직위에 의한 서열기준

① 직급(계급)순위

② 헌법 및 정부조직법상의 기관 순위

③ 기관장 선순위

④ 상급기관 선순위

⑤ 국가기관 선순위

(2) 공적직위가 없는 인사의 서열기준

① 전직

② 연령

③ 행사관련성

④ 정부산하단체, 공익단체협회장, 관련민간단체장

2) 좌석배치기준

각종 행사에 있어서 좌석배치의 기준은 의전예우기준을 토대로 행사의 성격, 주관기관 등에 따라 다음과 같은 요령으로 좌석을 배치한다.

① 단상좌석은 주빈 석을 제외하고 각 집단별로 초청 인원수와 좌석의 배열형태를 고려하여 횡렬 또는 종렬로 한다.

② 주요 정당의 대포를 초청하여 단상에 배치하는 경우, 원내 의석수가 많은 정당순으로 배치하는 것이 일반적 관행이나, 현재 정부 주요행사에서는 여당, 야당순으로 배치한다.

③ 3부요인의 초청인사의 집단별 좌석배치 순서는 관행상의 서열, 즉 행정 · 입법 · 사법의 순으로, 각 부내 요인간의 좌석은 각 부내의 서열 또는 관행을 존중하여 배치한다.

④ 행정부 내의 동급 인사 간의 경우는 정부조직법 제26조의 규정에 의한 행정각부의 순서 및 국무회의 좌석배치순서 등에 의거하여 좌석을 정하며, 입법부 내 요인간의 경우는 국회에서 관례 직으로 사용하는 서열, 즉 국회의장, 부의장, 원내대표, 각 상임위원장, 국 회의원, 사무총장, 국회사무처 차관급 순으로 좌석을 정한다.

⑤ 각종 사회단체 대표자간 또는 기타 일반 인사단의 좌석배치순서는 그 자체에서 정하여진 서열이 있으면 그에 따르고 특별하게 정한 서열이 없을 때에는 조직별 도는 집단별로 배치한다.

⑥ 주한 외교단은 외교단장을 비롯하여 관례에 따른 서열, 즉 신임장을 제정한 일자 순으로 배치하며, 그 외의 외국인은 알파벳순으로 배치한다.

⑦ 차관급 이상의 군 장성은 행정부 인사와 같이 적제 순위에 따라 배치하는 것이 원칙이 나, 다수의 장성이 참석하는 경우 계급 순으로 배치할 수 있으며, 계급이 같을 경우에는 승진일자 순, 군별(육 · 해 · 공), 임관일자 순, 연령순 등을 참작하여 서열을 결정한다.

다음과 같은 경우는 예외적으로 의전 서열에 불구하고 좌석을 우대할 수 있다.

Ⓐ 정부의전행사에 있어서 대통령 등 상급자를 대행하는 경우

Ⓑ 행사조관기관의 장(연회에서는 초청자)

Ⓒ 행사직접관련 기관장 또는 인사

Ⓓ 행사에 역할(경과보고, 식사 등)이 있는 인사 등

3) 각종 회의 시 좌석배치

각종 회의 시 좌석배치는 회의규모와 장소에 따라 일정하지 않으나, 좌석의 배열 형태 및 참석자간의 좌석배치 순서는 다음의 관례에 의한다.

(1) 단상 좌석배치

단상 좌석배치는 행사에 참가한 최상위 자를 중앙으로 하고, 최상위자가 부인을 동반하였을 때에는 잔 위에서 아래를 향하여 중앙에서 우측에 최상위 자를, 좌측에 부인을 각각 배치한다. 그 다음 인사는 최상위자 자리를 중심으로 단 아래를 향하여 우좌(右左)의 순으로 교차하여 배치하는 것이 원칙이다.

① **대통령 참석 시** - 단(壇) 아래를 향해

Ⓐ 단독 참석 시에는 대통령 좌석을 앞으로 전진배치 한다.

Ⓑ 영부인과 동반 참석 시에는 대통령 내외분 좌석을 앞으로 전진배치 한다.

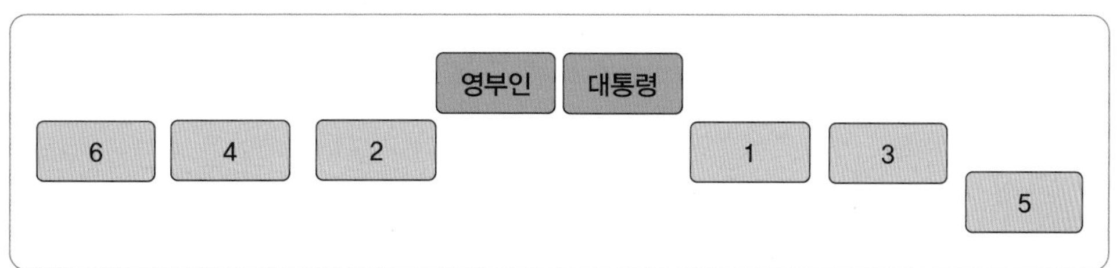

② 대통령 불참 시 - 단(壇) 아래를 향해

대통령이 참석하지 않는 행사에 있어서 참석인사의 단상 앞 열 좌석배치는 단상의 오른쪽에 최상위 자를, 왼쪽에 차 순위 자를, 최상위자의 오른쪽에 다음 순위 자를 우좌(右左)의 순으로 배치한다.

③ 일반 참석자 좌석배치

Ⓐ 단하의 일반참석자는 각 분야별로 좌석 군(座席群 : 개인별 좌석을 지정하지 않음)을 하는 것이 무난하며, 당해 행사와의 유관도 · 사회적 비중 등을 감안하여 단상을 중심으로 가까운 위치부터 배치토록 한다.

Ⓑ 주관기관의 소속직원은 뒷면에, 초청인사는 앞면으로 한다.
행사진행과 직접 관련이 있는 참여자(합창단악 등)는 앞면으로 한다.

④ 배치형태

회의에 참석할 인원이 5명 내지 7명의 경우에는 원형으로, 9명 내지 10명 정도의 경우에는 장방형으로, 그리고 12명 이상일 경우에는 U자형으로 좌석을 배치하는 것이 일반적이다.

⑤ 참석자간의 배치

회의에 참석하는 참석자간의 좌석배치 순서는 이미 정하여진 서열이 있으면 그에 의하여 사회자석을 기점으로 배열하고, 참석자 간에 특별히 정하여진 서열이 없으면 회의에서 사용하는 주된 공용어 또는 가나다순에 의한 성명순서에 따라 배치한다. 외국인이 많이 참석하게 되는 경우와 국제회의의 경우에는 영어의 알파벳순으로 국명 또는 성명의 순서에 따라 정하는 것이 일반적인 관례이다.

⑥ 명패

회의용 탁자에는 회의참석자의 명패를 준비하여 명패의 양면에 참석자의 직책명과 성명을 기입하여 참석자 상호간에 볼 수 있도록 한다.

4) 정부의 의전절차의 관행과 기준

정부에서 거행하는 4대 국경일은 법률로 3 · 1절과 8 · 15 광복절, 제헌절, 개천절이며 '나라의 경사스러운 날'로 정해진 경축일이다. 4대 국경일 행사는 입법, 사법, 행정부의 주요인사와 전국의 각계각층의 대표가 참석하며, 이러한 국경일 행사에 있어서도 국경일이 갖는 특성에 따라 의전례가 달라진다.

3 · 1절과 8 · 15 광복절 행사에는 일제의 탄압에 항거하며 독립 쟁취에 참여하였던 애국지사들에 대한 의전 상 예우에 각별히 신경을 쓴다. 행사의 초점도 이 부분에 맞추기 마련이다.3 · 1절 경축 시에는 민족의 자주독립선언이 강조되고, 8 · 15 광복절 경축식에는 일본 압제에서의 해방과 새로운 정부수립의 역사성이 부각된다. 식장의 단상인사 배치 시에도 지금까지의 관행은 3부의 대표와 애국지사들이 단상인사로 결정된다. 그러나 제헌절 경축식에서는 행사의 중점이 우리의 헌정사와 법치주의의 구현에 모아지게 되므로 참석인사의 예우에 대해서도 자연스럽게 국회의장 등 입법부 인사와 정당의 대표들을 우선하도록 하고 있다. 또한 개천절 경축행사에서는 행사의 초점을 민족사의 형성과 발전에 두고 참석인사의 예우에 있어서도 단군신화의 역사성을 숭모하는 학계의 지도층 인사들을 우선해서 예우하고 있다.

5) 대통령이 참석하는 행사의 의전례

대통령은 우리나라 헌법에서 규정하고 있는 바와 같이 국가원수로서 외국에 대하여 국가를 대표하고 국가 독립, 영토의 보전, 국가의 계속성과 헌법을 수호할 책임을 짐과 동시에 정부의 수반으로서 국가행정에 관한 권한과 책임을 지는 지위에 있다. 따라서 이와 같이 국민이 국가원수인 대통령에 대하여 경의를 표하는 것은 일반적인 관례이자 도리라고 하겠다. 세계 각국도 방법상의 차이는 있으나 국가원수에 대하여 일정한 경의표시를 하고 있다. 또한 그 나라를 방문한 외국원수에 대해서도 동일한 예우를 행하는 것이 일반적인 국제관례로 되어 있다.

(1) 단상 좌석배치

대통령에 대하여는 반드시 ' 대통령'이라는 존칭을 붙이도록 한다. 과거에는 대통령에 대한 존칭으로서 '대통령 각하'라고 호칭하였으나 근래에는 권위주의 이미지가 연상된다는 이유 등으로'각하'라는 표현을 피하고 있다. 일반적으로 '대통령께서', 또는 직접 호칭 시에는'대통령님'으로 사용하고 있다. 대통령과 부인을 함께 경칭하는 경우에는 '대통령 내외분' 이라고 한다('대통령 부처' 등은 사용하지 않는다). 부인에 대하여는 '대통령 부인' 또는 '영부인'으로 하고 부인에 대하여 직접 호칭 시에는 '여사님'으로, 자녀에 대해서는 '대통령 장남 ○○○씨' (미혼인 경우는 '군'), '대통령 장녀 ○○○양'(미혼인 경우) 등으로 호칭한다. 우리나라 대통령을 영어로 표기하는 경우에는 'His Excellency the President of the Republic of Korea' 로 하며 'His Excellency'는 'H.E.'로 줄여 쓸 수 있다. 도 대통령 내외분은 'H.E. the President of the Republic of Korea and Mrs. ○○○'으로 쓴다. 외국원수에 대한 존칭은 영예의 표시이기 때문에 잘못 사용하면 의전상 큰 결례가 된다. 외국원수에 대한 존칭은 문서와 호칭에 사용하는 것이 나누어져 있는 경우가 많으므로 관련 주한대사관을 통해 확인 후 사용하는 것이 좋다.

(2) 일반의식에서의 예의

대통령이 참석하는 공식행사는 대통령이 도착하기 전에 단상 초청인사가 있는 경우는 미리 착석하도록 하는 등 식장정리를 마치도록 한다. 대통령이 식장에 도착할 때에는 행사주관 기관장 등 2~3명이 식장 입구에서 영접한 뒤 식장까지 수행한다. 대통령이 식장에 입장할 때 사회자의 "지금 대통령께서 입장 하십니다" 하는 안내에 따라 단상이나 단하의 참석자는 모두 기립하여 자연스럽게 대통령을 향하여 박수로 환영의 뜻을 표하며, 대통령이 착석한 후에 착석한다. 이때 교향악단 등이 있을 때에는 입장음악을 연주하도록 한다. 대통령이 훈장 또는 상장을 수여하면 참석자는 박수를 쳐서 축하하고, 연대에서 연설을 하는 경우에도 참석자는 감명 깊은 대목이 있을 때와 끝날 때에는 박수를 치는 것이 예의이다. 대통령이 폐식 후 퇴장할 때에는 특별한 안내 없이 참석자는 모두 일어서서 박수를 쳐서 환송하고, 영접했던 인사가 출구까지 나가 전송한다. 의식에 있어서는 대통령보다 늦게 참석하거나 먼저 식장을 나가는 행위는 결례가 된다. 대통령이 행사에 참석하는 경우나 특정기관이나 단체 등을 순시하는 경우에는 평소에 있는 그대로 자연스럽게 경의를 표시하도록 하고, 불필요하게 관련 기관장을 도열시키거나 대화자를 선정하여 미리 대화준비를 하며, 행사장 내외에 시민이나 공무원을 동원하는 등 인위적이고 부자연스런 영접행위는 올바른 경의표시방법이라고 할 수 없다.

(3) 특수의식에서의 예의

제복을 착용하는 군인·경찰 등이 주관하여 대통령이 참석하는 특수의식에 있어서는 군예식령, 경찰의식규칙 등에서 규정하는 바에 따라 경의를 표한다. 다만, 대통령에 대한 경례시 일반 참석자는 기립하여 차려 자세만 취한다.

(4) 개별 접견 시 등의 예의

개별 접견 시는 대통령이 자기 앞에 오면 공손하게 경례를 하고 자기를 소개하며 아수를 청하면 목례와 함께 악수를 한다. 이 경우 두 손으로 잡거나 먼저 손을 내미는 것은 결례가 된가. 공연장, 경기장 또는 거리에서 대통령을 보았거나 만났을 때에는 걸음을 멈추고 예의를 표하며, 악수를 청하면 가볍게 악수한다. 대통령이 탑승한 승용차가 지나갈 때도 손을 흔들어 환영하는 것이 예의이다.

(5) 행사장 참석 비표 교환

호텔연회장에서 개최하는 정부차원 각종 의식행사에서는 참석인사를 초청할 때 초청장과 함께 입장카드와 참석안내문, 차량주차카드를, 행사종료 후 리셉션이 있는 경우에는 리셉션 초청장과 그 입장카드를 보내는데, 이 입장카드는 대통령 등 정부의 주요 인사가 행사에 참석할 경우 안전을 확보하기 위한 장치로서 초청 인사를 비롯 행사요원, 참가업체 등 모든 참석인사들에게 발급하는 것으로서 행사장에 입장할 때 비표(이 표가 있어야 행사장 입장이 가능)과 교환하는 증표이다. 즉 이것은 행사장 현장에서 본인 여부를 가릴 수 있는 유일한 수단이다. 비표의 교환은 행사장 입구에서 가까운 곳으로 통행에 지장이 없는 장소로 정하는 것이 좋다.

(6) 의전례 진행계획

정부에서 주최하는 행사준비는 기본적으로 의식진행계획, 초청계획, 안내계획, 시설공사계획, 홍보계획을 포함한다. 이들 분야별 계획들은 초청계획을 제외하고는 행사의 성격, 규모에 따라 다르기는 하지만 각기 시설물을 제작하거나 구입하여 준비할 필요가 있다. 예를 들면 다음과 같다.

① **의식진행계획** : 연설 대, 의자, 탁자, 꽃 장식, 기타 식단에 필요한 소품 등
② **안내계획** : 식장 안내 및 유도 표지 판, 주차장 관리시설 등
③ **시설공사계획** : 식단의 제작, 기타 행사 관련시설의 정비 정돈
④ **홍보계획** : 식장 내외 현판, 홍보 탑, 현수막 등

2. 행사

공식적인 만찬은 행사가 시작하기 전 초청인사의 도착부터이다. 이러한 절차는 보통 다음과 같은 공식 과정을 따른다.

1) 초청인사 도착

공식만찬이나 오찬에는 초청인사가 오는 것을 기다리면서 그들의 주빈에게 소개하는 동안 약 20~30분간 칵테일을 하게 된다. 좌석배열의 수정이 필요할 경우 이대에 재조정하도록 한다.

2) 영접라인(Receiving Line)

영접라인은 15~30분간 유지하는 것이 일반적이며 그 후에는 주최자의 주빈 부부도 다른 초청인사 들과 합류하는 것이 바람직하다. 문밖에서 보아 왼쪽이 영접라인이 되며 이 위치에서 주최자와 주빈(주빈이 있을 경우)은 초청 인사를 영접하게 된다. 영접라인상의 순서는 주빈이 있을 경우 주최자, 주빈, 주최자 부인 또는 주빈의 부인 순이며, 주빈이 없을 경우에는 주최자와 그 부인 순으로 한다. 영접 라인 앞에서는 의전 관 및 안내인이 서서 초청 인사를 안내하게 되는데, 이에 앞서 영접라인에 들어서는 초청 객은 안내인에게 자신의 직책과 성명을 분명히 말하여야 한다. 또한 대규모 공식 연회 시에는 명함을 제시하도록 하는 경우도 있다. 주최자가 초청인사

와 인사를 교환한 후 그를 주빈에게 소개하는데 이때에는 가급적 긴 담화를 피하도록 한다.

3) 연회의 개시

초청인사가 모두 도착하면 주최자는 연회장의 준비가 완료된 것을 확인하는 대로 이들에게 연회장으로 들어갈 것을 권한다. 초청 인사를 식탁으로 안내하는 예법은 나라에 따라서 일정하지 않으나 공식만찬의 경우 주최자가 주빈의 부인을, 그리고 주최자 부인이 주빈을 안내하게 되며 다른 초청 인사들은 그 뒤를 따르게 한다.

4) 건배제의

일반적으로 호텔연회장에서 개최되는 리셉션에는 절차상 건배제의가 있다. 절차상 보통 기념 케이크를 절단하고 건배제의자의 제청에 의해 진행된다. 이 대 참석자 모두가 함께 건배를 할 수 있도록 건배제의 전에 신속한 서빙이 필요하다. 만찬으로 진행될 경우에 건배제의는 보통 만찬이 시작되기 전이나 후식을 제공받기 전에 한다. 이럴 경우 보통 만찬이 시작 전에 주빈이 행사를 개최해준 주최자와 참석자를 위해 제청을 하고 후식을 제공받기 전에는 주최자가 참석해 준 내빈을 위해 제청을 한다. 그러나 절차상 건배제의 순서가 준비된 경우에는 기념케이크 절단을 하고 그 다음에 이어서 건배제의를 한다. 하지만 특별한 방식이 준비되어 있지 않는 상황에서는 어떤 방식으로 하더라도 문제는 없다.

5) 만찬

만찬에 들어가기 전에 보통 와인을 서빙하게 되는데, 서빙 하는 순서는 주최자가 주문한 와인을 시음 후에 주빈을 가장 먼저 서빙하고 주최자를 맨 나중에 서빙 한다. 행사의 성격에 따라 서빙 하는 순서가 다를 수 있지만, 보통 메인테이블의 주빈을 가장 먼저 서빙한 후에 순서대로 서빙 하는 것이 관례이며, 먹고 난 접시를 치우는 순서도 마찬가지이다.

6) 연회의 종료

연회장에서 나오는 순서는 들어갈 때와 비슷하며 대체로 주빈과 주빈의 부인이 먼저 자리를 일어선다. 연회장에서 나온 후에는 잠시 인사를 나눈 뒤 주빈이 먼저 떠나며 그 뒤를 이어 일반 초청 인사들이 대개 서열 순에 따라 연회장을 떠난다.

CHAPTER

호텔 레스토랑 & 연회 직무메뉴얼 사례

Chapter

11 호텔 레스토랑 & 연회 직무매뉴얼 사례

1. HOW TO SERVE A CUP OF COFFEE IN A BANQUET

Materials

- A service tray (with clean tray cloth)
- Chinaware: a coffee cup and a saucer
- Silverware: a creamer and a sugar bowl, a coffee/tea pot

Duration of Session : 10-15 minutes

Introduction

I	Interest	Imagine, you are in a BU Hotel banquet room for a business lunch or for wedding events. The waiter serves you a flat cold coffee. How would you feel? 만약 여러분이 BU 호텔의 연회장에서 사업적인 미팅 또는 결혼식에 참여하고 있을 때 맛이 없고 식은 커피를 서브 받으셨다면, 기분이 어떠시겠습니까?
N	Need (why)	With specialty coffee bars sprouting up all over, an average guest has acquired a more discerning palate for this 'simple' beverage.At BU Hotel we have agreed to serve the best coffee in town - this is one of our Top 20. 스페셜티 커피숍이 활성화 되고 있는 요즘, 일반 고객들은 단순한 커피 한 잔에도 많은 기대를 갖고 있습니다. BU 호텔은 F & B Top 20의 일부분으로 에서 가장 신선하고 맛있는 커피를 제공하고 있습니다.

T	Task	Today, we will demonstrate "How to serve a cup of coffee in a Banquet" according to BU Hotel standards. 이 시간에는 BU 호텔의 스탠더드에 의거하여 연회장에서 커피를 서브하는 방법에 대하여 알아보도록 하겠습니다.
R	Range	This session will last for approximately 10-15 minutes. We will provide you with detailed explanations and clearly demonstrate how you are expected to perform this task. Each one of you will then have the opportunity to practice. Please write down your questions and we will be happy to answer any concerns at the end of the session. 본 수업은 10-15분 정도 소요될 예정이며 직무 수행에 관한 자세한 설명을 드릴 것입니다. 그 후, 여러분이 연습하실 수 있는 시간이 주어질 것이며 수업 마지막 부분에 질문을 받도록 하겠습니다.
O	Objective	By the end of this session, our objective is to ensure that you have learned "How to serve a cup of coffee in a Banquet" with confidence, and according to our defined standards. Any Questions? 이 수업의 목표는 여러분께서 자신 있게 정해진 스탠더드에 의거하여 연회장에서 커피를 서브하실 수 있도록 도와 드리는 것입니다. 질문 있으십니까?

Task:	How to serve a cup of coffee in a Banquet 커피 서브하기 (연회장)	Job Title :	Food &Beverage Employees

STEP	INVOLVEMENT	STANDARD
1. Prepare the equipment 준비물 확인하기	Q: What equipments do we need? 기물 준비: Q: What do we need to check when preparing the equipment?	• A service tray • A clean tray cloth (if necessary) • Chinaware: coffee cup and saucer • Silverware: creamer, sugar bowl, coffee/tea pot and tea spoon • Sparkling clean 청결한지 • Keep a good condition for a tray cloth 트레이 매트 상태 확인

	기물 준비 시 점검해야 할 사항:	• Free from chips and cracks 흠이나 금이 가지 않았는지 • Well polished 잘 손질되었는지 • The tray is clean, well polished 깨끗한 트레이 • If you are using a silver tray, ensure a good condition of the tray cloth that will be used 실버 트레이 사용 시, 트레이 매트 사용
2. Prepare a sugar bowl and milk 슈거 볼과 우유 준비하기	Q: What do we need to ensure? 확인해야 할 사항:	• Ensure the sugar bowl is clean and filled according to the set standards (White sugar 6ea, brown sugar 4ea, equal sugar 3ea) 슈거 볼 청결 상태와 내용물 확인 • Creamer is filled to 3/4 of the container with cold or hot milk 우유는 크리머의 3/4만큼 담는다.
3. Set up the tandard Function 일반 연회 준비하기	Q: How do we set up the standard function? 연회 준비:	• Coffee cup and Sugar Bowl are preseton center of the table 커피 컵과 슈거 볼을 미리 식탁 중앙에 놓는다. • Set up a creamer after main dish 메인 식사 후, 크리머를 셋 업 • Place a coffee cup directly above the show plate, and the dessert spoon & fork under the coffee cup in 6 o'clock 커피 컵은 쇼 플레이트 바로 앞, 디저트 스푼과 포크는 커피 컵 바로 아래 6시 방향에 놓는다. • Place Salt & Pepper above the coffee cup 소금과 후추: 커피 컵 위 • Place a sugar bowl above the Salt & Pepper 슈거 볼: 소금과 후추 위 • The handle of the coffee cup is in 4 o'clock position 커피 컵의 손잡이: 4시 방향

		• The coffee/tea spoon is positioned at 4o'clock 커피 스푼: 4시 방향
	Q: What do we need to say to the guest? 고객께 다가가서	"Excuse me Sir / Madam, would you prefer coffee or tea?" "실례합니다. 커피 또는 티 하시겠습니까?"
4. Set up the V.I.P & Wedding Function VIP & 웨딩 연회 준비하기	Q: How do we set up the V.I.P & Wedding function? VIP 행사 또는 웨딩 연회 준비:	• Pre-set only sugar bowl at the center of the table 슈거 볼: 식탁 중앙 • Set up a creamer after main dish 메인 식사 후, 크리머 셋 업 • After a dessert; Set up the coffee cup on the table 디저트 후, 커피 컵 셋 업 • Place the coffee cup on the right side of the dessert spoon in 3 o'clock 커피 컵은 디저트 스푼 옆 오른쪽에 • Approach the guest and ask them if they would prefer coffee or tea 고객 선호도 확인 (커피 또는 티?)
	Q: What do we need to say to the guest? 고객께 다가가서:	"Excuse me Sir / Madam, would you prefer coffee or tea?" "실례합니다. 커피 또는 티 하시겠습니까?"
5. Collect the coffee 커피 준비하기	Q: What do we need to check when collecting the coffee? 커피 준비 시 점검해야 할 사항:	• The coffee is fresh and hot 신선하고 따뜻한 커피
6. Approach the table 테이블로 다가가기	Q: How do we approach the table? 테이블로 다가가기:	• Smile as you really mean it 진심 어린 미소 • The tray is well balanced 트레이 균형 잡기 • Walk at a steady pace 안정된 걸음걸이
7. Serve the coffee 커피 서브하기	Q: How do we serve the coffee? 커피 서브하기:	• Return to the pantry and collect a silver coffee pot & a silver tea pot 커피 또는 티폿 준비

		• Pick up the requested pot; pour slowly and carefully into the guest' cup on the table 천천히 조심스럽게 따른다. • Offer the coffee or tea to the guest as per BU Standards BU의 스탠더드에 맞게 • Serve ladies first 여성 고객 먼저 • Serve from the right-hand side where possible 오른쪽에서 서브한다.
8. Leave the table 테이블을 떠나며 인사하기	Q: What do we need to say to the guest? 인사하기:	"Mr./Ms. Smith, enjoy your espresso." (Using the name of the coffee served) "카페 라떼 맛있게 드십시오." "즐거운 시간 되십시오."
	Q: What do we need to say when being thanked by the guest? 고객이 감사를 표시했을 때:	"It is my pleasure, Mr. /Ms. Smith." or "You are welcome." "감사합니다, 홍길동님."
		• Please pay special attention to replenish a guest's coffee when required! 세심한 주의를 기울여 필요시 커피 refill을 바로 해드린다.
Q. Any Questions?		

Checking the Standard

Question Technique:	Please remember : Pose, Pause, Person We begin questions with : Who, What, Where, When and How

Summary Statement:

We have now completed our training : "How to serve a cup of coffee in a banquet"

Do you have any questions?

Step 1	Q: What equipments do we need? Q: What do we need to check when preparing the equipment?
Step 2	Q: What do we need to ensure?
Step 3	Q: How do we set up the standard function?
Step 4	Q: How do we set up the V.I.P & wedding function? Q: What do we need to say to the guest?
Step 5	Q: What do we need to check when collecting the coffee?
Step 6	Q: How do we approach the table?
Step 7	Q: How do we serve the coffee?
Step 8	Q: What do we need to say to the guest? Q: What do we need to say when being thanked by the guest?

2. HOW TO PRESENT A BILL

Materials

Duration of Session : 15 minutes

Introduction

I	Interest	Imagine, after having a great result from a meeting at the business center, you are given a check impolitely from an employee. How would you feel? 만일 여러분께서 비즈니스 센터에서 성공적으로 회의를 마치신 후, 직원이 성의 없이 건네주는 계산서를 받으셨다면 기분이 어떠시겠습니까?
N	Need (why)	At BU Hotel it is necessary to present the check correctly to the guest so that the overall service given to him becomes a wonderful experience. BU 호텔은 올바른 방법으로 고객께 계산서를 드림으로써 서비스의 질을 향상시킵니다.
T	Task	Today, we will demonstrate "How to present a bill" according to BU Hotelstandards. 이 시간에는 BU 호텔의 스탠더드에 의거하여 고객께 계산서를 드리는 방법을 알아보도록 하겠습니다.
R	Range	This session will last for approximately 15 minutes. We will provide youwith detailed explanations and clearly demonstrate how you are expected to perform this task. Each one of you will then have the opportunity to practice. Please write down your questions and we will be happy to answer any concerns at the end of the session. 본 수업은 약 15분 정도 소요될 예정이며 직무 수행에 필요한 자세한 설명을 해드리겠습니다. 그 후, 여러분께서 연습하실 수 있는 시간이 주어질 것이며, 수업 마지막 부분에 질문을 받도록 하겠습니다.
O	Objective	By the end of this session, our objective is to ensure that you have learned "How to present a bill" with confidence, and according to our defined standards.

		Any Questions? 이 수업의 목표는 여러분께서 자신 있게 정해진 스탠더드에 의거하여 고객께 계산서를 드리실 수 있도록 도와드리는 것입니다. 질문 있으십니까?

Task : How to present a bill
계산서 드리기

Job Title : Business Center Guest Service Officer

STEP	INVOLVEMENT	STANDARD
1. Inform the rate 가격 알려 드리기	Q: What do we need to do before a guest uses a Business center? 비즈니스 센터 이용 전 고객께 알려드려야 할 내용:	• Give a correct information and the rate before a guest uses a Business center service 정확한 정보와 가격
2. Check the guest's satisfaction 고객의 만족도 확인하기	Q: What do we ask the guest after he uses a Business center? 비즈니스 센터 이용 후 고객께 여쭈어야 할 내용:	• Ask the guest's satisfaction 고객의 만족도 확인 "How was your meeting, Mr. Smith?" "홍길동님, 미팅은 어떠셨습니까?" "How was your interview, Mr. Smith?" "홍길동님, 인터뷰는 어떠셨습니까?"
3. Present the bill 계산서 드리기	Q: How do we present the bill to the guest? 고객께 계산서를 드리는 방법:	• Reconfirm the used item 이용하신 내역 재확인 • Print the Bill and ensure it is legible 계산서가 선명하게 프린트 되었는지 확인 • Ensure you have a BU Hotelpen BU 호텔펜 이용 • Present the Bill with both hands 두 손으로 공손히 드리기

		"May I ask you to check your bill?" "계산서를 확인해 주시겠습니까?"
4. Reconfirm the guest's name and the room number 고객의 성함과 객실 번호 재확인하기	Q: What do we need to check after getting theguest's signature? 고객의 서명을 받은 후 확인해야 할 사항	• A guest sometimes confuses their room number, confirm the guest's name 객실 번호/고객 성함 재확인
5. Give a receipt 영수증 드리기	Q: How do we give a receipt to the guest? 영수증 드리는 방법:	• Give a receipt with both hands 두 손으로 공손히 드린다. • If the guest dosen't want to take a receipt, then send it to the accounting department 고객이 원치 않을 시, 재경부로 보내기
6. Bid farewell 배웅하기	Q: How do we bid farewell? 배웅하는 방법:	• Smile as you really mean it 진심 어린 미소 • Use the guest' s name 고객의 성함 부르기 • Thank the guest 감사 표시
		"Thank you very much, Mr. Smith. Have a pleasant day." "감사합니다, 홍길동님, 즐거운 하루 되십시오."
Q. Any questions?		

Checking the Standard

Question Technique:	Please remember : Pose, Pause, Person Questions begin with : Who, What, Where, When and How

Step 1	Q: What do we need to do before a guest uses a Business center? 비즈니스 센터 이용 전 고객께 알려드려야 할 내용:
Step 2	Q: What do we ask the guest after he uses a Business center? 비즈니스 센터 이용 후 고객께 여쭈어야 할 내용:
Step 3	Q: How do we present the bill to the guest? 고객께 계산서를 드리는 방법:
Step 4	Q: What do we need to check after getting the guest' s signature? 고객의 서명을 받은 후 확인해야 할 사항:
Step 5	Q: How do we give a receipt to the guest? 영수증 드리는 방법:
Step 6	Q: How do we bid farewell? 배웅하는 방법:

3. HOW TO HANDLE MEETING ROOM RESERVATION

Materials

Duration of Session : 20 minutes

Introduction

I	Interest	You made a reservation at the business centre. Afterward you have changed your reservation time. However, the change was not correctly made and you are told that your reservation has been double-booked with another guest. How would you feel? 당신은 비즈니스 센터에 예약을 한 후 시간 변경을 하였습니다. 그러나 예약 변경이 제대로 되지 않아 직원으로부터 당신의 예약이 다른 고객의 예약과 더블 북 되었다는 이야기를 듣게 된다면 기분이 어떠시겠습니까?
N	Need (why)	At BU Hotel it is necessary to make meeting room reservation correctly so that the overall service given to him becomes a wonderful one. This is one of the Touches of Hyatt. We want every guest to feel the BU Touch! 미팅 룸 예약을 정확하게 받음으로써 고객이 누리시는 BU 호텔에서의 경험을 특별하게 만들어 드려야 합니다. 이것은 BU 터치의 하나입니다. 우리는 모든 고객들께서 BU 터치를 경험하시길 원합니다.
T	Task	Today, we will demonstrate "How to handle meeting room reservation" according to BU Hotelstandards. 이 시간에는 BU 호텔의 스탠더드에 의거하여 비즈니스센터에서 미팅 룸 예약 받는 방법에 대해서 알아보도록 하겠습니다.
R	Range	This session will last for approximately 20 minutes. We will provide you with detailed explanations and clearly demonstrate how you are expected to perform this task. Each one of you will then have the opportunity to practice. Please write down your questions and we will be happy to answer any concerns at the end of the session.

		본 수업은 약 20분가량 소요될 예정이며 직무 수행에 필요한 자세한 설명을 해드리겠습니다. 그 후, 여러분께서 연습하실 수 있는 시간이 주어질 것이며, 수업 마지막 부분에 질문을 받도록 하겠습니다.
O	Objective	The objective of this session is to ensure that you have learned "How to handle meeting room reservation" with confidence, and according to our defined standards. Any Questions? 이 수업의 목표는 여러분께서 자신 있게 정해진 스탠더드에 의거 하여 비즈니스센터에서 미팅 룸 예약 받는 방법을 도와드리는 것입니다. 질문 있으십니까?

Task: How to handle meeting room reservation 미팅 룸 예약 받는 방법　Job Title : Business Center Guest Service Officer

STEP	INVOLVEMENT	STANDARD
1. Greet the caller 인사하기	Q: How do you greet the guest? 고객 맞이하는 방법은?	• Pick up the phone within 3 rings 전화벨이 3번 이상 울리기 전에 응답 • Smile as you really mean it 진심 어린 미소 • Speak clearly and slowly 천천히 또렷하게 말하기
2. Take the reservation 예약 받기	Q: What information do you obtain from the caller? 고객과 확인할 사항은?	• Date and Time of function 날짜와 시간 • Number of participants 인원수 • Name of caller, contact number, and E-mail address 고객의 성함과 연락처, 이메일 • Address, zip code if possible 주소 • Company name or other special words for signage

		'사인보드'를 위한 회사명 또는 그 외 문구 • Room service order 음식 주문 여부 • Equipments when necessary 필요한 회의장비/시설
3. Give the information 정보 전달하기	Q: What information do you offer to the caller? 고객께 알려드려야 할 사항은?	• Capacity of appropriate function room 회의실 정원 • Location of Business Center 비즈니스 센터의 위치 • Rental fee of function room per hour, tax information 임대 비용 • Staff name for the caller' s easy reference 직원 이름 • Direct number of Business Center for future correspondence 비즈니스 센터 직통번호
4. Input data onto Delphi 델 파이에 입력하기	Q: What information do you input onto Delphi? 델 파이 상의 입력 사항은?	• Input Contact person information 예약자 정보 • Input Booking information 예약 정보 • Input Detailed information 기타 필요한 내용
5. Reply to the caller 고객께 응답하기	Q: How do you reply to the caller? 예약 요청에 대한 응답 방법은?	• Reply to the caller by fax or email when requested 고객의 요청 시, 팩스 또는 이메일로 회신
6. Order from room service 룸 서비스 주문	Q: How do you order from room service? 룸 서비스 주문 방법은?	• If there is a room service order, call the Room Service to make a reservation 음식 주문이 있다면 미리 룸 서비스에 연락 • Confirm with the Room service in advance one day 하루 전, 룸 서비스와 재확인 • If there is cancellation for the meeting room, let the Room Service know

		예약취소가 있을 경우 바로 룸 서비스에 알림예약 취소가 있을 경우, 룸 서비스에 알린다.
Q. Any questions?		

Checking the Standard

Question Technique:	Please remember : Pose, Pause, Person Questions begin with : Who, What, Where, When and How

Summary Statement:

We have now completed our training : "How to properly present a menu to a guest"

Do you have any questions?

Step 1	Q: How do you greet the guest? 고객 맞이하는 방법은?
Step 2	Q: What information do you obtain from the caller? 고객과 확인할 사항은?
Step 3	Q: What information do you offer to the caller? 고객께 알려드려야 할 사항은?
Step 4	Q: What information do you input onto Delphi? 델 파이 상의 입력 사항은?
Step 5	Q: How do you reply to the caller? 예약 요청에 대한 응답 방법은?
Step 6	Q: How do you order from room service? 룸 서비스 주문 방법은?

4. HOW TO ENQUIRE GUEST SATISFACTION WHILE SERVING

Materials

Duration of Session : 10-15 minutes

Introduction

I	Interest	Imagine, you have had a meal at one of BU Hotel' s restaurants and you are not satisfied with the meal or the service. Would you appreciate it if somebody comes to you and checks your satisfaction? 만약 여러분이 BU 호텔의 음식과 서비스에 만족하지 않으셨을 때, 누군가 다가와서 여러분이 만족하고 계신지 확인했다면 더 낫지 않았을까요?
N	Need (why)	At BU Hotel we seek a continuous feedback to improve our quality of food and service and to keep the hotel abreast of guests' expectation. BU 호텔은 음식과 서비스 질의 향상과 고객의 기대를 충족시키기 위하여 지속적으로 고객의 의견을 듣길 원합니다.
T	Task	Today, we will demonstrate "How to enquire guest satisfaction while serving" according to BU Hotel standards. 이 시간에는 BU 호텔의 스탠더드에 의거하여 고객의 만족도를 확인하는 방법에 대하여 알아보도록 하겠습니다.
R	Range	This session will last for approximately 10-15 minutes. We will provide you with detailed explanations and clearly demonstrate how you are expected to perform this task. Each one of you will then have the opportunity to practice. Please write down your questions and we will be happy to answer any concerns at the end of the session. 본 수업은 10-15분 정도 소요될 예정이며 직무 수행에 관한 자세한 설명을 드릴 것입니다. 그 후, 여러분이 연습하실 수 있는 시간이 주어질 것이며 수업 마지막 부분에 질문을 받도록 하겠습니다.
O	Objective	By the end of this session, our objective is to ensure that you have learned "How to enquire guest satisfaction

		while serving" with confidence, and according to our defined standards. Any Questions? 이 수업의 목표는 여러분께서 자신 있게 정해진 스탠더드에 의거하여 고객의 만족도를 확인하실 수 있도록 도와 드리는 것입니다. 질문 있으십니까?

Task : How to enquire guest satisfaction while serving
고객 만족도 확인하기

Job Title: Food & Beverage Employees

STEP	INVOLVEMENT	STANDARD
1. Define Guest Satisfaction 고객 만족	Q: What does it mean? 고객 만족도 확인이란?	• To proactively check that your guest is having an enjoyable experience 고객이 필요한 것 또는 불편한 점은 없는지를 확인하기 위함
	Q: Why is it so important to check guest satisfaction? 왜 중요한가?	• To ensure your guest is enjoying the meal / drink 고객이 만족하고 있는지 확인 • To build a relationship between you and your guest 고객과의 친밀감 형성/강화
2. Approach the guest 고객에게 다가가기	Q: When do we approach the table? or (When do we check guest satisfaction?) 만족도를 확인하는 시점:	• Within 2 minutes of the guest having started the meal or finishing the meal every course 식사 시작 2분 후, 또는 각 코스를 마친 후
	Q: How do we approach the guest? 고객께 다가가는 방법:	• Smile as you really mean it 진심 어린 미소 • Maintain a good body posture 바른 자세 유지

		• Always maintain an eye contact 시선을 마주치며
3. Check the guestsatisfaction 고객 만족 확인하기	Q: How do we check guest satisfaction? 확인 방법	• Ask your guest if he / she is enjoying the meal or drink 질문을 통해 확인한다.
	Q: What do we need to say? 고객께 해야 할 말: Q: How can we recognize if a guest is unsatisfied? 고객이 불만족하신 것을 어떻게 알 수 있는가?	"Excuse me, Mr. /Ms. Smith. Are you enjoying your meal?" "실례합니다. 음식이 입에 맞으십니까?" "How is your steak?" "스테이크는 어떠십니까?" "Have you enjoyed your meal?" "How was your dinner, Sir?" "식사는 즐거우셨습니까?"
	Q: How do we address a guest who is unsatisfied? 불만족하신 고객을 대하는 자세 Q: What do we need to ensure? 주의 사항:	• The guest is looking around the restaurant/bar for attention 주변을 두리번거릴 때 • The guest hasn' t eaten the meal or consumed the drink 음식을 거의 드시지 않았을 때 • The guest has pushed the plate aside 식사 도중 음식 접시를 옆으로 밀어 두었을 때 • Listen very carefully 정중히 경청 • Maintain an eye contact 시선을 마주친다 • Nod for understanding 고개를 끄덕여 공감을 표시 • Wait until the guest has finished talking before we respond to the guest 변명하려고 하지 말고 고객의 말씀이 끝나실 때까지 기다린다.

4. **Respond to the guest** 고객에게 응답하기	Q: When we receive positive comments from the guest: 긍정적인 코멘트를 받았을 때:	• Thank the guest for their comments 감사를 표한다.
	Q: What do we need to say to the guest? 고객께 해야 할 말:	"Thank you very much for your compliments Mr. /Ms. Smith. I will pass them to the chef." "대단히 감사합니다. 주방장님께 꼭 전해드리겠습니다."
	Q: When our guest has been unsatisfied: 고객이 불만족스러우실 때:	• Apologize to the guest & thank him for the comments and inform your manager as soon as possible 고객께 우선 진심으로 사과 → 의견을 제시하여 주심에 먼저 감사 → 최대한 빨리 Action을 취하고 필요시 매니저에게 알린다.
	Q: What do we need to say to the guest? 고객께 해야 할 말:	"Please accept my apologies Mr. / Ms. Smith." "대단히 죄송합니다. 진심으로 사과의 말씀을 드립니다." "Mr. / Ms. Smith, I will replace your meal / drink immediately." "시간이 괜찮으시다면, 지금 즉시 다른 음식으로 준비 해드리겠습니다." "Mr. / Ms. Smith, I will inform my manager right away." "즉시 지배인님을 불러 드리겠습니다."
5. **Leave the table** 테이블 떠나며 인사하기	Q: How do we leave the table? 테이블을 떠나며:	• Leave the table with smile as you really mean it 진심 어린 밝은 미소
Q. Any Questions?		

Checking the Standard

Question Technique:	Please remember : Pose, Pause, Person We begin questions with :Who, What, Where, When and How

Summary Statement:

We have now completed our training : "How to enquire guest satisfaction while serving"

Do you have any questions?

Step 1	Q: What does it mean? Q: Why is it so important to check guest satisfaction?
Step 2	Q: When do we approach the table? Q: How do we approach the guest?
Step 3	Q: How do we check guest satisfaction? Q: What do we need to say? Q: How can we recognize if a guest is unsatisfied? Q: How do we address a guest who is unsatisfied? Q: What do we need to ensure?
Step 4	Q: When we receive positive comments from the guest: Q: What do we need to say to the guest? Q: When our guest has been unsatisfied: Q: What do we need to say to the guest?
Step 5	Q: How do we leave the table?

5. HOW TO PROPERLY PRESENT A MENU TO A GUEST

Materials

- A clean menu in a good condition

Duration of Session : 10 minutes

Introduction

I	Interest	Imagine, you are dining at one of BU Hotel's restaurants. You are visiting the restaurant with your important business partner. The waiter does not offer you the menu not does he ask for any aperitif drinks. How would you feel? 만약 여러분이 비즈니스 파트너와 BU 호텔에서 식사를 하시려고 할 때 직원이 메뉴를 가져오지 않고 음료도 권하지 않는다면, 기분이 어떠시겠습니까?
N	Need (why)	At BU Hotel we determine clear and logical standards of performance for all service related tasks based on the fundamentals of hospitality. It is exactly for this reason that we will make the entire service experience a memorable one. From the moment you enter one of our restaurants until you bid farewell. An important part of our consistently high level of service is the presentation of the menu- we have to perform this task in the correct manner to induce the guest to indulge more and more. BU 호텔은 모든 서비스 관련 직무 수행에 대하여 정확하고 분명한 스탠더드를 갖고 있습니다. 우리는 고객이 들어오실 때부터 나가시는 순간까지 최선을 다하여 고객이 만족하실 수 있도록 노력합니다. 또한, 우리는 고객께 올바르게 메뉴를 보여드리며 우리 호텔을 더 많이 이용하고 싶으시도록 노력합니다.
T	Task	Today, we will demonstrate "How to properly present a menu to a guest" according to BU Hotel standards. 이 시간에는 BU 호텔의 스탠더드에 의거하여 고객께 메뉴를 보여드리는 방법을 알아보도록 하겠습니다.
R	Range	This session will last for approximately 10 minutes. We will provide you with detailed explanations and clearly

		demonstrate how you are expected to perform this task. Each one of you will then have the opportunity to practice. Please write down your questions and we will be happy to answer any concerns at the end of the session. 본 수업은 약 10분 정도 소요될 예정이며 직무 수행에 관한 자세한 설명을 드릴 것입니다. 그 후, 여러분이 연습하실 수 있는 시간이 주어질 것이며 수업 마지막 부분에 질문을 받도록 하겠습니다.
O	Objective	By the end of this session, our objective is to ensure that you have learned "How to properly present a menu to a guest" with confidence, and according to our defined standards. Any Questions? 이 수업의 목표는 여러분께서 자신 있게 정해진 스탠더드에 의거하여 고객께 메뉴를 보여 드리실 수 있도록 도와 드리는 것입니다. 질문 있으십니까?

Task: How to properly present a menu to a guest
메뉴 보여드리기

Job Title : Food & Beverage Employees

STEP	INVOLVEMENT	STANDARD
1. Collect the menu 메뉴 준비하기	Q: What do we need to check? 사전 점검 사항:	• Make sure the menu / the wine list is clean and in a good condition 메뉴판 청결 상태 확인
	Q: Where do we collect the menu? 메뉴 비치 장소:	• From the side station or the reception desk 사이드 스테이션 또는 리셉션 데스크
2. Approach the table 테이블에 다가가기	Q: When is the right time to approach the table? 테이블로 다가가기:	• When the guest is escorted to a table and seated 고객이 자리로 안내 받은 후에

		• Smile as you really mean it 진심 어린 미소를 짓고
	Q: How about a dessert menu? 디저트 메뉴 제시: Q: What do we need to say to the guest? 고객께 해야 할 말:	• After the main meal has been cleared and the table has been crumbed 주식이 끝난 후
		"Excuse me, Mr./ Ms. Smith. Here is your menu and a wine list." "실례합니다. 고객님, 메뉴와 와인 리스트 준비해 드리겠습니다."
		"Excuse me, Mr./ Ms. Smith. Would you care for some dessert?" "실례합니다. 고객님, 디저트 메뉴 준비해 드리겠습니다."
3. Present the menu to the guest 고객에게 메뉴 제시하기	Q: How do we present the menu to the guest? 메뉴 제시 방법: Q: What do we need to ensure? 주의 사항: Q: What do we need to say to the guest? 고객께 해야 할 말:	• From the right hand side of the guest where possible 고객의 오른편에서 • Using your both hands 두 손으로 • Hotel Logo or Wording toward the guest 호텔의 로고가 고객을 향하게 • Ensure the menu is not presented upside down 상하 확인 • Open the menu for the guest 펼쳐서 드린다. • Present to the ladies first 여성 고객 먼저 • Clockwise direction (if possible) 시계 방향으로 • A good body posture 공손한 자세 유지 • Maintain an eye contact 시선을 마주친다. • Leave with a warm smile after completing 진심 어린 미소를 띠고

		"Excuse me, Sir / Madam. This is our menu and a wine list." "실례합니다. 메뉴와 와인 리스트 준비해 드리겠습니다."
		"Mr./ Ms. Smith, this is our dessert menu." "디저트 메뉴 준비해 드리겠습니다."
Q. Any Questions?		

Checking the Standard

Question Technique:	Please remember : Pose, Pause, Person We begin questions with : Who, What, Where, When and How

Summary Statement:

We have now completed our training : "How to properly present a menu to a guest"

Do you have any questions?

Step 1	Q: What do we need to check? Q: Where do we collect the menu?
Step 2	Q: When is the right time to approach the table? Q: What do we need to say to the guest?
Step 3	Q: How do we present the menu to the guest? Q: What do we need to ensure? Q: What do we need to say to the guest?

6. HOW TO GREET AND WELCOME A GUEST ON ARRIVAL

AT AN OUTLET

Materials

- N/a

Duration of Session : 10 minutes

Introduction

I	Interest	Imagine that you are a regular guest at BU Hotel and you dine at the hotel frequently - at least once a week. You arrive at the entrance of the restaurant and you are not acknowledged or greeted in any way at all. How would you feel? 여러분은 BU 호텔의 충성 고객으로 최소한 일주일에 한 번은 호텔에서 식사를 합니다. 그러나 직원이 여러분을 알아보지 못하고 인사도 하지 않는다면, 기분이 어떠시겠습니까?
N	Need (why)	BU Hotel wishes to be known for a warm, gracious and efficient hospitality. It is therefore important to continuously recognise our customers, especially our repeat customers. Today, we will discuss the importance of taking care of a guest during each step of their dining experience. This starts from the moment of arrival when we greet and welcome our guest. BU 호텔은 친절하고 효율적인 서비스를 제공하며 우리의 고객, 특히 충성 고객을 알아보는 것이 매우 중요합니다. 우리는 고객이 식당에 들어오실 때 반갑게 환영하며 나가시는 순간까지 고객만족을 위하여 최선을 다합니다.
T	Task	Today, we will demonstrate "How to greet and welcome a guest on arrival at an outlet" according to BU Hotel standards. 이 시간에는 BU 호텔의 스탠더드에 의거하여 고객을 환영하는 방법에 대하여 알아보도록 하겠습니다.
R	Range	This session will last for approximately 10 minutes. We will provide you with detailed explanations and clearly demonstrate how you are expected to perform this task.

		Each one of you will then have the opportunity to practice. Please write down your questions and we will be happy to answer any concerns at the end of the session. 본 수업은 약 10분 정도 소요될 예정이며 직무 수행에 관한 자세한 설명을 드릴 것입니다. 그 후, 여러분이 연습하실 수 있는 시간이 주어질 것이며 수업 마지막 부분에 질문을 받도록 하겠습니다.
O	Objective	By the end of this session, our objective is to ensure that you have learned "How to greet and welcome a guest on arrival at an outlet" with confidence, and according to our defined standards. Any Questions? 이 수업의 목표는 여러분께서 자신 있게 정해진 스탠더드에 의거하여 고객을 환영하실 수 있도록 도와 드리는 것입니다. 질문 있으십니까?

Task: How to greet and welcome a guest on arrival at an outlet
고객 환영하기

Job Title: Food &Beverage Employees

STEP	INVOLVEMENT	STANDARD
1. Follow grooming standards 복장/용모 기준 준수하기	Q: How should we present ourselves? 복장/용모 점검:	Adhere to BU Hotel Grooming Standards : 호텔의 복장/용모 기준에 의거한다. • Complete, clean and well pressed uniform 잘 손질된 깨끗한 유니폼 • Check personal hygiene 개인위생 상태 • Polished shoes 잘 손질된 근무화 • Neat hair style 정돈된 머리 • Stand at the entrance 레스토랑 입구에서 정중히 대기
2. Prepare to greet the guest	Q: What would we consider about our body language	• A genuine smile 진심 어린 미소 • A good body posture 공손하고 정중한 자세

고객을 환영할 준비하기	when greeting a guest? 적절한 인사 자세:	
	Q: How important is it to greet and welcome a guest? 고객 응대의 중요성:	• It is very important to create a good first impression with our guests 좋은 첫인상을 심을 수 있는 시점이기 때문에 • First impressions are lasting impressions 첫인상이 오래 기억됨
	Q: How do we stand up? 서 있는 자세:	• Male-The left hand placed on top of the right hand or stand straight 남자: 왼손을 오른손 위에 놓는다. / 바로 서 있는다. • Female-The right hand placed on top of the left hand 여자 : 오른손을 왼손 위에
3. Greet the guest 고객에게 인사하기	Q: How far away from us should a guest be before greeting them? 인사하는 위치: Remember! 기억해두세요!	• When the guest is about 3 meters away from you 고객의 3미터 앞 • Smile as you really mean it 진심 어린 미소 짓기 • Maintain a good eye contact 시선 마주치기 • Speak slowly and clearly 천천히 또렷하게 말하기
	Q: What would we say to the guest? 고객께 해야 할 말:	"Good morning / afternoon / evening, Sir / Madam. Welcome to_______ (using an outlet's name)." "안녕하십니까? 파리스 그릴에 오신 것을 환영합니다."
	Q: Who needs to greet & welcome the guest? 환영해야 할 고객은?	• everyone including all employees 모든 고객들!

<table>
<tr><td rowspan="3">4. Escort the guest to the table (for directions)
고객을 테이블로 안내하기</td><td rowspan="3">Q: What do we have to check first? 가장 먼저 확인해야 할 사항:

Q: How do we assist a guest with directions? 테이블로 안내하기:</td><td>"Do you have a reservation Sir / Madam?" "예약하셨습니까?" "예약하신 분 성함을 말씀해 주시겠습니까?"</td></tr>
<tr><td>• An open palm gesture to indicate the direction
적당히 팔을 뻗어 방향을 안내
• A guest must be escorted when checked guest table
모든 고객을 테이블로 안내
• Smile and offer an assistance
진심 어린 미소와 더불어 도움을 제시 한다.
• An open palm gesture to indicate the nearest ramp (if steps on the way)- Especially for the physically impaired guests and for the elderly guests
장애물을 확인해드린다.
- 특히, 몸이 불편하신 분들을 위하여</td></tr>
<tr><td>"This way please, Mr. Smith.
I will escort you to your table."
"홍길동님, 이쪽으로 오시겠습니까?
제가 테이블로 안내해 드리겠습니다."</td></tr>
<tr><td colspan="3">Q. Any Questions?</td></tr>
</table>

Checking the Standard

Question Technique:	Please remember : Pose, Pause, Person We begin questions with : Who, What, Where, When and How

Summary Statement:

We have now completed our training : "How to greet and welcome a guest on arrivalat an outlet"

Do you have any questions?

Step 1	Q: How should we present ourselves? 복장/용모 점검:
Step 2	Q: What would we consider about our body language when greeting a guest? 적절한 인사 자세: Q: How important is it to greet and welcome a guest? 고객 응대의 중요성: Q: How do we stand up? 서 있는 자세:
Step 3	Q: How far away from us should a guest be before greeting them? 인사하는 위치: Q: What would we say to the guest? 고객께 해야 할 말: Q: Who needs to greet & welcome the guest? 환영해야 할 고객은?
Step 4	Q: What do we have to check first? 가장 먼저 확인해야 할 사항: Q: How do we assist a guest with directions? 테이블로 안내하기:

7. HOW TO BID FAREWELL

Materials

- N/a

Duration of Session : 10-15 minutes

Introduction

I	Interest	Imagine, you had an excellent meal at one of BU Hotel's Restaurants. However, there was nobody to see you off when you were leaving. How would you feel? 여러분은 BU 호텔에서 만족스럽게 식사를 마치셨습니다. 그러나 식당을 떠날 때 아무도 인사를 하지 않는다면, 기분이 어떠시겠습니까?
N	Need (why)	At BU Hotel we provide local and international guests with warm, gracious and efficient hospitality. To bid farewell is part of our personalised service at BU Hotel. BU 호텔은 지역과 국제 고객 모두에게 친절하고 효율적인 서비스를 제공합니다. 고객을 배웅하는 것은 우리의 개인적인 서비스 중 하나입니다.
T	Task	Today, we will demonstrate "How to bid Farewell" according to BU Hotel standards. 이 시간에는 BU 호텔의 스탠더드에 의거하여 고객을 배웅하는 방법을 알아보도록 하겠습니다.
R	Range	This session will last for approximately 10-15 minutes. We will provide you with detailed explanations and clearly demonstrate how you are expected to perform this task. Each one of you will then have the opportunity to practice. Please write down your questions and we will be happy to answer any concerns at the end of the session. 본 수업은 10-15분 정도 소요될 예정이며 직무 수행에 관한 자세한 설명을 드릴 것입니다. 그 후, 여러분이 연습하실 수 있는 시간이 주어질 것이며 수업 마지막 부분에 질문을 받도록 하겠습니다.

O	Objective	By the end of this session, our objective is to ensure that you have learned "How to bid Farewell" with confidence, and according to our defined standards. Any Questions? 이 수업의 목표는 여러분께서 자신 있게 정해진 스탠더드에 의거하여 고객을 배웅하실 수 있도록 도와 드리는 것입니다. 질문 있으십니까?

Task: How to bid Farewell
고객 배웅하기 **Job Title:** Food &Beverage Employees

STEP	INVOLVEMENT	STANDARD
1. Bid farewell 배웅하기	Q: What does it mean to bid farewell to a guest? 고객 배웅의 의미:	• To personally say goodbye to your guest as they are leaving your restaurant or bar 자신의 집을 방문한 고객을 환송하듯이 대한다.
	Q: Why is it so important to bid farewell to every guest? 고객 배웅의 중요성:	• To thank them for dining or drinking at your restaurant or bar 이용하여 주심에 대한 감사 표현
	Q: Who needs to bid farewell to a guest? 누가 고객을 배웅합니까?	• It will leave a positive lasting impression 좋은 인상을 남기기 위해 • Everyone needs to bid farewell to our guests 모든 직원들이 고객을 따뜻하게 배웅한다.
2. The correct way to bid farewell 배웅 방법	Q: What is the correct way to bid farewell? 환송 방법:	• Speak clearly and with a friendly tone 또렷하고 정감 있는 목소리 • Smile as you really mean it 진심 어린 미소

	Q: What do we need to say to the guest? 고객께 해야 할 말:	• Maintain a good eye contact 시선을 마주친다. • A good body posture 공손한 자세
		"Thank you very much Mr. / Ms. Smith. Have a good evening". "Thank you very much Sir / Madam. Have a pleasant day." "감사합니다, 홍길동님. 좋은 저녁시간 되시길 바랍니다." "감사합니다, 홍길동님. 좋은 시간 되십시오." "Thank you very much, Mr. / Ms. Smith. I look forward to seeing you again soon!" "감사합니다, 홍길동님. 조만간 다시 뵙길 바랍니다."
3. The right time to bid farewell 배웅해야 하는 시점	Q: When do we need to bid farewell to a guest? 고객을 배웅해야 하는 시점:	• When the guest is leaving the table 고객이 테이블에서 일어설 때 • When the guest is walking towards the exit after settling the bill 출구로 나가실 때
4. Position yourself to bid farewell 배웅할 자세 갖추기	Q: Where do we bid farewell to a guest? 고객을 배웅하는 장소:	• At the table when leaving 테이블에서 • At the door of the restaurant or bar when leaving 출구에서
Q. Any Questions?		

Checking the Standard

Question Technique:	Please remember : Pose, Pause, Person We begin questions with : Who, What, Where, When and How

Summary Statement:

We have now completed our training : "How to bid Farewell"

Do you have any questions?

Step 1	Q: What does it mean to bid farewell to a guest? Q: Why is it so important to bid farewell to every guest? Q: Who needs to bid farewell to a guest?
Step 2	Q: What is the correct way to bid farewell? Q: What do we need to say to the guest?
Step 3	Q: When do we need to bid farewell to a guest?
Step 4	Q: Where do we bid farewell to the guest?

8. HOW TO TAKE A FOOD ORDER

Materials

- A BU Hotel pen in working condition
- Captain order

Duration of Session : 10-15 minutes

Introduction

I	Interest	Imagine, you are a guest at one of BU Hotel's Restaurants. A Waiter approaches your table and impatiently asks you to place your order, without writing it down. When the food arrives, it is not the food you had ordered. How would you feel? BU 호텔의 고객으로 레스토랑에 있다고 생각해 보십시오. 직원이 다가와서 급하게 주문을 받고, 또한 주문 내용을 적지도 않습니다. 음식이 나왔을 때, 주문한 음식과 다른 것이 있다면 어떤 느낌이겠습니까?
N	Need (why)	A very important aspect of service is that the order taker must completely understand the customers order prior to processing the food order. To ensure that the order is accurate, timely with no mistakes we repeat any order taken at BU Hotel. 서비스에서 매우 중요한 것 중의 하나가 고객의 주문을 받기 전에 고객을 완벽하게 이해하는 것이다. 때 맞추어서 정확하게 실수없이 주문을 받기 위하여 우리는 주문을 재확인한다.
T	Task	Today, we will demonstrate "How to take a food order" according to BU Hotel standards. 이 시간에는 BU 호텔의 스탠더드에 의거하여 고객께 음식 주문 받는 방법에 대해 알아보도록 하겠습니다.
R	Range	This session will last for approximately 10-15 minutes. We will provide you with detailed explanations and clearly demonstrate how you are expected to perform this task. Each one of you will then have the opportunity to practice. Please write down your questions and we will be happy to answer any concerns at the end of the session.

		본 수업은 약 10~15분 정도 소요될 예정이며 직무 수행에 관한 자세한 설명을 드릴 것입니다. 그 후, 여러분이 연습하실 수 있는 시간이 주어질 것이며 수업 마지막 부분에 질문을 받도록 하겠습니다.
O	Objective	By the end of this session, our objective is to ensure that you have learned "How to take a food order" with confidence, and according to our defined standards. Any Questions? 이 수업의 목표는 여러분께서 자신 있게 정해진 스탠더드에 의거하여 고객께 음식 주문을 받을 수 있도록 도와 드리는 것입니다. 질문 있으십니까?

Task: How to take a food order 음식 주문받기 **Job Title :** Food& Beverage Employees

STEP	INVOLVEMENT	STANDARD
1. Approach the table 테이블로 다가가기	Q: When is the right time to approach the table? 테이블로 다가가기 적당한 때	• Once the guest has had enough time to look at the menu 고객이 메뉴를 충분히 살펴 보신 후
	Q: How do we approach the guest? 고객께 다가가기	• Smile as you really mean it 진심 어린 미소를 띠고 • Establish good eye contact 시선 마주치기/아이컨텍 • Maintain good posture 바른 자세 유지하기
	Q: Which side of the guest should we take the order? 주문 받을 때의 위치	• Right hand side of the guest where possible 고객의 오른편 • Knowledgeable about a product 메뉴에 대한 지식
	Q: What do we need to ensure before order taking?	

	주문 받기 전 확인해야 할 것	• Plan what to sell 업 셀링 아이템을 미리 정함 • Plan how to sell 업 셀링 방법 숙지
2. Greet the guest 인사하기	Q: What do we need to say to the guest? 인사하기	"Good morning / Good afternoon / Good evening Mr. / Ms. Smith" "홍길동님, 안녕하십니까?" "Excuse me Mr. / Ms Smith, May I take your order?" "실례합니다, 홍길동님, 주문하시겠습니까?" "Excuse me Mr. / Ms Smith, are you ready to order?" "실례합니다, 홍길동님. 제가 주문을 받아 드릴까요?"
		• Use the guest' s name at all times 고객의 성함을 부른다. • Speak polite and clearly 공손하고 또렷하게 말한다.
3. Recommend special food 음식 추천	Q: What do we need to say to the guest? 주문 받기 - Positive remark 긍정적표현: Q: What do we have to recommend with meals? 식사와 함께 추천해야 할 것 Q: What do we need to say to the guest? 해야 할 말	"What would you like to start with?" "전채는 어떤 요리로 하시겠습니까?" "This evening we have fresh Caesar salad and smoked salmon or Halibut and Boston Lobster is very fresh arrived today." "오늘은 신선한 시저 샐러드와 훈제 연어가 있습니다." "광어와 보스턴 바닷가재도 아주 싱싱합니다." "May I recommend a Lobster Sashimi as a starter?" "바다가재 사시미를 추천해드리고 싶습니다." "It is very good." "It is very delicious."

	Q: Which sequence do we need to take an order? 주문 받는 순서	"It is one of our specialities." "Would you like to try it?" "아주 만족하실 것입니다." "저희의 스페셜티 입니다." "한 번 드셔 보시겠습니까?"
		• Beverages 음료
		"Would you like to have a bottle of French wine with your Lobster / Steak, Mr. / Ms. Smith?" (Using the wine name) "홍길동님, 주문하신 바닷가재와 함께 프렌치 와인은 곁들이시면 어떠시겠습니까? (와인의 이름을 사용한다)"
		• Ladies 여성고객 • Gentlemen 남성고객 • Host 주관자/호스트 • Speak clearly at all times 또렷하게 말한다.
4. **Write down the order** 주문 기록	Q: Where do we need to write the order? 주문 사항 기록 Q: What information do we need to record? 기록 내용 Q: How do we take the order? 주문 받는 방법	• On a captain order 캡틴 오더 • Date 날짜 • Table number 테이블 번호 • Number of persons 고객 수 • Seat numbers 자리 번호 • Waiter's name 웨이터 성명 • Guest Order items 주문 사항 • Any special requests 특별주문 사항 • Listen carefully 경청한다. • Do not interrupt the guest 고객 말을 끊지 않는다. • Write the order clearly with any special request 특별 주문사항은 특히 더 정확하게 기록한다.

5. Repeat the order 주문 확인	Q: What do we need to say to the guest? 해야 할 말 Q: How do we repeat the order? 주문 확인	"Mr. / Ms Smith, May I repeat your order?" "홍길동님, 주문 확인해 드리겠습니다." • Speak slowly, clearly & politely when repeating the order back to the guest 천천히 또렷하고 공손하게 주문을 확인한다.
6. Leave the table 테이블 떠나기	Q: What do we need to say to the guest? 해야 할 말 Q: How do we leave the table? 테이블 떠나며	"Thank you very much Mr. / Ms Smith." "감사합니다, 홍길동님." • Smile as you really mean it 진심 어린 미소 • Maintaining good eye contact 시선 마주치기 • To ensure that you have recorded all the information correctly 모든 정보를 정확하게 기록하였는지 확인
Q. Any Questions?		

Checking the Standard

Question Technique:	Please remember : Pose, Pause, Person We begin questions with : Who, What, Where, When and How

Summary Statement:

We have now completed our training: "How to take a food order"

Do you have any questions?

Step 1	Q: When is the right time to approach the table? Q: How do we approach the guest? Q: Which side of the guest should we take the order? Q: What do we need to ensure before order taking?
Step 2	Q: How do we greet the guest? Q: What do we need to say to the guest?
Step 3	Q: What do we need to say to the guest? Q: What do we have to recommend with meals? Q: Which sequence do we need to take an order?
Step 4	Q: Where do we need to write the order? Q: What information do we need to record? Q: How do we take the order?
Step 5	Q: What do we need to say to the guest? Q: How do we repeat the order?
Step 6	Q: What do we need to say to the guest when leaving the table? Q: How do we leave the table?

9. HOW TO ESCORT A GUEST TO A TABLE

Materials

- Reservation list
- One menu

Duration of Session : 15 minutes

Introduction

I	Interest	Imagine, you have just arrived one of BU Hotel's restaurants. You have been greeted by the manager, who then pointed out your seat and told you to take care of yourself. What would you think about the service that you received? BU 호텔의 레스토랑에 도착을 하였습니다. 지배인이 인사를 하고 테이블을 가리키며 좌석으로 가라고 한다면 BU의 서비스에 대해 어떻게 생각하시겠습니까?
N	Need (why)	BU Hotel's restaurants and bars will be popular in Jeju. Renowned fortheir warm, gracious, efficient hospitality and simple, authentic cuisine. We must always follow BU Hotel standards when escorting our guests to the table and to ensure we maximise our restaurant capacities during all meal periods. BU 호텔의 레스토랑과 바는 평판이 좋습니다. 따뜻하고, 예의바르고, 효율적인 환대와 간결하면서 독특한 요리로 명성이 나 있습니다. 우리는 영업시간 중에 최대한의 고객을 모시기 위하여 BU 호텔의 스탠다드에 따라서 안내를 합니다.
T	Task	Today, we will demonstrate "How to escort a guest to a table" according to BU Hotel standards. 이 시간에는 BU 호텔의 스탠더드에 의거하여 고객을 테이블로 안내하는 방법에 대해 알아보도록 하겠습니다.
R	Range	This session will last for approximately 15 minutes. We will provide you with detailed explanations and clearly demonstrate how you are expected to perform this task. Each one of you will then have the opportunity to practice.

		Please write down your questions and we will be happy to answer any concerns at the end of the session. 본 수업은 약 15분 정도 소요될 예정이며 직무 수행에 관한 자세한 설명을 드릴 것입니다. 그 후, 여러분이 연습하실 수 있는 시간이 주어질 것이며 수업 마지막 부분에 질문을 받도록 하겠습니다.
O	Objective	By the end of this session, our objective is to ensure that you have learned "How to escort a guest to a table" with confidence, and according to our defined standards. Any Questions? 이 수업의 목표는 여러분께서 자신 있게 정해진 스탠더드에 의거하여 고객을 지정된 테이블로 안내할 수 있도록 도와드리는 것입니다. 질문 있으십니까?

Task : How to escort a guest to a table 테이블로 안내하기 **Job Title** : Food & Beverage Employees

STEP	INVOLVEMENT	STANDARD
1. Check the reservation list 예약 기록 확인	Q: What do we need to check when a guest arrives at the outlet? 고객이 레스토랑에 도착하셨을 때	"Good morning/afternoon/evening Sir / Madam, Do you have a reservation with us this morning?" "고객님, 안녕하십니까? 예약하셨습니까?"
		• Ask the guest if they have made a reservation 고객께 예약확인
	Q: What do we need to ask if the guest has no reservation? 고객이 예약을 하지 않은 경우	"How many guests will there be in your party this morning / afternoon / evening Sir / Madame?" "동반하신 고객님은 몇 분이십니까?"
		• Ask the guest if they would like smoking or non smoking 흡연/금연 선호도 확인

		"Would you prefer a smoking, or non smoking table Sir / Madame?" "금연석을 원하십니까? 흡연석을 원하십니까?"
		• Ask the guest if they would like to sit inside the restaurant or on the terrace 실내 또는 야외 테라스 선호도 확인
		"Would you prefer to have a table on the terrace or inside our restaurant Sir / Madam?" "실내를 원하십니까? 야외를 원하십니까?"
2. **Update floor plan** 플로어 플랜 짜기	Q: How would we assign a table? 테이블 정하기	• Allocate a suitable table on the floor plan 적당한 테이블 정하기 • Depending on the number of guests in the party 고객 수에 따라서 • Smoking or non smoking section 흡연/금연 • Sitting inside and outside 실내/실외 • Single diners may be offered dining at the counter 혼자이신 고객께 카운터 자리 제안하기
3. **Invite the guest to the table** 고객을 테이블로 안내하기	Q: How would we direct a guest towards a table? 테이블로 안내하기	• Using an open palm gesture 손을 펼쳐 안내
		"This way please, Sir / Madam." "고객님, 이쪽으로 오시겠습니까?"
	Q: What would we say to a guest when escorting them to their table? 안내하며 해야 할 말 Q: What would we consider about the distance and speed when escorting	• No more than 1 meter ahead 1미터 정도 앞서서 • Do not walk fast 천천히 걷기

	the guest? 안내 시 적절한 거리와 속도	
4. **Escort the guest** 테이블로 안내하기	Q: Why do we walk at a steady pace? 천천히 걸어야 하는 이유	• Ensure guests are following you 고객이 잘 따라오실 수 있도록
	Q: What safety issues should we be aware of when escorting a guest? 유념해야 할 안전사항	• Indicate any steps or slippery surface to the guest 계단 또는 미끄러운 곳을 알림
	Q: What do we need to say to the guest?	"Please mind the step, Sir /Madam." "고객님, 계단 조심하십시오."
5. **Seat the guest** 착석	Q: What gesture of courtesy should we show a guest when seating them? 고객께 착석을 권유하기	• Pull the chair out from the table for your guest to be seated 의자를 꺼낸다. • Push the chair in carefully once the guest is seated 고객이 앉으실 때 의자를 조심히 밀어 넣어드린다. • Ladies first 여성 고객 먼저 • Respect elderly guests 연장자를 존중한다.
6. **Unfold the napkin** 냅킨 펼치기	Q: How do we unfold the napkin? 냅킨 펼치기	• Unfold the napkin from the right hand side of the guest 고객의 오른편에서
	Q: How do we place the napkin? 냅킨 펼쳐 드리기	• In one smooth action place the napkin gently on the guest's lap 자연스럽게 고객의 무릎 위에 놓기 • Ladies first 여성고객 먼저
7. **Present the menu & wine list** 메뉴와 와인 메뉴 전달	Q: Whom do we present the menu to first? 메뉴 보여 드리기	• Approach guest from the right hand side where possible 고객의 오른편에서 • Present open menu to the guest to view 메뉴를 펼쳐서 보여 드리기

		• Ladies first 여성고객 먼저
8. **Leave the table** 테이블 떠나기	Q: Why is important to give a final salutation to the guests? 인사의 중요성	• Leave the table politely and with a warm smile using the BU Hotel standard phrase 스탠더드에 의거하여 정중하게 미소를 지으며 테이블을 떠난다.
		"Mr. / Ms. Smith, I hope you enjoy your evening, your waiter will be with you in a moment" "홍길동님, 즐거운 저녁 되십시오." "I will be back shortly to take your order." "잠시 후에 주문 받아 드리겠습니다."
Q. Any Questions?		

Checking the Standard

Question Technique:	Please remember : Pose, Pause, Person We begin questions with : Who, What, Where, When and How

Summary Statement:

We have now completed our training : "How to escort a guest to a table"

Do you have any questions?

Step 1	Q: What do we need to check when a guest arrives to the outlet? Q: In the situation where the guest has no reservation, what do we need to ask?
Step 2	Q: How would we assign a table?
Step 3	Q: How would we direct a guest towards a table? Q: What would we say to a guest when escorting them to their table?
Step 4	Q: What would we consider about the distance and speed we do escort the guest at? Q: What safety issues should we be aware of when escorting a guest? Q: What do we need to say to the guest?
Step 5	Q: What gesture of courtesy should we show a guest when seating them? Q: Whom do we seat first?
Step 6	Q: Whom do we present the menu to first?
Step 7	Q: From what side do we unfold the napkin? Q: How do we place the napkin?
Step 8	Q: Why is important to give a final salutation to the guests?

10. HOW TO PROMOTED DAILY SPECIALTY

Materials

- N/A

Duration of Session : 10 minutes

Introduction

I	Interest	Imagine you are a Guest dining in one of BU Hotel's restaurants and you ask a waiter to recommend a daily special. Due to a lack of training, the waiter doesn't have the product knowledgeand cannot recommend any items. How would you feel? BU 호텔의 레스토랑에서 식사를 하기 위하여 직원에게 오늘의 메뉴를 추천해 달라고 하였습니다. 훈련이 덜 된 직원이 메뉴에 대해 잘 몰라서 추천해 줄 수 없었다면 기분이 어떻겠습니까?
N	Need (why)	At BU Hotel we determine clear and logical task breakdowns for all service related tasks. The basics of our task breakdowns are complete product knowledge of all food, beverage and other hotel services. Trained Food & Beverage employees who can suggest our high quality Food and Beverage product will ensure a fantastic dining experience for our guests. BU 호텔은 모든 서비스 관련 업무를 명확하고 논리적으로 결정합니다. 직무 분석의 기본은 모든 식음료 및 호텔 서비스에 대한 지식입니다. 고급 음식 및 음료를 추천할 수 있는 훈련된 식음료 직원으로 말미암아 우리 고객들은 환상적인 경험을 할 수 있습니다.
T	Task	Today, we will demonstrate "How to promote daily specialty" according to BU Hotel standards. 이 시간에는 BU 호텔의 스탠다드에 의거하여 오늘의 메뉴를 추천하는 방법에 대해 알아보도록 하겠습니다.
R	Range	This session will last for approximately 20minutes. We will provide you with detailed explanations and clearly demonstrate how you are expected to perform this

		task. Each one of you will then have the opportunity to practice. Please write down your questions and we will be happy to answer any concerns at the end of the session. 본 수업은 약 20분 정도 소요될 예정이며 직무 수행에 관한 자세한 설명을 드릴 것입니다. 그 후, 여러분이 연습하실 수 있는 시간이 주어질 것이며 수업 마지막 부분에 질문을 받도록 하겠습니다.
O	Objective	By the end of this session, our objective is to ensure that you have learned "How to promote daily specialty" with confidence, according to our defined standards. Any Questions? 이 수업의 목표는 BU 스탠더드에 의거하여 오늘의 메뉴 추천하는 방법을 터득하는 것입니다. 질문 있으십니까?

Task : How to promote daily specialty 오늘의 메뉴 추천하기 **Job Title :** Food & Beverage Employees

STEP	INVOLVEMENT	STANDARD
1. Daily specials 오늘의 메뉴	Q: What is a daily special? 오늘의 메뉴란? Q: Why do we offer daily specials? 오늘의 메뉴를 제공하는 이유	• A menu item that the chef has created especially for that day 특별히 오늘에 한하여 주방장이 만든 메뉴 • To promote sales further 매출 증진을 위하여 • To offer variety on the menu to our regular Guests 자주 방문하시는 고객께 다양한 메뉴를 제공하기 위하여 • To try ideas for new menu 새로운 메뉴에 대한 아이디어를 테스트하기 위하여
2. Check the daily specials	Q: Who checks what the daily specials are?	• Captain/Assistant Manager or Manager 캡틴/부지배인이나 지배인

오늘의 메뉴 확인하기	오늘의 메뉴를 확인하는 직원 Q: When do we need to check the daily specials? 오늘의 메뉴 확인 시기 Q: How do we check the daily specials? 오늘의 메뉴 확인 방법 Q: How do we communicate the daily specials with the staff? 오늘의 메뉴에 대해 직원에게 전달하는 방법	• Prior to service 서비스 전 • Ask the chef de cuisine 주방장에게 문의 • During the daily restaurant briefing 레스토랑 브리핑 시간에
	Q: What do we need to ensure? 확인사항	• Write the daily specials on the white board in the backside 백사이드 화이트 보드에 오늘의 메뉴를 적어 놓는다. • Whether all the staff know the recipe, service standards and relevant condiments of the daily specials 모든 직원들이 오늘의 메뉴의 재료 및 조리방법, 서비스 스탠다드, 어울리는 향신료를 숙지하고 있는지
3. **Explain the daily specials** 오늘의 메뉴 설명하기	Q: How do the restaurants inform their guests? 고객께 알려드리는 방법 Q: When do we explain the daily specials? 오늘의 메뉴를 설명하는 시기	• Verbally to the Guests 구두로 말씀 드린다. • Upon presentation of the menu 메뉴를 드릴 때 • Smile as you really mean it 진심 어린 미소

<table>
<tr><td rowspan="2"></td><td rowspan="2">Q: How do we need to explain the daily specials? 오늘의 메뉴를 설명하는 방법

Q: What do we need to ensure? 확인사항

Q: What do we need to say to the guest?</td><td>• Speak clearly & slowly
또렷하고 천천히 말하기
• Maintain good eye contact with the Guest at all times
눈을 마주치기
• Give details on the way of cooking as well as the ingredients 재료뿐 아니라 조리법에 대해서도 자세히 설명드린다.

• Ask the guest if they have any questions 질문사항이 있으신지 여쭈어 본다.</td></tr>
<tr><td>"Mr. Smith, I would like to inform you of our chefs recommendations for today. We have fantastic live Lobster" "홍길동님, 오늘의 주방장 특선 요리는 신선한 '바닷가재 버터구이' 입니다. 새로운 조리방법으로 만들어진 요리입니다."

"May I recommend a Lobster Sashimi as a starter?"<br>"바닷가재 사시미를 추천해 드리고 싶습니다."</td></tr>
<tr><td colspan="3">Q. Any Questions?</td></tr>
</table>

Checking the Standard

Question Technique:	Please remember : Pose, Pause, Person We begin questions with : Who, What, Where, When and How

Summary Statement:

We have now completed our training "How to promote daily specialty"

Do you have any questions?

Step 1	Q: What is a daily special? Q: Why do we offer daily specials?
Step 2	Q: Who checks what the daily specials are? Q: When do we need to check the daily specials? Q: How do we check the daily specials? Q: How do we communicate the daily specials with the staff? Q: What do we need to ensure?
Step 3	Q: How do the restaurants inform their Guests? Q: When do we explain the daily specials? Q: How do we need to explain the daily specials? Q: What do we need to ensure? Q: What do we need to say to the Guest?

11. HOW TO HANDLE WAITING CUSTOMERS

Materials

• N/a

Duration of Session : 10 minutes

Introduction

I	Interest	Imagine, you visited the restaurant at the BU Hotel for having a meal. But there are no vacant seat and nobody cares about you. How do you think about the service of BU like this? BU 호텔에서 식사를 하기 위하여 레스토랑을 방문하였는데 입구에서 리셉션이 빈 테이블이 없으니 마냥 기다리라고만 하고 안으로 들어가 버렸습니다. 여러분이 고객이라면 BU의 서비스에 대해 어떻게 느끼시겠습니까?
N	Need (why)	BU Hotel gives high quality service, and it is very important to recognize our guests, especially royal guests. Although we do not have vacant seats, we are doing our best giving them conveniences. BU 호텔은 친절하고 효율적인 서비스를 제공하며 우리의 고객, 특히 충성 고객을 알아보는 것이 매우 중요합니다. 비록 레스토랑이 바쁘고 빈 테이블이 없는 상황일지라도 고객이 불편하지 않도록 세심한 배려를 합니다.
T	Task	Today, we will demonstrate “How to handle waiting customers” according to BU Hotel standards. 이 시간에는 BU 호텔의 스탠더드에 의거하여 웨이팅 고객을 안내하는 방법에 대하여 알아보도록 하겠습니다.
R	Range	This session will last for approximately 10 minutes. We will provide you with detailed explanations and clearly demonstrate how you are expected to perform this task. Each one of you will then have the opportunity to practice. Please write down your questions and we will be happy to answer any concerns at the end of the session. 본 수업은 약 10분 정도 소요될 예정이며 직무 수행에 관한 자세한 설명을 드릴 것입니다. 그 후, 여러분이 연습하실 수

		있는 시간이 주어질 것이며 수업 마지막 부분에 질문을 받도록 하겠습니다.
O	Objective	By the end of this session, our objective is to ensure that you have learned "How to handle waiting customers" with confidence, and according to our defined standards. Any Questions? 이 수업의 목표는 여러분께서 자신 있게 정해진 스탠더드에 의거하여 웨이팅 고객을 안내할 수 있도록 도와 드리는 것입니다. 질문 있으십니까?

Task : How to handle waiting customers
웨이팅 고객 안내하기

Job Title : Food & Beverage Employees

STEP	INVOLVEMENT	STANDARD
1. Follow grooming standards 복장/용모 기준 준수하기	Q: How should we present ourselves? 복장/용모 점검	Adhere to BU Hotel Grooming Standards: 호텔의 복장/용모 기준에 의거한다. • Complete, clean and well pressed uniform 잘 손질된 깨끗한 유니폼 • Check personal hygiene 개인 위생 상태 • Polished shoes 잘 손질된 근무화 • Neat hairstyle 정돈된 머리 • Stand at the entrance 레스토랑 입구에서 정중히 대기
2. Prepare to greet the guest 고객을 환영할 준비하기	Q: What would we consider about our body language when greeting a guest? 적절한 인사 자세 Q: How important is it to greet and welcome a guest? 고객 맞이의 중요성	• A genuine smile 진심 어린 미소 • A good body posture 공손하고 정중한 자세 • It is very important to create a good first impression with our guests 좋은 첫인상을 심을 수 있는 시점이기 때문에

		• First impressions are lasting impressions 첫인상이 오래 기억됨
	Q: How do we stand up? 서 있는 자세	Extremely Important! 매우 중요합니다! • Male-The left hand placed on top of the right hand or stand straight 남자: 왼손을 오른손 위에 놓는다 /바로 서 있는다. • Female-The right hand placed on top of the left hand at lower abdomen 여자: 단전 위에 오른손을 왼손 위로 해서 놓는다.
3. Greet the guest 고객에게 인사하기	Q: How far away from us should a guest be before greeting them? 인사하는 위치 Q: What would we say to the guest? Q: Who needs to greet & welcome the guest? 환영해야 할 고객 Q: What do we have tocheck first? 가장 먼저 확인해야 할 사항	• Approximately 3 meters 고객의 3미터 앞 • Remember! 기억해두세요! • Smile as you really mean it 진심 어린 미소 짓기 • Maintain a good eye contact 시선 마주치기 • Speak slowly and clearly 천천히 또렷하게 말하기 "Good morning / afternoon / evening, Sir / Madam. Welcome to the OMi Market Grill(using an outlet's name)." "안녕하십니까? 오미 마켓 그릴에 오신 것을 환영합니다." • EVERYONE including all employees 모든 고객들! "Do you have a reservation Sir / Madam?" "예약하셨습니까?" "Could you give me your name, please?" "예약하신 분 성함을 말씀해 주시겠습니까?"

4. Inform the guest 고객께 알리기	Q: What do we inform to the guest? 고객에게 알리기 Q: What do we need to ensure? 주의 사항	• Speak politely there are no vacant seats 빈 좌석이 없음을 정중히 말씀드린다. • Explain a present restaurant's situation closely 레스토랑의 현재 상황을 충분히 설명한다. • Speak to the guest about the approximate waiting time 고객께 대략적인 대기 시간을 말씀드린다. • Present an alternative 대안을 제시한다. • Smile and offer an assistance 진심 어린 미소와 더불어 도움을 제시한다. • Before showing the guest, confirm other restaurants' situation 고객께 안내 해 드리기 전에 다른 업장의 영업 상황을 확인한다. • Make sure the guest understanding fully 고객께서 충분히 이해하셨는지 확인한다. • Bear in mind that we have the Regency Club Lounge as well as the Food and Beverage restaurant 식음료 업장 이외에 리젠시 클럽 라운지도 있음을 명심하자
	Q: What would we say to the guest?	"We're very sorry, Mr./ Ms. Smith. We don't have free tables at the moment" "홍길동님, 죄송합니다만, 지금은 빈 테이블이 없습니다" "Would you like something to drink in the Island Lounge as you wait" "저희 아일랜드 라운지에서 음료 한 잔 하시면서 기다리시겠습니까?"

		"It'll be completed to set your table about 30 minutes." "약 30분 정도 기다리셔야 테이블이 준비될 것 같습니다" "We'll inform you that your table is available as soon as possible." "테이블이 준비되는 대로 즉시 알려 리겠습니다"
5. Escort a guest to the waiting place 고객을 테이블로 안내하기	Q: How do we escort a guest to the waiting place? 대기장소로 안내하기	• An open palm gesture to indicate the direction 적당히 팔을 펼쳐 방향을 안내 • Smile and offer an assistance 진심어린 미소와 더불어 도움을 제시한다. • An open palm gesture to indicate the nearest ramp (if steps on the way)-Especially for the physically impaired guests and for the elderly guests 장애물을 확인해드린다. - 특히, 몸이 불편하신 분들을 위하여
		"This way please, Mr. Smith. I will escort you to the Omi Market Grill" "홍길동님, 이쪽으로 오시겠습니까? 제가 오미 마켓 그릴로 바로 안내해 드리겠습니다."
Q. Any questions?		

Checking the Standard

Question Technique:	Please remember : Pose, Pause, Person We begin questions with : Who, What, Where, When and How

Summary Statement:

We have now completed our training : "How to handle waiting customers"

Do you have any questions?

Step 1	Q: How should we present ourselves?
Step 2	Q: What would we consider about our body language when greeting a guest? Q: How important is it to greet and welcome a guest? Q: How do we stand up?
Step 3	Q: How far away from us should a guest be before greeting them? Q: What would we say to the guest? Q: Who needs to greet & welcome the guest? Q: What do we have to check first?
Step 4	Q: What do we inform to the guest? Q: What do we need to ensure? Q: What would we say to the guest?
Step 5	Q: How do we escort a guest to the waiting place?

12. HOW TO ESCORT A GUEST TO A TABLE

Materials

- Reservation list
- One menu

Duration of Session : 15 minutes

Introduction

I	Interest	Imagine, you have just arrived one of BU Hotel's restaurants. You have been greeted by the manager, who then pointed out your seat and told you to take care of yourself. What would you think about the service that you received? BU 호텔의 레스토랑에 도착을 하였습니다. 지배인이 인사를 하고 테이블을 가리키며 좌석으로 가라고 한다면 BU의 서비스에 대해 어떻게 생각 하시겠습니까?
N	Need (why)	BU Hotel's restaurants and bars will be popular. Renowned for their warm, gracious, efficient hospitality and simple, authentic cuisine. We must always follow BU Hotel standards when escorting our guests to the table and to ensure we maximise our restaurant capacities during all meal periods. BU 호텔의 레스토랑과 바는 평판이 좋습니다. 따뜻하고, 예의바르고, 효율적인 환대와 간결하면서 독특한 요리로 명성이 나 있습니다. 우리는 영업 시간 중에 최대한의 고객을 모시기 위하여BU 호텔의 스탠다드에 따라서 안내를 합니다.
T	Task	Today, we will demonstrate "How to escort a guest to a table" according to BU Hotel standards. 이 시간에는 BU 호텔의 스탠더드에 의거하여 고객을 테이블로 안내하는 방법에 대해 알아보도록 하겠습니다.
R	Range	This session will last for approximately 15 minutes. We will provide you with detailed explanations and clearly demonstrate how you are expected to perform this task. Each one of you will then have the opportunity to practice. Please write down your questions and we will be happy to answer any concerns at the end of the session.

		본 수업은 약 15분 정도 소요될 예정이며 직무 수행에 관한 자세한 설명을 드릴 것입니다. 그 후, 여러분이 연습하실 수 있는 시간이 주어질 것이며 수업 마지막 부분에 질문을 받도록 하겠습니다.
O	Objective	By the end of this session, our objective is to ensure that you have learned "How to escort a guest to a table" with confidence, and according to our defined standards. Any Questions? 이 수업의 목표는 여러분께서 자신 있게 정해진 스탠더드에 의거하여 고객을 지정된 테이블로 안내할 수 있도록 도와 드리는 것입니다. 질문 있으십니까?

Task: How to escort a guest to a table 테이블로 안내하기 **Job Title:** Food & Beverage Employees

STEP	INVOLVEMENT	STANDARD
1. Check thereservation list 예약 기록 확인	Q: What do we need to check when a guest arrives at the outlet? 고객이 레스토랑에 도착하셨을 때	"Good morning/afternoon / evening Sir / Madam, Do you have a reservation with us this morning?" "고객님, 안녕하십니까? 예약하셨습니까?"
		• Ask the guest if they have made a reservation 고객께 예약확인
	Q: What do we need to ask if the guest has no reservation? 고객이 예약을 하지 않은 경우	"How many guests will there be in your party this morning / afternoon / evening Sir / Madame?" "동반하신 고객님은 몇 분이십니까?"
		• Ask the guest if they would like smoking or non smoking 흡연/금연 선호도 확인

		"Would you prefer a smoking, or non smoking table Sir / Madame?" "금연석을 원하십니까? 흡연석을 원하십니까?"
		• Ask the guest if they would like to sit inside the restaurant or on the terrace 실내 또는 야외 테라스 선호도 확인
		"Would you prefer to have a table on the terrace or inside our restaurant Sir / Madam?" "실내를 원하십니까? 야외를 원하십니까?"
2. Update floor plan 플로어 플랜 짜기	Q: How would we assign a table? 테이블 정하기	• Allocate a suitable table on the floor plan 적당한 테이블 정하기 • Depending on the number of guests in the party 고객 수에 따라서 • Smoking or non smoking section 흡연/금연 • Sitting inside and outside 실내/실외 • Single diners may be offered dining at the counter 혼자이신 고객께 카운터 자리 제안하기
3. Invite the guest to the table 테이블로 안내하기	Q: How would we direct a guest towards a table? 테이블로 안내하기 Q: What would we say to a guest when escorting them to their table? 안내하며 해야 할 말	• Using an open palm gesture 손을 펼쳐 안내
		"This way please, Sir / Madam." "고객님, 이쪽으로 오시겠습니까?"
	Q: What would we consider about the distance and speed when escorting the guest? 안내 시 적절한 거리와 속도	• No more than 1 meter ahead 1미터 정도 앞서서 • Do not walk fast 천천히 걷기

4. Escort the guest 테이블로 안내하기	Q: Why do we walk at a steady pace? 천천히 걸어야 하는 이유 Q: What safety issues should we be aware of when escorting a guest? 유념해야 할 안전사항 Q: What do we need to say to the guest?	• Ensure guests are following you 고객이 잘 따라오실 수 있도록 • Indicate any steps or slippery surface to the guest 계단 또는 미끄러운 곳을 알림 "Please mind the step, Sir / Madam." "고객님, 계단 조심하십시오."
5. Seat the guest 착석	Q: What gesture of courtesy should we show a guest when seating them? 고객께 착석을 권유하기	• Pull the chair out from the table for your guest to be seated 의자를 꺼낸다. • Push the chair in carefully once the guest is seated 고객이 앉으실 때 의자를 조심히 밀어 넣어드린다. • Ladies first 여성 고객 먼저 • Respect elderly guests 연장자를 존중한다.
6. Unfold the napkin 냅킨 펼치기	Q: How do we unfold the napkin? 냅킨 펼치기 Q: How do we place the napkin? 냅킨 펼쳐 드리기	• Unfold the napkin from the right hand side of the guest 고객의 오른편에서 • In one smooth action place the napkin gently on the guest's lap 자연스럽게 고객의 무릎 위에 놓기 • Ladies first 여성고객 먼저
7. Present the menu & wine list 메뉴와 와인메뉴 전달	Q: Whom do we present the menu to first? 메뉴 보여 드리기	• Approach guest from the right hand side where possible 고객의 오른편에서 • Present open menu to the guest to view 메뉴를 펼쳐서 보여 드리기 • Ladies first 여성고객 먼저
8. Leave the table 테이블 떠나기	Q: Why is important to give a final salutation to	• Leave the table politely and with a warm smile using the BU Hotel standard phrase 스탠더드에 의거하

	the guests? 인사의 중요성	여 정중하게 미소를 지으며 테이블을 떠난다.
		"Mr. / Ms. Smith, I hope you enjoy your evening, your waiter will be with you in a moment" "홍길동님, 즐거운 저녁 되십시오." "I will be back shortly to take your order." "잠시 후에 주문 받아 드리겠습니다."
Q. Any Questions?		

Checking the Standard

Question Technique:	Please remember : Pose, Pause, Person We begin questions with : Who, What, Where, When and How

Summary Statement:

We have now completed our training:"How to escort a guest to a table"

Do you have any questions?

Step 1	Q: What do we need to check when a guest arrives to the outlet? Q: In the situation where the guest has no reservation, what do we need to ask?
Step 2	Q: How would we assign a table?
Step 3	Q: How would we direct a guest towards a table? Q: What would we say to a guest when escorting them to their table?
Step 4	Q: What would we consider about the distance and speed we do escort the guest at? Q: What safety issues should we be aware of when escorting a guest? Q: What do we need to say to the guest?
Step 5	Q: What gesture of courtesy should we show a guest when seating them? Q: Whom do we seat first?
Step 6	Q: Whom do we present the menu to first?
Step 7	Q: From what side do we unfold the napkin? Q: How do we place the napkin?
Step 8	Q: Why is important to give a final salutation to the guests?

Appendix

부록 호텔식당 & 연회 관련 용어

- **A LA CARTE**

일품요리, 메뉴상 용어로 일품요리라 하며 식당에서 정식요리(TABLE D'HOTE)와 다르게 매 코스마다 주종의 요리를 준비하여 고객이 원하는 코스마다 선택해서 먹을 수 있는 식당의 표준 차림표

- **AMENITY**

호텔에서 일반적이고 기본적인 서비스 외에 "부가적인 서비스의 제공"의 의미
객실에서는 비누, 샴푸, 칫솔 면도기, 빗, 로션 등 고객에게 제공되는 소품을 의미
식음료에서는 무료로 제공하는 샴페인, 과일 바구니, 각종 선물 등을 의미한다.

- **AMERICAN SVC**

서비스의 기능적 유용성, 효용성, 속도의 특징을 가지고 있는 가장 실용적이어서 널리 이용되는 서비스의 형태. 일반적으로 주방에서 음식을 접시에 담아 서브되기 때문에 많은 고객들을 상대할 수 있으며 빠른 서비스를 추구하는 장점이 있으나 음식이 비교적 빨리 식어 고객의 미각을 돋구지 못하는 단점도 있다.
트레이(TRAY), 플레이트(PLATE)서비스 두 가지가 있다.

- **APPETIZER**

전채요리라고도 하며 식사 순서 중 제일 먼저 제공되어 식욕촉진을 돋구어 주는 소품요리. 한 입에 먹을 수 있도록 분량이 적어야 하며 타액 분비를 촉진시켜 소화를 돕도록 짠맛, 신맛이 곁들어져야 하며 맛과 영양이 풍부하여 주 요리와 균형을 이룰 수 있어야

하며 시각적인 효과가 있어야 한다. (APERITIF: 식전주)

- **ARM TOWEL**

레스토랑 종사원이 팔에 걸쳐서 사용하는 서비스용 냅킨으로 일반적 사이즈는 40*60이다. 뜨거운 음식을 서브할 때, 긴급하게 고객의 테이블을 닦을 때 사용된다.

- **ASSISTANT WAITER**

일명 BUS BOY라고도 하며 캡틴 및 웨이터를 보좌하며 서비스의 보조 및 테이블 세팅 및 철거, 청소 정돈의 업무를 수행한다. 기본적으로 웨이터가 주문을 받기 전에 물과 빵을 서브한다.

- **BAGEL**

이스라엘의 대표적인 빵으로 물에 한 번 삶았다가 구워내는 방식으로 만드는데 고객에게 서브할 때는 반으로 잘라서 오븐에 구워 크림치즈와 함께 서브된다. 오늘날 많은 사람들이 아침 식사대용으로 즐기고 있다. 안의 내용물에 따라 다양한 명칭으로 불린다.

- **BAKERY SHOP**

베이커리 업장에서 판매할 각종 제과 제빵을 만들며 각 레스토랑 업장 주방에서 필요한 빵과 후식 등을 생산하는 장소

- **BANQUET**

연회라고도 하는데 호텔 또는 식음료를 판매하는 시설을 갖춘 구별된 장소에서 2인 이상의 단체고객에게 식음료와 기타 부수적인 사항을 첨가하여 모임의 본연의 목적을 달성할 수 있도록 하여 주고 그 응분의 대가를 수수하는 일련의 행위를 말한다.

- **BASIC COVER**

대개 레스토랑에서는 고객이 요리를 주문하는데 최소한의 기준을 두고 기본적으로 갖추어야 할 기물의 차림을 말한다.(포크, 나이프, 냅킨, 메인 접시, 양념통 등)

- **BEEF STOCK**

소뼈를 각종 야채와 향료를 넣고 3-4시간 정도 서서히 끓여서 찌꺼기를 걸러낸 국물, 수프

- **BEER**

맥주는 대맥, 홉, 물을 주원료로 효모를 섞어 저장하여 만든 탄산가스가 함유된 양조주이다.

그 종류로는 LARGER(병맥주: 병에 넣어 열을 가하여 발효시킨 담색맥주), DRAFT(생맥

주: 저온 살균처리), BLACK(흑맥주: 맥아를 검게 볶아 캐러멜화) 등이 있다.

• **B.G.M**

BACK GROUND MUSIC의 약어로서 배경음악이라고 하는데 생산능률의 향상이나 권태 방지용으로 사용된다. 흔히 업장 내에서 고객들 간의 대화에 지장이 없을 정도의 크기로 볼륨을 조정한다.

• **BIN CARD**

식음료 입고와 출고 현황에 따른 재고 기록카드로서 품목의 내력이 기록되어 있으며 창고 또는 물건이 비치되어 있는 장소에 비치한다. 예를 들어 모든 와인, 술, 음료의 종류 등을 적정재고량을 확보하는 데 사용되는 것으로 적정시기에 적정소요량을 재주문할 수 있게 하는 자료이다.

• **BREAKFAST**

① AMERICAN: 계란요리가 곁들어진 아침식사로서 계절과일, 주스류, 시리얼, 베이컨, 햄, 케이크 류, 커피와 함께 제공되는 방식이다.

② CONTINENTAL: 계란요리가 곁들어지지 않는 아침식사, 빵 종류와 함께 커피 혹은 홍차가 제공된다.

• **BRUNCH**

아침과 점심식사를 겸하는 형태로서 오전 10시부터 12시까지의 시간대에서 제공된다. 아침에 늦게 일어나는 고객들을 대상으로 제공된다. BREAKFAST와 LUNCH의 합성어

• **CAFETERIA**

음식물이 진열되어 있는 진열 식탁에서 선택한 음식에 한하여 고객은 요금을 지불하고 직접 테이블로 가져와서 식사를 하는 셀프서비스 방식의 레스토랑이다.

• **CART SVC(= WAGON, TROLLY, GUERIDON)**

카트 서비스는 주방에서 고객이 요구하는 종류의 음식과 그 재료를 카트에 싣고 고객의 테이블까지 와서 고객이 보는 앞에서 직접 조리를 하여 제공하는 서비스 형태이다. 일명, 프렌치(FRENCH) 서비스라고도 한다.

• **CATERING**

① 지급능력이 있는 고객에게 조리되어 있는 음식을 제공하는 것

② 파티나 음식서비스를 위하여 식료, 테이블, 의자, 기물, 등을 고객의 가정이나 특정

장소로 출장서비스를 하는 것

• **CAVIAR**

소금에 절인 철갑상어의 알젓. 오늘날 대표적인 3대 APPETIZER 중의 하나이다.

• **CELLAR MAN**

호텔의 저장실 관리인, 바의 주류창고 관리자

• **CEREAL**

주로 아침식사로 제공되는 곡물요리로서 HOT, COLD(DRY) CEREAL로 구분된다. HOT은 오트밀(OATMEAL)이 대표적이고 DRY한 것은 콘플레이크가 대표적인 요리이다. 일반적으로 우유(WHOLE, 2%, LOW-FAT, SKIM)와 함께 제공된다.

• **CHASER**

강한 술을 스트레이트로 마신 후에 뒤따라 마시는 물 혹은, SOFT DRINK를 말한다.

• **CHEF DE RANG(=STATION WAITER) SYSTEM**

프렌치 서비스 형태로 세프 드 랭은 근무조의 조장으로 2-3명의 웨이터와 더불어 자기 스테이션에 배정된 식탁의 고객 서비스를 책임지는 형태이다.

• **CHEF DE VIN(=SOMMELIER, WINE STEWARD)**

고객으로부터 음료에 대한 모든 주문을 받고 바에 주문하여 직접 그 테이블에 서브하는 임무를 띤 접객원

• **CHIT TRAY**

고객에게 잔돈을 거슬러 줄 때 사용하는 작은 쟁반

• **CHOWDER**

맑은 고기 수프에 조개, 새우, 게살 등을 넣고 끓여 만든 진한 수프의 일종. 보통 크래커와 같이 서브되며 내용물에 따라 그 명칭이 달리 사용된다.

(예: CORN, CLAM, CRAB CHOWDER)

• **COMPLIMENTARY**

호텔에서 특별히 접대해야 될 고객이나 호텔의 판매촉진을 목적으로 초청한 고객에 대하여 요금을 징수하지 않는 것을 말하는데 호텔 측의 실수에 대해서도 이 요금을 적용하기도 한다. 보통 줄여서 COMP.라고 표기한다.

• **COOK HELPER**

조리사를 보조하여 야채 다듬기, 식자재운반, 칼 갈기, 조리기구의 세척, 청소 등 잡무를 담당

• **CORK SCREW**

코르크 마개를 따는 기구

• **CORKAGE CHARGE**

외부로부터 반입된 음료, 술을 서브하고 그에 대한 서비스 대가로 받는 요금
일반적으로 판매가의 1/3+V.A.T

• **COUNTER SVC RESTAURANT**

레스토랑의 주방을 오픈하여 앞의 카운터를 고객들의 식탁으로 사용하며 조리사 고객이 보는 앞에서 조리하여 바로 서브한다. 예) 일식당 스시 바

• **CUTLERY**

테이블에 쓰이는 은기류(SILVER WARE)의 총칭. 나이프 세트, 포크, 스푼 등

• **DAILY MARKET LIST(일일 시장 구매 목록)**

식음료 구매에 있어서 저장이 곤란한 품목들로 직접 생산부서(주방)로 이동되는 아이템. 신선도와 저장의 문제로 매일 구매해야 하는 생선류, 야채, 과일, 육류 등이 포함된다.

• **DAILY RECEIVING REPORT(일일검수보고서)**

검수 담당자가 호텔 레스토랑에서 기자재 및 식자재가 입고될 때 무엇을, 얼마나, 누구에게서 수령하여 어디로 보냈나 하는 품목의 행선지를 명확히 문서화한 보고서

• **DINING CAR**

철도사업의 부대사업으로 기차여행객을 대상으로 열차의 한 칸에 간단한 식당설비를 갖추어 간단하고 저렴한 식사를 취급하는 식당. 현재 프라자 호텔에서 운영한다.

• **DOUGH**

물, 밀가루, 설탕, 우유, 기름 등을 가해 혼합하여 반죽한 것 예)피자를 만들 때 도우에다가 토핑을 뿌린다.

• **DRIVE-IN**

레스토랑의 주차라인을 따라 차를 타고 들어가면 인터폰이 붙은 기둥에 메뉴판을 보면

서 주문을 하고 주문한 음식을 수령하면서 계산하는 방식의 TAKE-OUT 방식의 레스토랑 예) 맥도널드

• **ENTREE(=MAIN DISH)**

영어로 ENTRANCEFK라고 표기하며, 중간에 나오는 순서의 MIDDLE COURSE를 의미하는데 고대에서는 정찬에서 통째로 찜 구이 한 조류고기를 식사의 처음으로 제공하였다고 한다. 그리하여 처음의 요리라 하여 ENTRY(입구)가 ENTREE의 뜻으로 쓰이게 되었고 오늘날 중심요리가 된 것이다. 일반적으로 육류요리가 대표적인데 소, 송아지, 돼지, 가금류 등이 있다.

• **EXECUTIVE CHEF**

조리장은 모든 음식을 조리하고 준비하는 책임을 지니고 있으며 누구보다도 전반적으로 식음료 부문에 대한 지식이 있어야 한다. 다양한 식재료를 구매하고 검수하여야 하며 또한 좋은 식재료를 값싸에 구매하여야 한다. 그뿐만 아니라 식품조리에 대한 모든 책임을 지고 있으며 메뉴 개발과 메뉴 구성 등이 주 업무이다.

• **FINGER BOWL**

포크 따위를 사용하지 않고 과일을 손으로 직접 먹을 경우 손가락을 씻을 수 있도록 물을 담아 식탁 왼쪽에 놓는 작은 그릇을 말한다. 이때 음료수로 착각하지 않도록 꽃잎 또는 레몬조각 따위를 띄워 놓는다.

• **FLAMBEE(=FLAMMING)**

고기, 생선 등 특유의 냄새를 없애기 위해 브랜디를 붓고 불을 붙여 그을리게 하는 요리 불꽃이 높게 올라가 고객들에게 특유의 볼거리를 제공한다.

• **FOIE GRAS(프와그라)**

전채요리의 하나로서 거위 간으로 만든 빠데라고도 하며 거위 간을 묵처럼 만듦. 캐비어(CAVIAR)와 송로버섯(TRUFFLE)같이 세계 3대 전채요리에 속한다.

• **FRENCH SVC**

유럽의 귀족들이 좋은 음식을 원하거나 비교적 여유가 있는 사람들이 즐기는 전형적인 우아한 서비스이다. 고객 앞에서 서비스하는 종업원은 숙련되고 세련된 솜씨로 간단한 음식을 직접 만들어주기도 하고 주방에서 만들어진 음식이라도 은쟁반에 담아 보여준 뒤 게리돈에 실어 보온이 된 접시에 1인분씩 담아서 서브된다. 음식의 고객의 오른쪽에서 오른손으로 서브한다.

• **FRONT OF THE HOUSE(F.O.H)**

호텔의 영업(수익)부문으로서 고객과 대면하여 서비스하는 영역을 일컫는다. 예를 들자면 프론트데스크, 식음료 업장, 벨 데스크, 하우스키핑, 레크리에이션 등이 있다.

• **FRUIT SQUEEZER**

조주 시에 레몬이나 오렌지 등의 과일을 짜서 과즙을 만들어 사용하는 경우가 있는데 이때 사용하는 과즙제조기구이다.

• **GARDE MANAGER(=가드망제, COLD KITCHEN)**

콜드 키친이라고 쓰며 냉육류에 대한 조리를 지휘하며 해산물 샐러드, 샐러드 드레싱, 샌드위치 그 밖에 뷔페에 나갈 찬 음식들을 준비하는 곳이다.

• **GLASS PACK**

다량의 글래스를 꽂을 수 있으며 운반하기 쉽게 만든 기구로 세척할 때 여기에 꽂아서 세척한다.

• **GLASS WARE**

레스토랑 기물 중에서 유리로 만든 식기 종류를 말한다.(크기를 OZ로 표기)

• **GOBLET**

레스토랑에서 주로 물컵(12oz)의 용도로 많이 사용되는 글래스이며 밑부문에 STEM이 달려 있다.

• **GRATUITY(=SERVICE CHARGE, TIP)**

• **GRILL**

그릴이란 조리용어로 망쇠구이를 가리키는데 이것은 고기 등을 손님앞에서 망쇠에 구워서 제공하는 레스토랑을 지칭했던 듯하나, 오늘날 호텔에서의 그릴 룸이라고 하면 그 호텔 내에서 최고급의 일품요리를 서비스하는 레스토랑이란 뜻으로 사용한다.

• **HAPPY HOUR**

호텔 식음료 업장에서 하루 중 고객이 붐비지 않은 시간대 보통 4시에서 6시를 이용하여 저렴한 가격으로 또는 무료로 음료 및 스낵 등을 제공하는 호텔서비스 판매촉진 전략

• **HASHED BROWN POTATOES**

삶은 감자를 거칠게 다져서 양파, 베이컨, 소금, 후추, 파슬리를 넣고 튀긴 음식으로

주로 아침식사에 제공된다.

• **HORS D' OEUVRE**

오드보르는 식사 전에 제공되는 식욕촉진의 역할을 하는 모든 전채요리를 일컫는다. HORS는 앞이라는 뜻을 나타내고, OEUVRE는 식사를 의미한다.

• **ICE CARVING**

아이스 카빙은 얼음을 재료로 하여 작가의 상상력과 창의력 그리고 독특한 테크닉에 의해 완성되는 작품이다. 다양한 모습으로 연출된 투명한 얼음작품에 총천연색의 조명이 비추어지고 서서히 녹아내리는 물방울과 어우러지면서 조화를 이룬다.

• **JUNK FOOD**

칼로리는 높으나 영양가가 낮은 스낵풍의 식품. 인스턴트 식품

• **KEBOB**

터키의 대표적 요리로 쇠꼬챙이에 야채, 생선, 소, 닭고기 등을 꿰어서 그릴에 익혀서 사프란 라이스 등과 같이 먹는 요리

• **MAIN KITCHEN**

호텔에서 음식을 생산하는 곳으로 요리의 기본과정을 준비하여 영업주방(양식주방, 커피숍 등)을 지원하는 곳이다. 특히 메인 주방은 주로 연회장을 관리하여 각 업장에서 필요한 음식, 기본적인 음식, 가공식품 등을 준비하여 공급한다. HOT KITCHEN과 COLD KITCHEN이 있다.

• **MAPLE SYRUP**

단풍나무에서 추출하여 와플이나 프렌치 토스트를 제공할 때 버터와 함께 제공한다.

• **MARINADE**

고기, 생선, 야채 등을 요리하기 전에 와인, 올리브기름, 식초, 과일주스, 향신료 등에 절여 놓는 것을 말한다.

• **MARMALADE**

신선한 오렌지나 레몬 종류의 껍질과 속을 같이 설탕에 조린 것으로 껍질과 씨에서 쓴맛이 나고 그 쓴맛과 단맛이 어울린 것이 그 특징이다.

- **MEAT GRADING**

육류등급은 크게 품질등급과 산출량등급 2가지로 나누어질 수 있다. 산출량등급은 도살육에서 고기와 뼈의 양으로 산출하는 방식이고, 품질등급을 살펴보면 아래와 같다.

① PRIME: 최상급 등급으로 호텔에서 사용하고 양이 제한되어 생산되며 맛과 육즙이 뛰어나며, 하얀 크림색 지방이 발달하여 성숙시키기에 가장 적합한 고기이다.

② CHOICE: 프라임보다 지방질이 적으나 좋은 조직 그물을 가지고 있어 현재 우리나라의 호텔에서 가장 널리 사용하고 소비량도 가장 많다.

③ GOOD&STANDARD: 지방 함량이 적고 맛이 약간 떨어지면 일반 식당용으로 사용

④ COMMERCIAL: 성숙한 동물에서 많이 생산되며 천천히 오래 삶고 익히는 것이 요구

⑤ UTILITY, CUTTER, CANNER: 위의 등급보다 맛과 질이 떨어지며 일반적으로 가공하거나 기계에 갈아서 이용된다.

- **MEDIUM**

겉만 익힌 정도. 속을 자르면 피가 보일 정도이다.

- **MISE-EN PLACE**

레스토랑에서 종업원이 고객에게 식사를 제공하기까지의 모든 사전 준비를 말함(영업준비)

- **OATMEAL**

우유와 설탕을 섞어 아침에만 먹는 곡물요리의 일종으로 귀리가 재료로 사용된다.

- **OMELET**

계란요리의 하나로 계란을 깨트려 흰자와 노른자를 잘 섞은 후 프라이팬에 기름을 두르고 약한 불로 스크램블 식으로 휘저어 타원형으로 말아서 제공하는데 고객의 기호에 따라 오믈릿 안에 여러 가지 재료를 넣을 수 있다. (PLAIN, MUSHROOM, ROSSINI, HAM, CHEESE, SPINACH)

- **ORDER SLIP**

웨이터, 웨이트리스가 작성하는 식음료의 주문 전표이다.

- **ORDER TAKER**

고객으로부터 각종 주문을 접수 처리케 하는 데 있지만 그중에는 호텔 전반에 걸친 인포메이션도 포함되어 있기 때문에 호텔 각부서로부터 영업 전반에 걸쳐 매일같이 정보를 수집하여 새로운 것이 있을 때에는 연구 검토하여 고객으로부터 언제, 어디서, 어떠한 전화문의가 있다 해도 항상 자신 있는 대답을 해 줄 수 있는 준비가 되어 있어야 한다.

- **ORDERING SYSTEM(=AUTO BILL SYSTEM)**

적외선 무선 시스템으로 주문 자동시스템이라고 말하는데 고객으로부터 주문을 받고 핸디 터미널에 입력을 하면 RECEIVER를 통하여 주방, 식당회계기에 주문내용이 자동으로 전송처리 되는 시스템

- **PANTRY ROOM**

레스토랑 영업을 위한 모든 집기를 정리해 둔 룸이다.

- **PARFAIT**

과일시럽과 달걀, 크림을 휘핑하여 만든 풍미 있는 빙과류의 후식

- **PASTA**

이탈리아 전통요리에 사용되는 것으로 밀가루와 계란으로 만들어지며 보통 곱게 잘 갈라진 단단한 밀 종류인 세모리나에서 정제하여 밀가루로 만든 것

- **PASTRY**

밀가루 반죽으로 만든 과자류. 만두, 파이 따위의 껍질

- **POTAGE CLAIR**

맑은 수프를 뜻하는데 즉 콘소메(CONSOMME)를 말하는 것으로 주재료를 소나 닭, 생선, 자라 등 어느 것이나 한 가지 재료만을 사용한다.

- **RECEPTION DESK**

일반적으로 고급 레스토랑의 입구에 놓여 있는 높은 책상으로서 주로 접객수장이나 리셉셔니스트가 고객의 예약을 받거나 식당에 오는 예약손님의 안내를 위해서 예약장부, 전화기, 고객명부 등을 비치하여 놓고 사용한다.

- **REFRESHMENT CENTER**

미니바에서 사용한 품목들을 지속적으로 채워주며 관리하는 곳

- **REFRESHMENT STAND**

주로 간단한 식사를 미리 준비하여 진열해 놓고 고객의 요구대로 판매하며 고객은 즉석에서 구매해 사서 먹을 수 있는 식당이다. 예로 국내 고속도로 휴게실에 간단한 식사를 준비하여 놓고 바쁜 고객들이 서서 시간 내에 먹고 갈 수 있도록 되어 있는 식당이다.

- **SEASONAL MENU**

1년 중 계절의 과일, 채소, 특산물 재료를 가지고 만드는 메뉴 구성을 말한다.

• **SERVICE ELEVATOR**

호텔 종사원들이 사용하는 승강기로 룸 서비스, 객실청소 등 직원 전용 승강기를 말한다.

• **SERVICE STATION**

영업을 위해 사전 준비물을 갖추어 놓은 구역 또는 테이블. 테이블 위에 글래스와 차이나 웨어 등을 올려놓고 밑에 서랍에는 각종 실버웨어, 양념 통, 린넨 등을 비치한다.

• **SHERBET**

과즙, 설탕, 물, 술, 계란흰자 등을 사용하여 만드는 저칼로리 식품으로 시원하고 산뜻하여 생선요리 다음에 제공하거나 후식으로 제공하는데 이는 소화를 돕고 이때까지 먹은 음식의 맛을 제거하기 위해 입맛을 상쾌하게 한다.

• **SIDE WORK**

레스토랑이 영업을 개시하기 전에 테이블 정렬, 세팅 및 청결유지를 하며 레스토랑 오픈 후에는 구역 내에서의 소금, 설탕, 후추 등을 보충하여 고객에게 제공하며 영업이 끝난 후에는 아침에 근무하게 되는 다음 조를 위해 뒷정리를 하고 다음 영업에 지장이 없도록 필요한 것들을 보충하고 정리 정돈하는 업무를 의미한다.

• **SINGLE SERVICE**

① 단 한 번 사용하기 위해, 즉 일회용 서비스로 한 번 사용하고 버리는 종이나 냅킨 등을 말한다.

② 레스토랑에서의 1인분

• **SOUP TUREEN**

연회 행사 및 식당에서 여러 사람의 수프를 담아서 제공하는 그릇

• **SOUR CREAM**

스테이크에 같이 나오는 BAKED POTATO와 함께 먹는 양념으로 물, 기름, 콘 시럽, 젤라틴, 소금, 젖산, 색소 등을 넣어 만든 하얀색의 소스이다.

• **SOUS-CHEF**

직속상관은 부총주방장이나 총주방장이며 그의 주된 임무는 자기가 담당하는 서너 개의 주방에 대하여 조리작업을 직접 지휘, 감독한다. 각 조리장의 근무 스케줄을 체크하고 고객분석, 영업분석, 메뉴연구 등을 하여야 하며 각 주방 간의 유대관계를 잘 유지하도록 하여야 한다. 주방의 냉장고, 조리사의 청결 상태도 점검을 한다.

• **SOY SOUCE**

콩의 추출물과 설탕, 소금, 향료를 섞어 만들어진 액체형태의 소스 이다. 주로 일식, 한식에 이용된다.

• **SPANISH RESTAURANT**

스페인은 주위가 바다로 둘러싸여 해산물이 풍부하므로 생선요리가 유명하다. 또한 스페인 요리는 올리브유, 포도주, 마늘, 파프리카, 사프란 등의 향신료를 많이 쓰는 것이 특색이다. 특히 왕새우 요리는 세계적으로 유명하다.

• **STEWARD**

호텔 레스토랑 주방과 식당 홀에서 사용되는 기물, 접시, 글라스 등을 세척하여 즉시 사용할 수 있도록 보관, 관리하고 주방바닥, 벽, 기기 등을 청소하여 주방 내의 청결을 유지한다.

• **STOCK**

수프를 만들어 내는 기본적인 국물로서 고기 뼈, 야채, 고기조각 등을 향료와 섞어 끓여낸 국물을 의미한다. 또한 STOCK은 모든 소스의 기본으로 쓰이는 재료이다. WHITE, BROWN, FISH, POULTRY 등으로 구분한다.

• **SUNDAE**

시럽, 과일 등을 얹어 만든 아이스크림 종류이다.

• **SUNNY SIDE UP**

팬 프라이 한 계란요리의 일종으로 뒤집지 않고 한쪽 면만 살짝 익힌 모양. 해가 뜨는 모양 같아서 붙여진 이름이다.

• **T-BONE STEAK**

소의 안심과 등심 사이에 T-자형의 뼈 부분에 있는 것이라 붙여진 이름이다. 350g 정도의 크기로 요리되어 안심과 등심을 한꺼번에 맛볼 수 있는 부위이다.

• **TABASCO SAUCE**

핫소스와 비슷하나 더욱더 매운맛을 내는 것으로 치킨 요리와 멕시코 요리에 사용하는 소스이다. 또한 이 소스는 음식을 따뜻하게 만드는 역할을 한다.

• **TABLE CLOTH**

반드시 백색 리넨을 사용하는 것이 원칙이나 근래에는 여러 가지 유형으로 무늬가 다양한 리넨 종류를 사용하는 경향이 많아졌으며 때로는 유색과 화학섬유도 많이 사용한다. 일반적으로 식당의 테이블에 까는 식탁보와 같은 종류들을 테이블클로스라고 말한다.

• **TABLE D'HOTE**

요리의 종류와 순서가 미리 결정되어 있는 차림표를 가리켜 정식(TABLE D'HOTE)이라고 말하며 아래와 같은 순으로 서비스된다.

① APPETIZER(전채: HORS D'OEURVRE)

② SOUP(수프: POTAGE)

③ FISH(생선: POISSON)

④ MAIN DISH(주요리: ENTREE)

⑤ SALAD(샐러드: SALADE)

⑥ DESSERT(후식)

⑦ BEVERAGE(음료: BOISON, COFFEE OR TEA)

요즘에는 이와는 약간 변형된 형태로 고객의 기호에 맞지 않는 것은 제외되어 구성된 SEMI TABLE D'HOTE의 형태로 대개 5-6코스 또는 4-5코스로 짜여 져서 정식 ABC로 구분하고 고객의 편의를 도모하며 제공된다.

• **TABLE SERVICE**

테이블 서비스는 가장 전형적이고 오래전부터 유래되어온 서비스 형태로 웨이터나 웨이트리스로부터 서비스를 제공받는 것이다. 테이블서비스는 대개의 경우 손님의 오른쪽에서 식사를 서브하고 손님의 오른쪽으로부터 빈 그릇을 철거하는 것이 상식이다. 음식도 주방으로부터 접시에 담겨져 나오거나 쟁반이나 웨건에 의해서 운반된다.

• **TABLE SKIRT**

전채 테이블이나 뷔페 테이블 옆 부분에 보이지 않도록 혹은 장식으로 둘러치는 식탁용치마로 색깔이 아름다운 주름치마를 많이 사용한다.

• **TABLE TURN OVER RATE**

한 개의 좌석당 하루 몇 명의 고객이 앉는가를 의미하며 많은 레스토랑들이 좌석당 고객수를 산출할 뿐 아니라 좌석당 매상고를 분석한다.

좌석 회전율 = 1일 방문객수/좌석수

일반적으로객 단가가 높은 음식일수록 좌석 회전율은 낮다.

참고문헌

REFERENCE

• 교재

원유석, 호텔연회 기획관리, 대왕사, 2020.
이종한 · 최주완, 현대호텔 연회실무, 형설출판사, 2020.
권봉헌, 호텔경영론, 백산출판사, 2018.
이정학, 호텔연회실무, 기문사, 2017.
송흥규 외 2인, 호텔외식 메뉴상품 관리론, 지식인, 2017.
서진우 · 장세준, 호텔연회관리 실무, 대왕사, 2016.
김화경, 컨벤션 경영과 기획론, 백산출판사, 2015.
조현호, 컨벤션기획론, 백산출판사, 2014.
최병호 · 신정하, 음료서비스 실무 경영론, 백산출판사, 2013.
윤수선 · 김창렬 · 김정수, 호텔연회조리, 백산출판사, 2013.
김연선 · 송영석 · 이두진 · 김영은, 호텔식음료 레스토랑 실무, 백산출판사, 2013.
유도재 · 최병호, 호텔식음료실무론, 백산출판사, 2013.
박창수, 전시 컨벤션학개론, 대왕사, 2013.
조원섭 · 권봉헌, 호텔식음료경영론, 백산출판사, 2012
김이종, 호텔식음료 관리론, 새로미, 2012.
권봉헌 · 박재희, 호텔식음료관리론, 백산출판사, 2011.
손흥규 · 안성근, 호텔연회기획, 백산출판사, 2011.
손재근, 호텔연회실무, 세림출판사, 2010.
김의겸, 호텔 · 외식산업 연회실무, 백산출판사, 2010.
손재근, 호텔연회실무, 세림출판, 2010.
최병호 · 설경진 · 이현재, 호텔 · 외식연회컨벤션실무, 백산출판사, 2009.
김기영 · 추상용, 호텔기획 서비스 실무론, 현학사, 2009.

이정학, 호텔식음료 실습, 기문사, 2008.
김장신, 컨벤션 기획 및 실무, 나눔의 집, 2008.
나영선, 외식사업 창업과 경영, 백산출판사, 2006.
안경모 · 이민재, 컨벤션경영론, 백산출판사, 2006.
박영배, 호텔식음료서비스 관리론, 백산출판사, 2005.
원융희 · 고재윤, 식음료실무론, 백산출판사, 2005.
박창수, 컨벤션산업론, 대왕사, 2005.

• 논문

이범재 · 정경일, 기업이벤트 기획자의 호텔연회장 선택속성에 관한 연구, 호텔경영학연구, 제18권 1호, 2009.
조성호 · 김영태 · 김광수, 호텔 컨벤션에서의 양식메뉴, 푸드 스타일링, 테이블 웨어 조화, 테이블 스타일링이 식공간 연출에 미치는 영향, 호텔경영학연구, 제18권 6호, 2009.
임지은, 호텔내부마케팅의 인지된 경영성과에 관한 연구 : 특급호텔연회근무자를 중심으로, 강원대학교 대학원, 박사학위 논문, 2008.
이지현, 호텔웨딩 연회공간 연출에 관한 연구, 식공간연구, 제2권 1호, 2007.
김정은, 호텔연회 서비스품질이 고객만족에 미치는 영향에 관한 연구 : 서울시내 특1급 H.L.I 호텔을 중심으로, 숙명여자대학교 대학원, 석사학위논문, 2006.
이현재 · 유영생, 호텔기업에서의 결혼예식과 연회 매출에 대한 사례 연구 : 대전지역 특급호텔을 중심으로, 한국외식산업학회지, 제2권 1호, 2006.
황혜진 · 김재연, 국제회의 의전교육 프로그램에 관한 기초연구, 비서학논총, 제15권 2호, 2006.
최현주 · 이현종 · 이광우, 컨벤션 기획 요인에 관한 연구 : 스페셜 이벤트를 중심으로, 컨벤션연구, 제10권, 2005.
고지혜 · 이유림 · 임하나 · 최윤미, 국제회의 의전에 관한 사례 연구, 비서학 연구, 24권, 2004.

Jones, D.L, Developing a Convention and Event Management Curriculum in Asia: Using Blue Ocean Strategy and Co-Creation with Industry, Journal of Convention & Event Tourism, Vol.11 No.2, 2010.

Tamura, T.; Chiba, M, A study on the spatial composition of hotel restaurants and banquets, from the viewpoint of the relationship to the number of workers, Journal of architecture, planning and environmental engineering, Vol.- No.600, 2006.

Lee, M.J. · Lee, K.M, Convention and Exhibition Center Development in Korea, Journal of Convention & Event Tourism, Vol.8 No.4, 2006.

Ford, J. A. T, The Banquet, SEWANEE THEOLOGICAL REVIEW, Vol.49 No.1, 2005.

M AND C - SECAUCUS, Banquets & Buffets From a la carte group dining for catered events and better-looking banquet spaces to buffets characterized by tasting portions and cooking stations, Hotels, Vol.39 No.6, 2005.

Rodgers, S, Food safety research underpinning food service systems, FOOD SERVICE TECHNOLOGY, Vol.5 No.2-4, 2005.

Lee, M. · Kwak, T. K. · Kang, Y. J. · Ryu, K, Development of a Generic HACCP Model and Improvement of Production Process Through Hazard Analysis of Hotel Banquet Buffet Menus, APAC-CHRIE CONFERENCE, Vol.1 No.2, 2003.

Michaels, B.; Gangar, V.; Schultz, A.; Curiale, M, A microbial survey of food service can openers, food and beverage can tops and cleaning methodology effectiveness, FOOD SERVICE TECHNOLOGY, Vol.3 No.3-4, 2003.

Nelson, R. R.; Poorani, A. A.; Crews, J. E, Genetically Modified Foods: A Strategic Marketing Challenge for Food Service Operators JOURNAL OF FOODSERVICE BUSINESS RESEARCH, Vol.6 No.4, 2003.

• 호텔 매뉴얼

제주 하야트 리젠시 직무 매뉴얼

쉐라톤 워커힐 호텔 연회 및 식음료 매뉴얼

그랜드 하얏트 호텔 연회 및 식음료 매뉴얼

롯데호텔서울 식음료 매뉴얼

저자약력

권봉헌

- 제주대학교 관광경영학과 학사
- 세종대학교 호텔·관광대학 석사
- 세종대학교 호텔·관광대학 박사

- 백석대학교 관광학부 교수
- 세종대학교 호텔 · 관광대학 겸임교수 역임
- 경희대학교 관광대학 강사 역임
- 상지대학교 관광학부 강사 역임
- 매종글래드 호텔(구 제주그랜드호텔, 마케팅부서)
- 제주 컨트리 관광호텔(현관 객실부서)
- 하이웨이 여행사
- 한국호텔 · 관광학회 회장
- 한국호텔&리조트 학회 회장 역임
- 한국호텔관광외식경영학회 사무국장 역임
- 한국외식경영학회 부회장 역임
- 한국관광연구학회 부회장 역임
- 보세판매장 특허심사위원 역임(관세청)
- 충청북도 문화관광해설사 심사위원(충청북도)
- 평택시청 관광개발 평가위원(평택시청)
- 보령시청 보령머드축제 평가위원(보령시청)
- 호텔관리사(한국관광공사)
- 국외여행인솔자(문화체육관광부)
- 진로지도사1급(한국능률협회)
- 문화체육관광부장관 표창장(문화체육관광부)

호텔 레스토랑 & 연회 서비스 실무론

2024년 3월 5일 초판 1쇄 인쇄
2024년 3월 10일 초판 1쇄 발행

지은이 권봉헌
펴낸이 진욱상
펴낸곳 (주)백산출판사
교　정 박시내
본문디자인 오행복
표지디자인 오정은

등　록 2017년 5월 29일 제406-2017-000058호
주　소 경기도 파주시 회동길 370(백산빌딩 3층)
전　화 02-914-1621(代)
팩　스 031-955-9911
이메일 edit@ibaeksan.kr
홈페이지 www.ibaeksan.kr

ISBN 979-11-6567-794-7　93590
값 35,000원